U0291897

▲ 美食宣传海报

▲ 使用高斯模糊制作单色调海报

▲ 花茶宣传单设计

▲ 使用图像描摹制作运动主题海报

▲ 利用网格系统进行版面构图

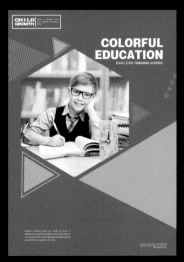

▲ 使用 Shaper 工具制作杂志封面

▲ 使用直排文字工具制作中式版面

▲ 设置文本的缩进制作杂志排版

▲ 制作倾斜的版面

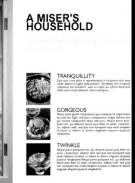

▲ 使用字符样式快捷排版

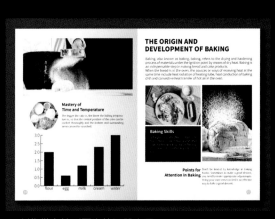

▲ 制作带有柱形图表的画册内页

▲ 调整字符间距制作详情页

▲ 快速设置填充与描边色制作产品宣传

▲ 使用制表符制作杂志目录

▲ 精准移动位置制作详情页

▲ 电商产品详情页设计 -1

▲ 使用投影效果制作简单文字海报　　　　▲ 使用剪切蒙版制作登录界面　　　　▲ 使用网格工具制作绚丽色彩海报

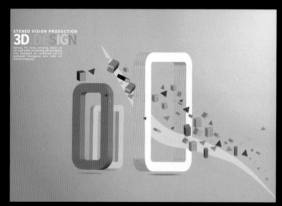

▲ 使用 3D 效果样式库制作空间感海报　　　　▲ 使用符号功能制作星星背景

▲ 使用光晕工具为画面添加光效　　　　▲ 制作中式风格企业画册封面

中文版Illustrator 2022 完全案例教程

（微课视频版）

182个实例讲解**+243集**同步视频**+赠送**海量资源**+在线交流**

☑ 配色宝典 ☑ 构图宝典 ☑ 创意宝典 ☑ 商业设计宝典 ☑ 行业色彩应用宝典

☑ Photoshop 基础视频 ☑ CorelDRAW 基础视频 ☑ PPT 课件 ☑ 素材资源库

☑ 面板速查 ☑ 工具速查 ☑ 43 个高手设计师常用网站

唯美世界　瞿颖健　编著

中国水利水电出版社

www.waterpub.com.cn

·北京·

内 容 提 要

《中文版Illustrator 2022完全案例教程（微课视频版）》以Illustrator 2022版本为基础，以案例的形式系统地讲述了Illustrator的基础知识和矢量绘图、文字编辑、图形特效、图表制作、网页切片等核心技术，是一本全面讲述Illustrator软件的Illustrator案例教程、Illustrator完全自学教程以及Illustrator视频教程。

全书共15章，内容包括Illustrator入门知识、绘制简单的图形、绘制复杂的图形、图形的填色与描边、对象变换、对象管理、文字编辑、矢量对象的高级操作、不透明度、混合模式、不透明蒙版、图形效果、图形样式、符号对象、图表制作、切片与网页输出等Illustrator实例应用的相关知识，最后以综合案例的形式呈现了Illustrator在标志设计、名片设计、海报设计、版式设计、书籍设计、UI设计、包装设计、电商广告与美工设计等九大领域的实战案例。全书每个实例均配有视频讲解和操作的源文件，便于读者学习和提高动手实践能力。

另外，本书赠送大量的拓展资源，包括：

（1）《新手必看——Photoshop 基础视频教程》《新手必看—— CorelDRAW 基础视频教程》。

（2）13 部电子书：《Illustrator 2022 工具速查》《Illustrator 2022 面板速查》《效果速查手册》《CorelDRAW 基础》《配色宝典》《构图宝典》《创意宝典》《商业设计宝典》《行业色彩应用宝典》《色彩速查宝典》《解读色彩情感密码》《43 个高手设计师常用网站》及《常用颜色色谱表》。

（3）练习资源包括各类实用设计素材。

（4）辅助教师授课的资源：《Illustrator 基础教学 PPT 课件》。

《中文版Illustrator 2022完全案例教程（微课视频版）》既适合Illustrator初学者学习使用，也适合作为学校或者培训机构的教材使用，还适合其他Illustrator爱好者学习和参考。Illustrator 2021、Illustrator 2020、Illustrator CC 2019、Illustrator CC 2018及Illustrator CS6等较低版本的读者也可参考使用。

图书在版编目（CIP）数据

中文版 Illustrator 2022 完全案例教程：微课视频
版 / 唯美世界，瞿颖健编著 . — 北京：中国水利水电
出版社，2022.7（2023.8重印）

ISBN 978-7-5170-9827-0

Ⅰ . ①中… Ⅱ . ①唯… ②瞿… Ⅲ . ①图形软件—教
材 Ⅳ . ① TP391.412

中国版本图书馆 CIP 数据核字 (2021) 第 163258 号

书　　名	中文版 Illustrator 2022 完全案例教程（微课视频版）
	ZHONGWENBAN Illustrator 2022 WANQUAN ANLI JIAOCHENG
作　　者	唯美世界　瞿颖健　编著
出版发行	中国水利水电出版社
	（北京市海淀区玉渊潭南路1号D座 100038）
	网址：www.waterpub.com.cn
	E-mail：zhiboshangshu@163.com
	电话：（010）62572966-2205/2266/2201（营销中心）
经　　售	北京科水图书销售有限公司
	电话：（010）68545874、63202643
	全国各地新华书店和相关出版物销售网点
排　　版	北京智博尚书文化传媒有限公司
印　　刷	北京富博印刷有限公司
规　　格	190mm×235mm　16开本　27印张　864千字　2插页
版　　次	2022年7月第1版　2023年8月第2次印刷
印　　数	5001— 10000册
定　　价	128.00元

凡购买我社图书，如有缺页、倒页、脱页的，本社营销中心负责调换

版权所有·侵权必究

前 言

Preface

Illustrator是Adobe公司推出的矢量图形制作软件，广泛应用于平面设计、印刷出版、海报设计、书籍排版、VI设计、矢量插画、包装设计、产品设计、网页设计、UI设计等领域。作为最著名的矢量图形软件，Illustrator以其强大的功能和体贴的用户界面成为设计师的必备软件之一。

本书显著特色

1. 配备大量视频讲解，手把手教您学

本书配备了243 集教学视频，涵盖全书所有实例以及Illustrator常用重要知识点，如同教师在身边手把手教您，学习更轻松、更高效。

2. 扫描二维码，随时随地看视频

本书在章首页、实例处设置了二维码，手机扫一扫，可以随时随地看视频（若个别手机不能播放，可以下载后在计算机上观看）。

3. 内容全面，注重学习规律

本书将Illustrator中常用工具、命令融入实例，以实战操作的形式进行讲解，知识点更容易理解吸收。同时采用"实例+选项解读+提示+案例秘诀"的编写模式，轻松易学。

4. 实例丰富，强化动手能力

全书共173个中小型练习实例，9个大型综合实例，实例类别涵盖广告设计、包装设计、书籍设计、版式设计、名片设计、电商美工、网页设计、UI设计、创意设计等诸多设计领域。便于读者动手操作，在模仿中学习，为今后的设计工作奠定基础。

5. 实例效果精美，注重审美熏陶

Illustrator只是工具，设计好的作品一定要有审美修养。本书实例效果精美，目的是加强读者对美感的熏陶和培养。

6. 配套资源完善，便于深度拓展

除了提供覆盖全书实例的配套视频和素材源文件，本书还根据设计师必学的内容赠送了大量教学与练习资源。

软件学习资源包括《Illustrator 2022 工具速查》《Illustrator 2022 面板速查》《效果速查手册》《新手必看——Photoshop 基础视频教程》《新手必看—— CorelDRAW 基础视频教程》《CorelDRAW 基础》电子书。

设计理论及色彩技巧资源包括《创意宝典》《构图宝典》《行业色彩应用宝典》《解读色彩情感密码》《配色宝典》《色彩速查宝典》《商业设计宝典》《43 个高手设计师常

前 言

用网站》及《常用颜色色谱表》。

练习资源包括实用设计素材等。

辅助教师授课的资源包括《Illustrator 基础教学PPT课件》。

7. 专业作者心血之作，经验技巧尽在其中

作者系艺术专业高校教师、中国软件行业协会专家委员、Adobe® 创意大学专家委员会委员、Corel中国专家委员会成员。作者的设计和教学经验丰富，编写本书时，运用了大量的经验技巧，可以提高学习效率，少走弯路。

8. 提供在线服务，随时随地交流学习

提供公众号、微信读者交流、答疑、资源下载等服务。

关于本书资源的使用及下载方法

（1）使用微信"扫一扫"功能扫描下方的公众号二维码，或者直接在公众号中搜索"设计指北"公众号，关注后输入AL09827 至公众号后台，获取本书资源的下载链接（注意：请将下载链接复制到计算机浏览器的地址栏中进行下载，不要直接点击链接下载，也不要使用手机在线下载）。

（2）读者也可加入本书的读者交流圈，有关本书的问题，可在圈子中与编者及广大读者进行在线交流学习。

设计指北公众号   读者交流圈

提示： 本书提供的下载文件包括教学视频和素材等，教学视频可以演示观看。要按照书中实例操作，必须安装 Illustrator 2022软件之后才可以进行。您可以通过以下方式获取 Illustrator 2022简体中文版。

（1）登录 Adobe 官方网站 http://www.adobe.com/cn/ 查询。

（2）可到网上咨询、搜索购买方式。

关于作者

本书由唯美世界组织编写，其中，瞿颖健担任主要编写工作，参与本书编写和资料整理的还有曹茂鹏、瞿玉珍、董辅川、王萍、杨力、瞿学严、杨宗香、曹元钢、张玉华、李芳、孙晓军、张吉太、唐玉明、朱于凤等。本书部分插图素材购买于摄图网，在此表示感谢。

编 者

目 录

Contents

目 录

扫码看本章介绍　　扫码看基础视频

Chapter

1

第1章

Illustrator入门

本章内容简介:

　　本章主要讲解Illustrator基础知识,包括认识Illustrator的工作界面;学习在Illustrator中如何进行新建、打开、置入、存储、打印等基本操作;学习在Illustrator中查看文档细节的方法;学习操作的撤销与还原方法;了解部分常用辅助工具的使用方法等。

重点知识掌握:

● 熟悉Illustrator的工作界面。
● 掌握"新建""打开""置入""存储""导出"命令的使用方法。
● 掌握缩放工具、抓手工具的使用方法。
● 熟练进行操作的还原与重做。

通过本章学习,我能做什么?

　　通过本章的学习,读者应该了解并熟练掌握新建、打开、置入、存储、导出等基本功能,并能够通过这些功能将多个图像元素添加到一个文档中,制作出简单的版面。

优秀作品欣赏

1.1 Illustrator第一课

扫一扫，看视频

正式开始学习Illustrator功能之前，读者肯定有好多问题想问。比如，Illustrator是什么？能用Illustrator做什么？Illustrator难学吗？Illustrator怎么学？这些问题将在本节中得到解决。

中文版Illustrator 2022完全案例教程（微课视频版）

1.1.1 Illustrator是什么

大家口中所说的AI，也就是Illustrator，全称是Adobe Illustrator，是一款由Adobe Systems开发和发行的矢量绘图软件。

首先认识一下什么是"矢量图形"。矢量图形是由一条条的直线和曲线构成的，在填充颜色时，系统将按照用户指定的颜色沿曲线的轮廓线边缘进行着色处理。矢量图形的颜色与分辨率无关，图形被缩放时，对象能够维持原有的清晰度和弯曲度，颜色和外形也都不会发生偏差与变形，如图1-1所示。所以，矢量图形经常被用于户外大型喷绘或巨幅海报等印刷尺寸较大的项目中。

图1-1

提示：Illustrator的版本

目前，Illustrator的多个版本都拥有数量众多的用户群，每个版本的升级都会有性能上的提升和功能上的改进，但是在日常工作中并不一定要使用最新版本。要知道，新版本虽然可能会有功能上的更新，但是对设备的要求也会更高，在软件的运行过程中就可能会消耗更多的资源。所以，在用新版本（如Illustrator 2022）时可能会感觉运行起来特别"卡"，操作反应非常缓慢，非常影响工作效率。这时就要考虑一下是不是计算机的配置较低，无法更好地满足Illustrator的运行要求。可以尝试使用低版本的Illustrator，如Illustrator 2022。如果"卡顿"的问题得以缓解，那么就安心地使用这个版本吧！虽然

是较早期的版本，但是功能也是非常强大的，与最新版本相比并没有特别大的差别，基本不会影响日常工作。因此，即使学习的是Illustrator 2022版本的教程，使用低版本去练习也是完全可以的，除去几个小功能上的差别，与Illustrator 2022版本中的功能基本相同。

1.1.2 Illustrator能做什么

在设计作品呈现给受众之前，设计师往往要绘制大量的草稿、设计稿、效果图等。在没有计算机的年代里，这些绘制都需要在纸张上进行，图1-2所示为早期手工绘制的海报作品。

而在计算机技术蓬勃发展的今天，无纸化办公、数字化图像处理早已融入设计师甚至我们每个人的日常生活中，数字技术给人们带来了太多的便利。Illustrator既是画笔，又是纸张，可以在Illustrator中随意地绘画，随意地插入漂亮的照片、图片、文字。掌握了Illustrator无疑是手握一把"利剑"，可以轻松完成复杂的设计。数字化的制图过程不仅可以节省很多时间，而且可以实现精准制图。图1-3所示为在Illustrator中制作的海报。

图1-2　　　　　　　图1-3

当前，设计行业有很多分支，而每一个分支可能还会进一步细分，比如，上面看到的例子更接近平面设计师的工作之一——海报设计。除了海报设计，标志设计、书籍装帧设计、广告设计、包装设计、卡片设计和DM设计等同属平面设计的范畴。虽然不同的设计作品有不同的制作内容，但相同的是，在这些工作中几乎都可以见到Illustrator的身影，如图1-4和图1-5所示。

随着互联网技术的发展，网站页面美化的需求量逐年攀升，尤其是网店美工设计更是火爆。对于网页设计师而言，Illustrator也是一个非常方便的网页版面设计的工具，如图1-6和图1-7所示。

图 1-4　　　　　　　　图 1-5

图 1-6　　　　　　　　图 1-7

近年来，UI设计发展迅猛、方兴未艾。随着IT行业日新月异的发展，智能手机、移动设备等智能设备的普及，企业越来越重视网站和产品的交互设计，所以对相关的专业人才需求越来越大，如图1-8和图1-9所示。

图 1-8　　　　　　　　图 1-9

对于服装设计师而言，在Illustrator中不仅可以进行服装款式图和服装效果图的绘制，还可以进行服装产品宣传画册的设计制作，如图1-10和图1-11所示。

插画设计并不是一个新的行业，但是随着数字技术的普及，插画的绘制过程更多地从纸上转移到了计算机上。数字绘图可以在多种绘画模式之间进行切换，还可以轻松更正绘画过程中的失误，更能够创造出前所未有的视觉效果，同时也可以使插画能够更方便地为印刷行业服务。Illustrator是数字插画师常用的绘画软件，

除此之外，Painter、Photoshop也是插画师常用的工具。图1-12和图1-13所示为优秀的插画作品。

图 1-10　　　　　　　　图 1-11

图 1-12　　　　　　　　图 1-13

1.2 安装与启动Illustrator

实例：安装Illustrator

文件路径	第1章\安装Illustrator
技术掌握	安装Illustrator

实例说明

想要使用Illustrator，就需要安装Illustrator软件。读者可以通过Adobe官网获取软件相关的下载及购买信息。不同版本的安装方式略有不同，本书讲解的是Illustrator 2022，所以在这里介绍的也是Illustrator 2022的安装方式。若想要安装其他版本的Illustrator，读者可以在网上搜索一下，非常简单。在安装了Illustrator之后先熟悉一下Illustrator的操作界面，为后面的学习做好准备。

操作步骤

步骤 01 打开Adobe的官方网站www.adobe.com/cn/，单击

右上角的"帮助与支持"按钮，单击右侧的"下载和快速入门"按钮，如图1-14所示（需要注意的是，Adobe官方网站页面经常会进行更新，所以下载按钮的位置可能略有不同）。接着在打开的窗口中找到Illustrator，单击"立即购买"可以进行购买，单击"免费试用"可以进行试用，如图1-15所示。

图1-14

图1-15

步骤 02 弹出下载的窗口，按照提示进行下载即可，如图1-16所示。下载完成后可以找到安装程序，如图1-17所示。

图1-16   图1-17

步骤 03 双击安装程序进行安装，首先会弹出登录界面，需要进行登录，如果没有Adobe ID，可以单击顶部的"创建账户"按钮，按照提示创建一个新的账户，并进行登录，如图1-18所示。在弹出的窗口中勾选"Adobe 正版服务（AGS）"选项，然后单击"开始安装"按钮，开始进行安装，如图1-19所示。

图1-18

图1-19

提示：试用与购买

在没有付费购买Illustrator软件之前，读者可以免费试用一小段时间，如果需要长期使用则需要进行购买。

步骤 04 进行安装，如图1-20所示。安装完成后，可以在计算机的开始→程序菜单中找到软件，也可以在桌面中创建快捷方式，如图1-21所示。

图1-20   图1-21

实例：启动Illustrator

文件路径	第1章\启动Illustrator
技术掌握	启动与关闭软件、熟悉Illustrator操作界面

扫一扫，看视频

实例说明

软件安装完成后，启动软件便可以看到软件的操作界面。Illustrator的操作界面包含菜单栏、控制栏、工具箱、属性栏、绘画区、文档窗口及面板等模块。通过本案例熟悉操作界面，为以后的功能学习奠定基础。

操作步骤

步骤 01 成功安装Illustrator之后，在程序菜单中找到并单击Adobe Illustrator选项，或者双击桌面上的Adobe Illustrator快捷方式都可以启动Illustrator，如图1-22所示。到这里终于见到了Illustrator的"芳容"，如图1-23所示。

图 1-22

图 1-23

步骤 02 如果在Illustrator中进行过一些文档的操作，在欢迎界面底部会显示之前操作过的文档，如图1-24所示。

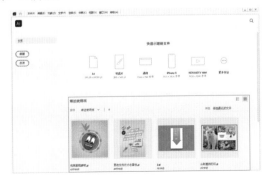

图 1-24

步骤 03 虽然打开了Illustrator，但是此时看到的却不是Illustrator的完整界面，因为当前的软件中并没有能够操作的文档，所以很多功能都未被显示。为了便于学习，可以在这里打开一个图像文档，单击"打开"按钮，在弹出的"打开"窗口中选择一个文档，并单击"打开"按钮，如图1-25所示。

图 1-25

步骤 04 此时文档被打开，Illustrator的全貌才得以呈现，如图1-26所示。Illustrator的工作界面主要由菜单栏、控制栏、工具箱、属性栏、绘画区、文档窗口以及多个面板组成（如果没有显示"控制栏"，可以执行"窗口>控制"命令打开"控制栏"）。

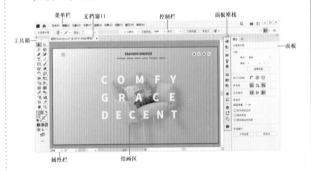

图 1-26

步骤 05 Illustrator的菜单栏中包含多个菜单项，单击某一菜单项，即可打开相应的下拉菜单。每个菜单都包含多个命令，其中有的命令后方带有符号，表示该命令还包含多个子命令；有的命令后方带有一连串的"字母"，这些字母就是Illustrator的快捷键。例如，"文件"菜单中的"关闭"命令后方显示着Ctrl+W，那么同时按下Ctrl键和W键即可快速使用该命令，如图1-27所示。

图 1-27

步骤 06 本书中对于命令的写作方式通常为"执行'文件>新建'命令"，那么这时就要先单击菜单栏中的"文件"菜单项，接着将光标向下移动，移到"新建"命令单击即可，如图1-28所示。

图 1-28

步骤 07 当Illustrator中存在一个被打开的文档时，在文档窗口的左上角位置可以看到这个文档的相关信息（文档名称、格式、窗口缩放比例以及颜色模式等），如图1-29所示。

图 1-29

步骤 08 工具箱位于Illustrator工作界面的左侧，其中含有多个小图标，每个小图标都代表一种工具。有的图标右下角显示着 ◢，表示这是一个工具组，其中包含多个工具。右击工具组按钮，即可看到该工具组中的其他工具，将光标移到某个工具上单击，即可选择该工具，如图1-30所示。

图 1-30

提示：工具箱中部分工具没有显示怎么办

打开软件后发现部分工具没有显示，可以单击工具箱底部的 ••• 按钮，打开"所有工具"菜单，然后在菜单中选择相应的工具，如图1-31所示。还可以执行"窗口>工具>高级"命令，"高级"模式下的工具箱将会显示所有工具。

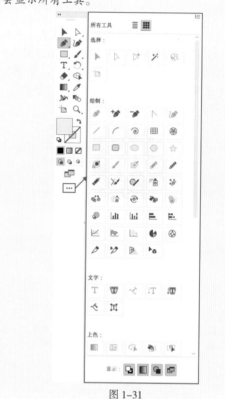

图 1-31

步骤 09 控制栏显示一些常用的图形设置选项，如填充、描边等参数。同时在使用不同工具时，控制栏中的选项也会发生部分变化，如图1-32所示。如果控制栏默认情况下没有显示，可以执行"窗口>控制栏"命令，显示出控制栏。

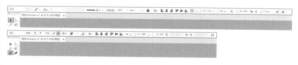

图 1-32

步骤 10 面板主要用来配合绘图、颜色设置、对操作进行控制以及设置参数等。默认情况下，面板位于工作界面的右侧，如图1-33所示。

中文版Illustrator 2022完全案例教程（微课视频版）

图 1-33

步骤 11 面板可以堆叠在一起，单击面板名即可切换到对应的面板，如图 1-34 所示。

步骤 12 将光标移至面板名称上方，按住鼠标左键拖动即可将面板与窗口分离，如图 1-35 所示。

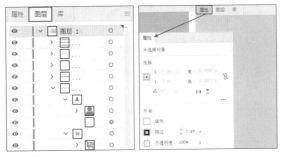

图 1-34　　　　　　图 1-35

步骤 13 如果要将面板堆叠在一起，可以将该面板拖到界面上方，当出现蓝色边框后松开鼠标，即可完成堆叠操作，如图 1-36 所示。

步骤 14 单击面板中的 ◂◂ / ▸▸ 按钮可以切换面板的折叠与展开状态，如图 1-37 所示。

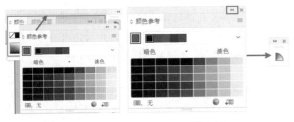

图 1-36　　　　　　图 1-37

步骤 15 在每个面板的右上角都有"面板菜单"按钮，单击该按钮可以打开该面板的设置菜单，如图 1-38 所示。

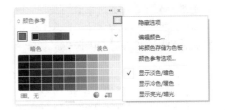

图 1-38

步骤 16 在 Illustrator 中有很多面板，通过执行"窗口"菜单中的相应命令可以打开或关闭所需面板，如图 1-39 所示。

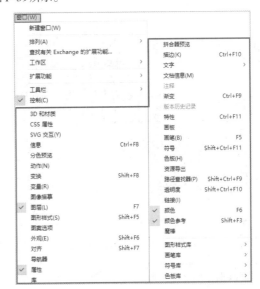

图 1-39

步骤 17 例如，执行"窗口>信息"命令，即可打开"信息"面板，如图 1-40 所示。如果在命令前方带有 ✓ 标志，则说明这个面板已经打开了，再次执行该命令则会将其关闭。

图 1-40

提示：如何让界面恢复默认状态

通过这一节的学习，难免会打开一些不需要的面板，或者一些面板并没有"规规矩矩"地摆放在原来的位置，如果一个一个地重新拖动调整，费时又费力，这时可以执行"窗口>工作区>重置基本功能"命令，就可以把凌乱的界面恢复到默认状态。

步骤 18 当不需要使用Illustrator时，就可以关闭该软件。单击工作界面右上角的"关闭"按钮 ，即可关闭Illustrator。此外，也可以执行"文件>退出"命令（快捷键为Ctrl+Q）退出Illustrator，如图1-41所示。

图 1-41

1.3 文档操作

熟悉了Illustrator的操作界面后，下面就可以正式接触Illustrator的功能了。但是打开Illustrator之后，会发现很多功能都无法使用，这是因为当前的Illustrator中没有可以操作的文件。此时就需要新建文件，或者打开已有的图像文件。在对文件进行编辑的过程中还经常会用到"置入"操作；文件制作完成后需要对文件进行"存储"，而存储文件时就涉及存储文件格式的选择。

实例：创建用于打印的A4尺寸文档

文件路径	第1章\创建用于打印的A4尺寸文档
技术掌握	新建文档

扫一扫，看视频

实例说明

新建文档是设计制图的第一步，创建文档时要根据文档的用途和尺寸设定新建文档的参数。而有些常用的尺寸可以直接利用"新建文档"窗口中的"文档预设"进行创建。

操作步骤

步骤 01 执行"文件>新建"命令或使用快捷键Ctrl+N，如图1-42所示。

图 1-42

步骤 02 弹出"新建文档"窗口。A4尺寸位于"打印"预设组中，选择"打印"选项卡，可以在左侧看到多种尺寸的预设方式，选择A4尺寸。这时，右侧出现相应的尺寸，单击"纵向"按钮 可以将文档设置为纵向。设置"出血"值为3mm。由于文档需要用于打印，展开"高级选项"，将"颜色模式"设置为用于打印的"CMYK颜色"模式，"光栅效果"设置为"高（300ppi）"，单击"创建"按钮，如图1-43所示。

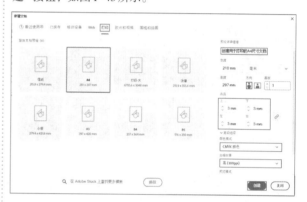

图 1-43

选项解读：新建文档

● 宽度/高度：设置文件的宽度和高度，首先要设定尺寸的单位，常用的单位有"像素""厘米""毫米"等。

● 出血：图稿落在印刷边框打印定界处或位于裁切标记和裁切标记外的部分。在此需要指定画板每一侧的出血位置，要对不同的侧面使用不同的值。单击"锁定"按钮 将保持4个尺寸相同。

● 颜色模式：指定新文档的颜色模式。例如，用于打印的文档需要设置为"CMYK颜色"模式；用于数字化浏览的则通常采用"RGB颜色"模式。

● 光栅效果：为文档中的栅格效果设置分辨率。准备以较高分辨率输出到高端打印机时，可以将此选项设置为"高（300ppi）"。

步骤 03 现在就得到了新的文档，白色的区域是文档的图像范围，红色边框为出血线。需要打印的内容都要放置在文档图像范围内，如图1-44所示。

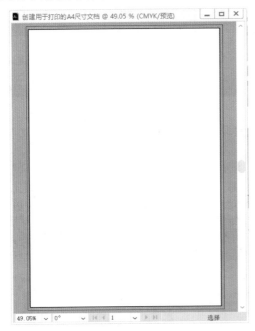

图1-44

案例秘诀：

根据行业的不同，软件将常用的尺寸进行了分类。我们可以根据需要在预设中找到需要的尺寸。如果用于排版、印刷，那么选择"打印"选项卡，即可在下方看到常用的打印尺寸，如图1-45所示。

图1-45

例如，作为一名UI设计师，那么单击"移动设备"按钮，在下方便可以看到时下最流行的电子移动设备的常用尺寸了，如图1-46所示。

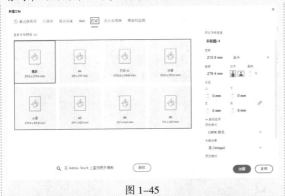

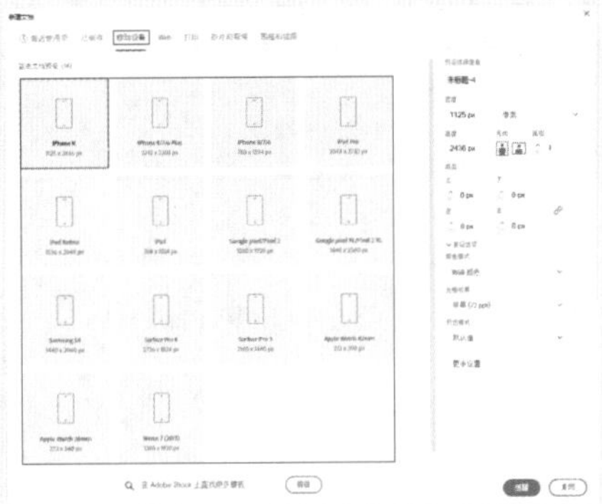

图1-46

实例：创建用于计算机显示的图像文档

文件路径	第1章\创建用于计算机显示的图像文档
技术掌握	新建文档

扫一扫，看视频

实例说明

本案例需要创建的是用于在计算机上显示的图像文档。在电子屏幕上显示的图像文档通常需要设置为"RGB颜色"模式，且分辨率无须设置得过高。

操作步骤

步骤 01 执行"文件>新建"命令或使用快捷键Ctrl+N，弹出"新建文档"窗口。在右侧列表中可以直接进行参数的设置，首先输入文档的名称。接着进行文档尺寸的设置，将单位设置为"像素"，"宽度"设置为1920px，"高度"设置为1080px；接着单击"横向"按钮，即可得到横幅的文档；展开"高级选项"，将用于计算机显示的"颜色模式"设置为"RGB颜色"，"光栅效果"设置为"屏幕（72ppi）"。单击"创建"按钮即可完成新建文档，如图1-47所示。

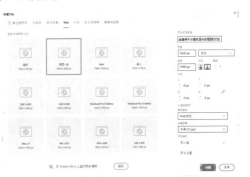

图1-47

9

中文版Illustrator 2022完全案例教程（微课视频版）

步骤 02 现在就得到了新的文档，在文档的名称栏中可以看到当前文档的颜色模式为RGB，如图1-48所示。

图 1-48

实例：打开已有的文档

扫一扫，看视频

文件路径	第1章\打开已有的文档
技术掌握	打开、切换显示方式

实例说明

要在Illustrator中对已经存在的文档进行修改和处理，就需要进行"打开"操作。

操作步骤

步骤 01 执行"文件>打开"命令（快捷键为Ctrl+O），在弹出的"打开"窗口中找到文件所在的位置，单击选择需要打开的文件，然后单击"打开"按钮，如图1-49所示。

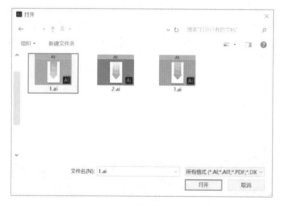

图 1-49

步骤 02 在Illustrator中打开该文件，如图1-50所示。

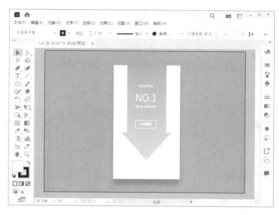

图 1-50

步骤 03 在"打开"窗口中可以一次性加选多个文档进行打开。按住Ctrl键双击多个文档，然后单击"打开"按钮，如图1-51所示，被选中的多个文档就都被打开了，但默认情况下只能显示其中一个文档，如图1-52所示。

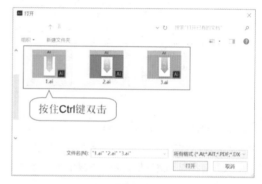

图 1-51

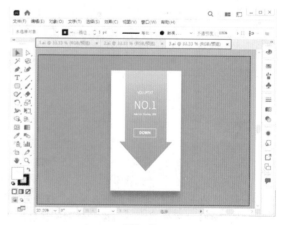

图 1-52

步骤 04 虽然一次性打开了多个文档，但是窗口中只显示了一个文档。此时，单击文档名称即可切换到相对应的文档窗口，如图1-53所示。

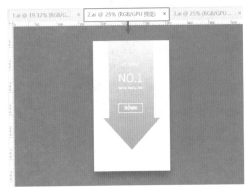

图 1-53

步骤 05 默认情况下打开多个文档时，多个文档均合并到文档窗口中。除此之外，文档窗口还可以脱离界面呈现"浮动"的状态。将光标移至文档名称上方，按住鼠标左键向界面外拖动，如图1-54所示。

图 1-54

步骤 06 松开鼠标后文档就会变为浮动状态，如图1-55所示。

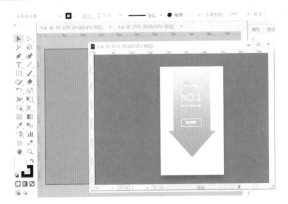

图 1-55

步骤 07 若要恢复为堆叠状态，可以将浮动的窗口拖到

文档窗口上方，当出现蓝色边框后松开鼠标，即可将文档合并到堆叠状态，如图1-56所示。

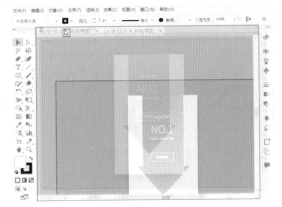

图 1-56

步骤 08 要一次性查看多个文档，除了让窗口浮动，还有一个办法，执行"窗口>排列"命令，在弹出的子菜单中提供了几种显示方式，如图1-57所示。执行"平铺"命令后的显示效果如图1-58所示。

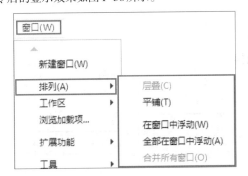

图 1-57

图 1-58

中文版Illustrator 2022完全案例教程（微课视频版）

图 1-61

提示：打开最近使用过的文件

打开Illustrator后，界面中会显示最近打开文件的缩览图，单击缩览图即可打开相应的文件，如图1-59所示。若已经在Illustrator中打开了文件，那么这个方法便行不通了。也可以执行"文件>最近打开的文件"命令，在子菜单中单击文件名即可将其在Illustrator中打开，如图1-60所示。

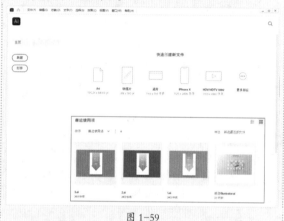

图 1-59

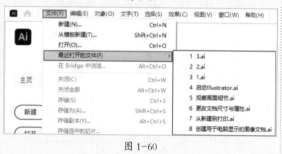

图 1-60

实例：置入素材制作人像海报

文件路径	第1章\置入素材制作人像海报
技术掌握	新建、置入、存储、关闭

扫一扫，看视频 **实例说明**

当文档中需要添加其他图片素材时，就需要使用到"置入"命令。通过执行"文件>置入"命令可以置入多种格式的对象。本案例主要练习置入的操作方法。

案例效果

案例效果如图1-61所示。

操作步骤

步骤 01 执行"文件>新建"命令或使用快捷键Ctrl+N，打开"新建文档"窗口。选择"打印"选项卡，在"空白文档预设"列表框中选择A4尺寸，然后单击"纵向"按钮，再单击"创建"按钮完成操作，如图1-62所示。

图 1-62

步骤 02 执行"文件>置入"命令，在弹出的"置入"窗口中单击选中素材1，接着单击"置入"按钮，如图1-63所示。

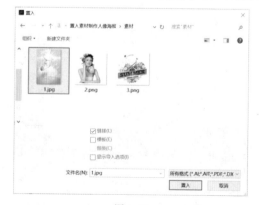

图 1-63

步骤 03 此时会回到绘图界面中，光标会显示所置入对象的缩览图，如图1-64所示。

步骤 04 在画面中按住鼠标左键拖动，这样能够控制置入素材的大小，如图1-65所示。

图 1-64

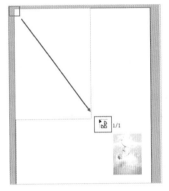

图 1-65

步骤 05 拖到合适大小后释放鼠标左键完成置入操作。此时，置入的素材处于"链接"状态，单击控制栏中的"嵌入"按钮，完成嵌入操作，如图1-66所示。嵌入的素材图片上将不再显示交叉的线条，如图1-67所示。

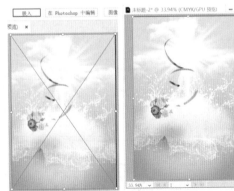

图 1-66   图 1-67

步骤 06 置入人物素材。再次执行"文件>置入"命令，在弹出的"置入"窗口中单击选中素材2，接着单击"置

入"按钮。此时，在画面中单击可以将素材置入画面，如图1-68所示。

步骤 07 素材太大需要缩小时，可以尝试通过拖动控制点进行缩小。将光标移到定界框的右下角控制点上向内侧拖动即可进行缩小，如图1-69所示。

图 1-68   图 1-69

步骤 08 此时图像被缩小了，但人物可能会变形。可以按快捷键Ctrl+Z撤销刚刚的错误操作。接着按住Shift键的同时按住鼠标左键将控制点向内侧拖动，这样就能够等比例地进行缩放，如图1-70所示。

图 1-70

步骤 09 单击工具箱中的"选择工具"按钮，然后在图片上单击即可将其选中，再按住鼠标左键拖动，调整人像的位置，如图1-71所示。单击控制栏中的"嵌入"按钮，完成嵌入操作。

图 1-71

步骤 10 将前景文字素材置入文档，也可以在"置入"窗口中取消勾选"链接"复选框，如图1-72所示。此时，

13

图片素材会直接嵌入文档，如图1-73所示。

图1-72

图1-73

步骤 11 案例制作完成后需要进行存储工作，Illustrator默认的文件格式为.AI。执行"文件>存储"命令或使用快捷键Ctrl+S，在弹出的"存储为"窗口的"文件名"选项中输入合适的名称，单击"保存类型"下拉按钮，在弹出的下拉列表中选中Adobe Illustrator（*.AI），然后单击"保存"按钮，如图1-74所示。

图1-74

步骤 12 在弹出的"Illustrator 选项"窗口中单击"确定"

按钮，完成存储操作，如图1-75所示。此时，将得到一个.AI格式的源文件，如果还需要对画面效果进行更改，可以打开该文件并继续操作，如图1-76所示。

图1-75

置入素材制作人像海报.ai

图1-76

步骤 13 "存储"命令可以将文档存储为Illustrator特有的矢量文件格式，而"导出"命令可以将文档存储为其他方便预览和传输的文件格式，如PNG、JPG格式等。执行"文件>导出>导出为"命令，打开"导出"窗口，在该窗口中设置保存的位置和名称，在"保存类型"下拉列表中选择"JPEG（*.JPG）"选项，如图1-77所示。

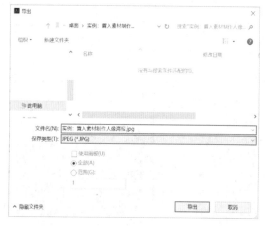

图1-77

步骤 14 单击"导出"按钮，弹出"JPEG选项"窗口，在该窗口中可以设置"颜色模型""品质"等选项。为了让画质清晰，在这里设置"品质"为"最高"，"分辨率"为"高（300 ppi）"，然后单击"确定"按钮，如图1-78

中文版Illustrator 2022完全案例教程（微课视频版）

所示。接着找到文件的存储位置即可看到两个不同格式的文件，如图1-79所示。

图 1-78

图 1-79

提示：使用画板选项

在"导出"窗口中勾选"使用画板"复选框，导出的图片中只有画板内的图形，如图1-80所示。

图 1-80

步骤 15 执行"文件>关闭"命令（快捷键为Ctrl+W），可以关闭当前所选的文件。单击文档窗口右上角的"关闭"按钮，也可以关闭所选文件，如图1-81所示。

图 1-81

1.4 图像文档的查看

在使用Illustrator进行制图的过程中，有时需要观看画面整体，有时则需要放大显示画面的某个局部，这时就可以使用工具箱中的"缩放工具"和"抓手工具"。

实例：观察画面细节

文件路径	第1章\观察画面细节
技术掌握	缩放工具、抓手工具

扫一扫，看视频

实例说明

本案例将学习使用"缩放工具"放大或缩小画面的显示比例，并学习使用"抓手工具"移动画面显示区域。使用这两种工具并不会改变画面内容，只是调整画面显示效果。

操作步骤

步骤 01 执行"文件>打开"命令，将素材1打开。在标题栏和窗口的左下角位置会显示文档的当前显示比例，如图1-82所示。

步骤 02 单击工具箱中的"缩放工具"按钮，将光标移到画面中，单击即可放大图像显示比例，如图1-83所示。如需放大多倍可以多次单击。

图 1-82　　　　　　　图 1-83

中文版Illustrator 2022完全案例教程（微课视频版）

步骤 03 也可以直接使用快捷键Ctrl+"+"放大图像显示比例，如图1-84所示。

图 1-84

步骤 04 当画面显示比例比较大时，有些局部可能就无法显示，这时可以选择工具箱中的"抓手工具" ，在画面中按住鼠标左键并拖动，界面中显示的图像区域产生了变化，如图1-85所示。

图 1-85

提示：快速切换到"抓手工具"

在使用其他工具时，按住Space键（空格键）即可快

速切换到"抓手工具"状态，此时在画面中按住鼠标左键并拖动即可平移画面；松开Space键时，会自动切换回之前使用的工具。

步骤 05 "缩放工具"既可以放大也可以缩小显示比例。按住Alt键，光标会变为中心带有减号的放大镜形状 ，单击要缩小的区域的中心，每单击一次，视图便缩小至上一个预设百分比，如图1-86所示。也可以直接使用快捷键Ctrl+"－"缩小图像显示比例。

步骤 06 选择"缩放工具"，在画面中按住鼠标左键拖动，拖动的区域为放大的区域，如图1-87所示。

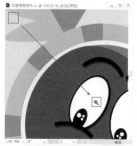

图 1-86　　　　　　　图 1-87

步骤 07 图像文档窗口的左下角位置处，有一个"缩放"文本框，在该文本框内输入相应的缩放倍数，按Enter键，即可直接调整到相应的缩放倍数，如图1-88所示。

步骤 08 或者单击数值框右侧的按钮 ，在预设选项里选中相应的缩放数值，如图1-89所示。

图 1-88　　　　　　　图 1-89

案例秘诀：

通过"缩放工具"对画面进行缩放，并未真正地更改画面的尺寸，而是为了方便用户观察而放大或缩小了图像的显示比例，就像用放大镜观察小物体时，物体本身的大小并不会发生变化。

实例：观看画面完整效果

文件路径	第1章\观看画面完整效果
技术掌握	缩放工具

扫一扫，看视频

实例说明

在制图过程中经常需要切换图像的缩放比例。对细节处进行编辑时需要放大图像显示比例；观察画面整体效果时则需要适当缩小显示比例；而对画面细节进行逐一检查时，通常需要将图像切换为1:1的显示比例。本案例就来学习一种快速切换为100%显示比例的方法。

操作步骤

步骤 01 执行"文件>打开"命令，打开素材。在画面左下角可以看到当前画面的缩放比例为20%。如果想要以100%的比例显示画面，无须切换工具，在其他工具状态下也可以直接双击"缩放工具"，如图1-90所示。

图 1-90

提示：为什么打开的图像相同，缩放比例却不同

不同的显示器尺寸，打开软件的界面大小也不相同。而较大的软件界面，打开图片后的缩放比例相对也会大一些。

步骤 02 此时，画面缩放比例直接变为100%，在名称栏右侧或界面左下角都可以看到图像的显示比例，如图1-91所示。

步骤 03 虽然画面目前以1:1显示，能够清晰地看到每一处细节，但是过大的缩放比例无法看到画面整体，如果想要重新观察整个画面，按下快捷键Ctrl+0（数字零，非字母）即可将画面缩放比例调整到适合屏幕显示的效果，如图1-92所示。

图 1-91 　　　　　　　图 1-92

1.5 文档设置

在新建文档后，若要进行文档的重新设置并不是一件难事。使用"画板工具"结合控制栏可以新建画板、删除画板、调整画板大小等，而通过"文档设置"命令可以调整文档的颜色模式、单位、出血等。

实例：创建不同用途的画板

文件路径	第1章\创建不同用途的画板
技术掌握	画板工具

扫一扫，看视频

实例说明

产品包装袋的平面图通常具有特定的尺寸，而展示效果的版面尺寸与平面图尺寸也不相同，所以可以尝试在同一个文档中创建不同大小的画板，分别用来制作平面图和展示效果图。

案例效果

案例效果如图1-93所示。

图 1-93

操作步骤

步骤 01 创建包装平面图的画板。执行"文件>新建"命令，在弹出的"新建文档"窗口中设置"宽度"为250mm，"高度"为120mm。设置"出血"值为3mm。由于文档需要用于打印，展开"高级选项"，"颜色模式"设置为用于打印的"CMYK颜色"模式，"光栅效果"设置为"高（300ppi）"，单击"创建"按钮，如图1-94所示。

图 1-94

💡 **提示：新建文档时新建多个画板**

单击"新建文档"窗口底部的"更多设置"按钮，如图1-95所示。

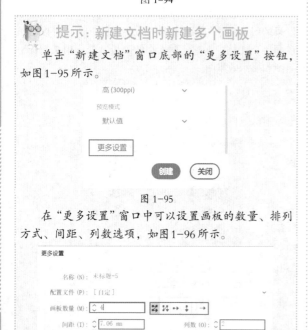

图 1-95

在"更多设置"窗口中可以设置画板的数量、排列方式、间距、列数选项，如图1-96所示。

图 1-96

步骤 02 此时，完成新建文档操作，文件中包括一个画板，如图1-97所示。

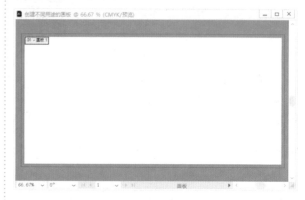

图 1-97

步骤 03 新建画板，单击"画板工具"按钮，单击控制栏中的"新建画板"按钮，如图1-98所示。

图 1-98

步骤 04 此时会得到新的画板，如图1-99所示。

图 1-99

步骤 05 在选中"画板工具"的状态下，将光标移至"画板2"上方，按住鼠标左键拖动即可移动画板位置。将画板2移到画板1下方，如图1-100所示。

步骤 06 在选中画板2的状态下，在控制栏中设置"高"为165mm，然后按Enter键确定参数设置，此时得到了两个画板，如图1-101所示。

中文版Illustrator 2022完全案例教程（微课视频版）

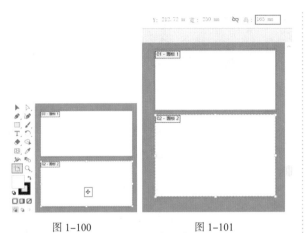

图 1-100   图 1-101

步骤 07 使用"置入"命令向画板中添加包装平面图和效果图素材。效果如图 1-102 所示。

图 1-102

实例：更改文档尺寸与属性

文件路径	第1章\更改文档尺寸与属性
技术掌握	画板工具、选择工具

扫一扫，看视频

实例说明

    本案例需要将网页广告更改为竖版的传单广告，由于当前网页广告为横版，且网页广告的颜色模式为RGB，不符合用于印刷的传单广告的要求，所以需要将横版更改为竖版，将颜色模式更改为CMYK，并且添加出血。

案例效果

    案例对比效果如图 1-103 和图 1-104 所示。

图 1-103   图 1-104

操作步骤

步骤 01 执行"文档>打开"命令，将素材1打开。在文档标题栏的位置能够看到文档的颜色模式为RGB，如图 1-105 所示。

图 1-105

步骤 02 执行"文件>文档颜色模式>CMYK"命令，随即文档的颜色模式被更改为CMYK，如图 1-106 所示。

图 1-106

步骤 03 更改画板的方向和尺寸。单击工具箱中的"画板工具"，在控制栏中单击"选择预设"按钮，在下拉列表框中选择A4，接着单击"纵向"按钮，如图 1-107 所示。

图 1-107

步骤 04 设置"出血"。执行"文件>文档设置"命令，打开"文档设置"窗口，接着设置"出血"为3mm。设置完成后单击"确定"按钮，如图1-108所示。

图 1-108

选项解读：页面设置

完成文档新建后，若要对文档属性重新进行设置，可以执行"文件>文档设置"命令，弹出"文档设置"窗口。在"常规"选项卡中可以重新对"出血""网格大小"等选项进行设置，如图1-109所示。

- 单位：在该下拉列表框中选择不同的选项，定义调整文档时使用的单位。
- 出血：在该选项组的4个文本框中，分别输入"上方""下方""左方""右方"的数值，重新调整"出血线"的位置。单击"链接"按钮，可以统一所有方向的"出血线"的位置。
- 编辑画板：单击"编辑画板"按钮，可以对文档中的画板进行重新调整，具体的调整方法会在后面相应的章节中进行讲述。
- 以轮廓模式显示图像：当勾选该复选框时，将只显示图像的轮廓线，从而节省计算的时间。

图 1-109

- 突出显示替代的字形：当勾选该复选框时，将突出显示文档中被替代的字形。
- 网格大小：在该下拉列表框中选择不同的选项，定义网格大小。
- 网格颜色：在该下拉列表框中选择不同的选项，定义透明网格的颜色。如果无法满足需要，则可以通过右侧的两个色块重新自定义网格颜色。
- 模拟彩纸：如果勾选该复选框，则在设置的彩纸上打印文档。
- 预设：在该下拉列表框中选择不同的选项，定义导出文档的分辨率。
- 放弃输出中的白色叠印：如果启用了白色叠印，那么文档中白色的部分则不会被打印出来。在彩色纸张上进行打印时，如果不小心启用了白色叠印，将会使白色内容无法被印刷出来。勾选此复选框则可以避免印刷时出现白色叠印的情况。

步骤 05 此时，画板边缘会显示出血框，如图1-110所示。

图 1-110

中文版Illustrator 2022完全案例教程（微课视频版）

步骤 06 调整版式。选择工具箱中的"选择工具"，单击作为背景的矩形。按住鼠标左键拖动控制点的位置，将矩形缩小至红色出血线范围内，如图1-111所示。

图 1-111

步骤 07 继续使用"选择工具"，单击选中产品，同样将其进行适当缩放，并按住鼠标左键拖动位置，如图1-112所示。

步骤 08 继续调整各个部分的位置及大小。案例完成效果如图1-113所示。

图 1-112　　　　　图 1-113

1.6 打印设置

实例：将制作好的文档打印一份

文件路径	第1章\将制作好的文档打印一份
技术掌握	打印

扫一扫，看视频

实例说明

　　画册、海报、宣传单等平面设计作品制作完成后，需要通过印刷将其变为实物。在进行成品印刷之前，经常需要打印一份样品，便于预览效果或呈现给客户。

案例效果

　　案例效果如图1-114所示。

图 1-114

操作步骤

步骤 01 执行"文件>打开"命令，将素材1打开，如图1-115所示。

图 1-115

步骤 02 在Illustrator中想要打印某个文档时，可以执行"文件>打印"命令，打开"打印"窗口。在该窗口中可以预览文件打印的效果，并且可以对打印机、打印份数、输出选项和颜色管理等进行设置。选择需要使用的打印机；在"常规"选项卡中设置需要打印的"份数"；如果文档包含多个画板，则需要在"画板"选项组中选择要打印的画板页面；在"介质大小"下拉列表框中可以选择用于打印的纸张的尺寸；在"打印图层"下拉列表框中可以选择需要打印的图层选项；如果想要对打印图像的比例进行缩放，则可以在"缩放"选项组中进行设置，如图1-116所示。

图 1-116

步骤 03 选择"标记和出血"选项卡，在"标记"选项组中可以勾选需要打印的标记内容；在"出血"选项组中勾选"使用文档出血设置"复选框则以文档的出血值为准（在下面4个文本框中可以重新设置新的出血值），如图 1-117 所示。图 1-118 所示为各种印刷标记。

图 1-117

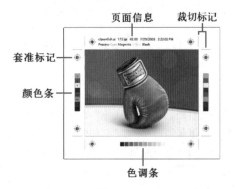

图 1-118

选项解读：标记和出血

● 所有印刷标记：勾选此复选框，启用全部的印刷标记。

● 裁切标记：在要裁切页面的位置打印裁切标记。

● 套准标记：在图像上打印套准标记（包括靶心和星形靶）。这些标记主要用于对齐PostScript打印机上的分色。

● 颜色条：为每个灰度或印刷色添加小颜色方块。转换到印刷色的专色会使用印刷色表现。印刷服务提供商会使用这些标记在印刷时调整油墨浓度。

● 页面信息：页面信息放置在页面的裁切区域外。页面信息包含文件名称、页码、当前日期和时间，以及色板名称。

步骤 04 选择"输出"选项卡，在"输出"选项组中可以设置图稿的输出方式、打印机分辨率、油墨属性等参数，如图 1-119 所示。

图 1-119

步骤 05 选择"图形"选项卡，在"图形"选项组中可以设置路径打印的平滑度、文字字体选项以及渐变网格打印的兼容性等选项，如图 1-120 所示。

步骤 06 选择"颜色管理"选项卡，在"颜色管理"选项组中可以进行打印方法的设置，如图 1-121 所示。

图 1-120

图 1-121

 选项解读：颜色管理

- **颜色管理**：设置是否使用颜色管理。如果使用颜色管理，则需要确定将其应用到程序中还是打印设备中。
- **打印机配置文件**：选择适用于打印机和将要使用的纸张类型的配置文件。
- **渲染方法**：指定颜色从图像色彩空间转换到打印机色彩空间的方式，包括"可感知""饱和度""相对比色""绝对比色"4 种。"可感知"渲染将尝试保留颜色之间的视觉关系，色域外颜色转变为可重现颜色时，色域内颜色可能会发生变化。因此，如果图像的色域外颜色较多，"可感知"渲染是最理想的选择。"相对比色"渲染可以保留较多的原始颜色，是色域外颜色较少时的最理想选择。

步骤 07 选择"高级"选项卡，在"高级"选项组中可以

针对是否将图像"打印成位图"、是否设置"叠印"以及"预设"等进行相应的设置，如图 1-122 所示。

图 1-122

步骤 08 选择"小结"选项卡，从中可以查看完成设置后的文件相关打印信息和打印图像中包括的警告信息，如图 1-123 所示。

图 1-123

步骤 09 全部参数设置完成后，单击"打印"按钮即可打印。单击左下角的"设置"按钮，在弹出的"打印"窗口中可以对打印机和页面范围进行设置，如图 1-124 所示。

图 1-124

1.7 辅助工具

Illustrator提供了多种非常方便的辅助工具：标尺、参考线、智能参考线、网格、对齐等，通过使用这些工具命令可以轻松制作出尺度精准的对象、设计出排列整齐的版面。

实例：借助参考线规划杂志页面

扫一扫，看视频

文件路径	第1章\借助参考线规划杂志页面
技术掌握	标尺、参考线、选择、移动

实例说明

标尺和参考线是版面设计中常用的辅助工具。例如，制作对齐的元素时，如果没有参考线，仅手动移动很难保证元素整齐排列；如果有了参考线，则可以在移动对象时自动"吸附"到参考线上，从而使版面更加整齐。除此之外，在制作一个完整的版面时，也可以先使用参考线将版面进行分割，之后再进行元素的添加。

案例效果

案例效果如图1-125所示。

图 1-125

操作步骤

步骤 01 执行"文件>打开"命令，将素材1打开，如图1-126所示。

图 1-126

步骤 02 使用快捷键Ctrl+R打开标尺，如图1-127所示。

图 1-127

步骤 03 将光标放置在左侧的垂直标尺上，然后按住鼠标左键向右拖动，释放鼠标后即可创建垂直参考线，如图1-128和图1-129所示。

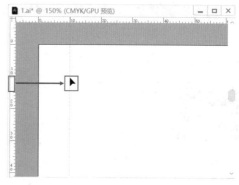

图 1-128

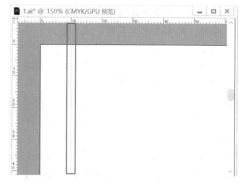

图 1-129

步骤 04 该参考线需要位于10mm处，选择工具箱中的"选择工具"，然后将光标放置在参考线上单击，当光标变为▶形状后按住鼠标左键拖动，即可移动参考线的位置，如图1-130所示。

中文版Illustrator 2022完全案例教程（微课视频版）

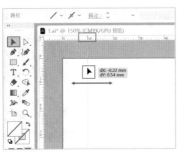

图 1-130

步骤 05 如果要精确地调整参考线的位置，可以使用"选择工具"在参考线上方单击将其选中，在"属性"面板中设置X为10mm，然后按Enter键即可将参考线的位置定位于10mm处，如图1-131所示。

图 1-131

步骤 06 将光标定位水平标尺上，然后按住鼠标左键向下拖动，即可拖出水平参考线，如图1-132和图1-133所示。

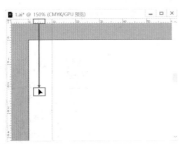

图 1-132

图 1-133

步骤 07 使用"移动工具"在参考线上单击，当参考线变为淡蓝色后按Delete键，即可将其删除。如果需要删除画布中的所有参考线，可以执行"视图>参考线>清除参考线"命令。

提示：通过图形创建参考线

Illustrator中的参考线不仅可以是垂直或水平的，也可以将矢量图形转换为参考线对象。可以先绘制一个形状，如图1-134所示。选中这个图形，然后按快捷键Ctrl+5，即可将这个图形转换为参考线，如图1-135所示。

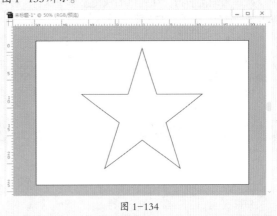

图 1-134

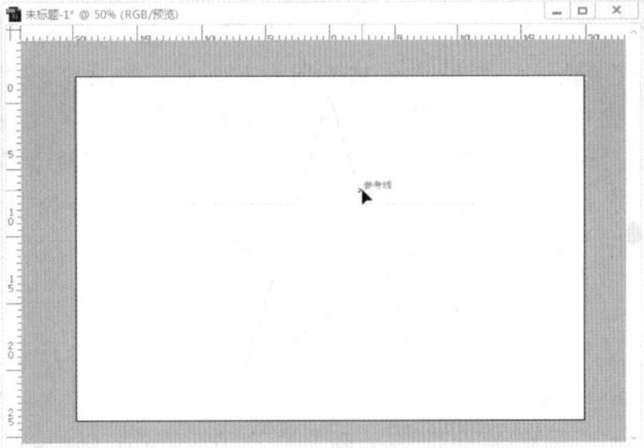

图 1-135

步骤 08 参考线非常容易由于错误操作而导致位置发生变化，所以在创建参考线后可以将其锁定。执行"视图>参考线>锁定参考线"命令，或者右击，在弹出的快捷菜单中执行"锁定参考线"命令，如图1-136所示，即可将当前的参考线锁定。此时，可以创建新的参考线，但是不能移动和删除锁定的参考线。

图 1-136

步骤 09 若要将参考线解锁，可以再次执行该命令。也可以在参考线上右击，在弹出的快捷菜单中执行"解锁参考线"命令，如图 1-137 所示。

图 1-137

提示：启用"对齐"功能

在移动、变换或创建新图形时，经常会感受到对象被自动"吸附"到另一个对象的边缘或某些特定位置，这是因为开启了"对齐"功能。"对齐"有助于精确地放置选区、裁剪选框、切片、设置形状和路径等。执行"视图"菜单下的对齐像素、对齐点命令，可以设置"对齐"功能的开启与关闭。

步骤 10 继续在相应位置创建参考线，如图 1-138 所示。

图 1-138

步骤 11 使用"选择工具"，单击选中右侧的照片，按住

鼠标左键向左上拖动到适当位置，如图 1-139 所示。

图 1-139

步骤 12 在一角处按住 Shift 键拖动，将其放大到与右侧页面等大的尺寸，如图 1-140 所示。

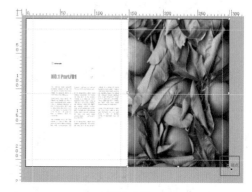

图 1-140

步骤 13 依次调整图片和文字的位置。案例完成效果如图 1-141 所示。

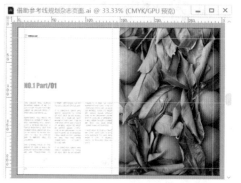

图 1-141

实例：利用网格系统进行版面构图

文件路径	第1章\利用网格系统进行版面构图
技术掌握	网格、置入、移动、缩放

中文版 Illustrator 2022完全案例教程（微课视频版）

实例说明

网格系统是利用垂直与水平的参考线将画面简化成有规律的格子，再依托这些格子构建秩序性版面的一种设计手法。通过构建网格系统，可以有效地控制版面中的留白与比例关系，为元素提供对齐依据。通过网格能够精准地定位图形和元素的位置，所以网格经常应用于标志设计和UI设计中。

扫一扫，看视频

案例效果

案例效果如图1-142所示。

图1-142

操作步骤

步骤 01 创建A4尺寸的新文档。执行"文件>置入"命令，将背景素材置入文档，拖动控制点将其调整到与画板等大。然后单击"嵌入"按钮进行嵌入，如图1-143所示。

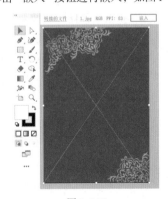

图1-143

步骤 02 执行"视图>显示网格"命令（快捷键为Ctrl +'），就可以在画布中显示出网格，如图1-144所示。

图1-144

步骤 03 为了使网格能够在图像上方显示，需要打开"首选项"窗口进行设置。执行"编辑>首选项>参考线和网格"命令，在打开的"首选项"窗口"参考线和网格"选项卡中取消勾选"网格置后"复选框，然后单击"确定"按钮，如图1-145所示。

图1-145

步骤 04 此时，网格会在画面顶部显示，这样就能够根据网格调整对象位置，如图1-146所示。

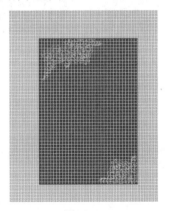

图1-146

中文版Illustrator 2022完全案例教程（微课视频版）

步骤 05 执行"文件>置入"命令将山水画素材2置入文档，调整到合适大小并移至画面的左侧进行嵌入，如图1-147所示。

步骤 06 置入主体文字素材，摆放在画面偏右侧的位置，如图1-148所示。

图1-147   图1-148

步骤 07 继续根据网格的位置添加其他元素，完成元素的摆放。效果如图1-149所示。

步骤 08 使用快捷键Ctrl +'隐藏网格，观察画面效果，如图1-150所示。

图1-149   图1-150

> **案例秘诀：**
>
> 默认情况下参考线为青色，智能参考线为洋红色，网格为灰色。如果正在编辑的文档与这些辅助对象的颜色非常相似，则可以更改参考线和网格的颜色。执行"编辑>首选项>参考线和网格"命令，在弹出的"首选项"窗口中可以选择合适的颜色，还可以选择线条类型。

实例：从新建到打印

扫一扫，看视频

文件路径	第1章\从新建到打印
技术掌握	新建、置入、还原、重做、存储、导出、打印、关闭

实例说明

制作设计作品时，通常需要经历"从无到有"的过程。在没有文档时，利用"新建"命令创建出空白的文档，接下来通过"置入"命令向画面中添加图像元素。编辑操作完成后则需要对已有的文件进行存储，存储成一份可供编辑的AI格式源文件，再导出一份方便预览的JPG格式文件。如果有其他印刷或输出方面的要求，则需要根据要求存储为相应格式。存储完毕如需打印则可以使用"打印"命令。全部编辑完成后则需要使用"关闭"命令关闭文档。

案例效果

案例效果如图1-151所示。

图1-151

操作步骤

步骤 01 执行"文件>新建"命令或使用快捷键Ctrl+N，在弹出的"新建文档"窗口中选择"打印"选项卡，选择A4选项，接着单击"横向"按钮，设置"颜色模式"为"CMYK颜色"，"光栅效果"为"高（300ppi）"，单击"创建"按钮，如图1-152所示，完成新建文档，如图1-153所示。

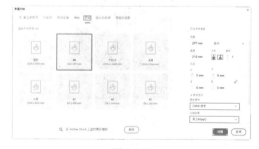

图1-152

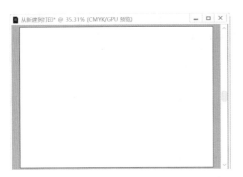

图 1-153

步骤 02 执行"文件>置入"命令，在打开的"置入"窗口中找到素材位置，选择素材 1.ai，单击"置入"按钮，如图 1-154 所示。

图 1-154

步骤 03 在画面中单击将素材进行置入，然后调整素材的位置和大小，单击控制栏中的"嵌入"按钮，完成嵌入操作，如图 1-155 所示。

图 1-155

步骤 04 继续置入素材 2.jpg，可以尝试从素材文件夹中直接将需要置入的素材拖到画面中，如图 1-156 所示。

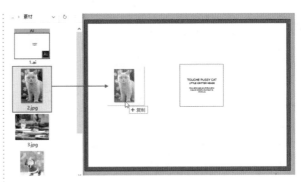

图 1-156

步骤 05 待素材出现在画面中后，调整素材大小及位置，并在控制栏中单击"嵌入"按钮，如图 1-157 所示。

步骤 06 使用同样的方法置入其他素材，调整到合适大小，移至相应位置并进行嵌入操作。案例完成效果如图 1-158 所示

图 1-157　　　　　图 1-158

步骤 07 执行"文件>存储"命令，在"存储为"窗口中找到要保存的位置，设置合适的文件名，设置"保存类型"为 Adobe Illustrator (*.AI)，单击"保存"按钮完成文件的存储，如图 1-159 所示。

图 1-159

步骤 08 此时会弹出"Illustrator选项"窗口，单击"确定"按钮，即可完成文件的存储，如图 1-160 所示。

图 1-160

步骤 09 在没有安装特定的看图软件和Illustrator软件的计算机上，AI格式的文档会比较难预览，难以观看效果，为了方便预览，需要将文档另存为JPEG格式。执行"文件>导出>导出为"命令，在弹出的"导出"窗口中设置合适的文件名，设置"保存类型"为JPEG（*.JPG），单击"导出"按钮，如图1-161所示。

图 1-161

步骤 10 在弹出的"JPEG选项"窗口中设置"品质"为10，"分辨率"为"高（300 ppi）"，单击"确定"按钮，完成导出操作，如图1-162所示。

图 1-162

步骤 11 执行"文件>打印"命令，打开"打印"窗口，在这里可以进行打印参数的设置，然后单击"打印"按钮进行"打印"，如图1-163所示。

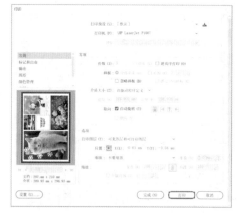

图 1-163

步骤 12 执行"文件>关闭"命令（快捷键为Ctrl+W）可以关闭当前所选的文件。单击文档窗口右上角的"关闭"按钮，也可以关闭所选文件，如图1-164所示。

图 1-164

提示：恢复文件

对一个文件进行了一些操作后，执行"文件>恢复"命令，可以直接将文件恢复到最后一次保存时的状态。如果一直没有进行过存储操作，则可以返回到文件刚打开时的状态。

扫码看本章介绍　　扫码看基础视频

绘制简单的图形

本章内容简介:

从本章开始就要学习使用Illustrator绘图的方法了。本章主要介绍几种最基本的绘图工具,如"直线段工具""弧形工具""螺旋线工具""矩形网格工具""极坐标网格工具""矩形工具""圆角矩形工具""椭圆工具""多边形工具""星形工具""光晕工具"等。这些工具使用起来非常简单,在学习之前,可以在画面中按住鼠标左键拖动进行随意绘制,感受一下这些工具的使用是不是很有趣呢?

重点知识掌握:

- 熟练掌握"直线段工具"的使用方法。
- 熟练掌握"矩形工具""圆角矩形工具""椭圆工具""多边形工具"的使用方法。
- 能够绘制尺寸精确的线段、弧线、矩形、圆、多边形等常见图形。

通过本章学习,我能做什么?

通过本章的学习,能够轻松掌握绘制直线、弧线、螺旋线、方形、圆形、多边形、星形的方法。通过绘制这些简单的基本几何图形,并置入一些位图元素,可以尝试制作一些包含简单几何图形的版面。如果想要为绘制的图形设置不同的颜色,或者想要为画面添加文字元素,则可以看一下后面几个小节的内容。

优秀作品欣赏

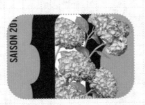

2.1 使用绘图工具

扫一扫，看视频

Illustrator的工具箱中包含很多种用于绘图的工具，右击工具箱中的线条工具组按钮 ✏，在弹出的工具组中可以选择"直线段工具""弧形工具""螺旋线工具""矩形网格工具""极坐标网格工具"；右击形状工具组按钮 ▢，在弹出的工具组中可以选择"矩形工具""圆角矩形工具""椭圆工具""多边形工具""星形工具""光晕工具"，如图2-1所示。使用这些工具绘制的图形如图2-2所示。

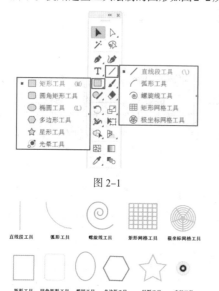

图 2-1

图 2-2

实例：绘制简单的图形

扫一扫，看视频

文件路径	第2章\绘制简单的图形
技术掌握	圆角矩形工具、直接选择工具

实例说明

工具箱提供了多种绘制基本图形的工具，虽然有很多种工具，但是它们的使用方法非常相近。本案例就以"圆角矩形工具"为例尝试进行绘图，讲解一些关于如何使用绘图工具，如何设置填充、描边以及调整圆角半径的基础知识。

案例效果

案例效果如图2-3所示。

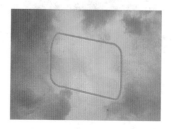

图 2-3

操作步骤

步骤 01 右击工具箱中的形状工具组按钮 ▢，在弹出的工具组中单击"圆角矩形工具"按钮，如图2-4所示。

步骤 02 在控制栏中可以设置颜色。单击"填充"按钮，在弹出的下拉面板中单击 ✏ 按钮即可去除填充，也就是没有任何填充色，如图2-5所示。

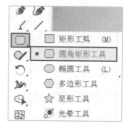

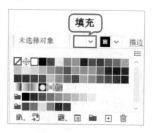

图 2-4   图 2-5

步骤 03 单击控制栏中的"描边"按钮，在弹出的下拉面板中单击颜色色块即可设置描边颜色，如图2-6所示。

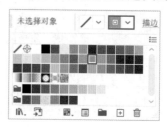

图 2-6

步骤 04 将"描边粗细"设置为10pt，如图2-7所示。

图 2-7

提示：打开"控制栏"

"控制栏"常用于快速设置图形的颜色、透明度、样式以及矢量图形的参数等属性，非常方便。执行"窗口>控制"命令可以显示出"控制栏"。在后面的操作中也会多次使用到"控制栏"。

中文版Illustrator 2022完全案例教程（微课视频版）

步骤 05 在画面中按住鼠标左键拖动，可以看到出现了一个圆角矩形，如图2-8所示。

步骤 06 松开鼠标后可以看到画面中出现了一个圆角矩形。在绘制完成的图形上如果看到 ◎，可以按住它并拖动，如图2-9所示。

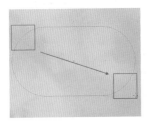 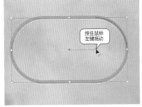

图 2-8　　　　　　　　图 2-9

步骤 07 此时，可以看到当前图形的圆角大小发生了变化（注意：并不是所有图形都带有 ◎），如图2-10所示。

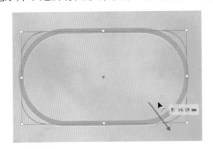

图 2-10

步骤 08 如果想要得到精确尺寸的图形，可以使用图形绘制工具在画面中单击，在弹出的窗口中进行详细的参数设置，如图2-11所示。设置完成后单击"确定"按钮，即可得到一个精确尺寸的图形，如图2-12所示。

 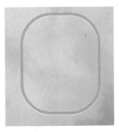

图 2-11　　　　　　　　图 2-12

步骤 09 使用绘图工具只能调整大小与圆角的弧度，如果想要对所绘制图形的外观进行改变，就要借助工具箱最上方的"直接选择工具"。通过选择图形的锚点对形状进行调整。单击工具箱中的"直接选择工具"按钮，在图形上单击，此时图形上方的各个锚点就显示出来，如图2-13所示。

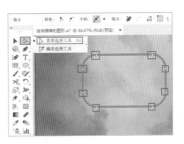

图 2-13

步骤 10 使用"直接选择工具"在锚点上单击，此时锚点变为实心的矩形，在锚点上出现控制柄，如图2-14所示。

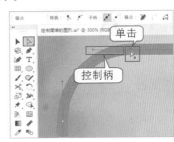

图 2-14

步骤 11 按住鼠标左键不放，拖动锚点便可以调整图形的形状，如图2-15所示。

步骤 12 使用同样的方法对其他锚点进行调整。效果如图2-16所示。通过该方法可以对图形进行任意形状的调整，为设计带来了极大的便利。

图 2-15　　　　　　　　图 2-16

步骤 13 在选中绘制好的图形后，可以在控制栏中更改填充、描边的颜色。Illustrator中有多种填充方式，在后面的章节中将会进行讲解。

实例：使用"选择工具"调整按钮形状

文件路径	第2章\使用"选择工具"调整按钮形状
技术掌握	选择工具、移动位置

扫一扫，看视频

实例说明

　　"选择工具"是一个经常使用的工具，使用该工具可以选择文字、图形等对象。在对象被选中的状态下才可以对其进行大小、位置、形状等属性的调整以及删除。本案例中由于文字在按钮的边缘，需要对文字的位置进行移动，同时按钮的圆角弧度过大也需要进行调整。

案例效果

　　案例效果如图2-17所示。

图 2-17

操作步骤

　步骤 01 执行"文件>打开"命令，将素材1.ai打开，如图2-18所示。

　步骤 02 对文字的位置进行调整。选择工具箱中的"选择工具"，单击文字将其选中，如图2-19所示。

图 2-18　　　　　　　图 2-19

　步骤 03 按住鼠标左键将其向左拖动，移至按钮中间位置，如图2-20所示。

图 2-20

> **提示：取消选择对象**
>
> 　　在日常操作软件时，如果要编辑对象，则要进行选择，编辑完成后，可以在空白位置处单击一下取消对象的选择。

　步骤 04 调整按钮的圆角弧度。继续使用"选择工具"，单击选择按钮，此时将光标放在 ⊙ 按钮上，按住鼠标左键向外拖动，即可调整按钮圆角的大小，如图2-21所示。

图 2-21

　步骤 05 此时本案例制作完成。效果如图2-22所示。

图 2-22

> **提示："选择"功能的小技巧**
>
> - 选择一个对象：对一个对象的整体进行选取时，单击工具箱中的"选择工具"按钮 （快捷键为V）。然后在要选择的对象上单击，即可将相应的对象选中，此时该对象的路径部分将按照所在图层的不同，呈现出不同的颜色标记。
> - 加选多个对象：首先选择一个对象，接着按住Shift键，并单击其他的对象，可以将两个对象同时选中。继续按住Shift键再次单击其他对象，仍然可以进行同时选取。在被选中的对象上按住Shift键再次单击，可以取消选中。
> - 框选多个对象：选择"选择工具"，然后按住鼠标左键拖动，此时会显示一个"虚线框"。松开鼠标左键后，"虚线框"内的对象将会被选中。

中文版Illustrator 2022完全案例教程（微课视频版）

● 删除对象：想要删除多余的图形，可以使用"选择工具" ▶ 单击选中图形，然后按下Delete键即可删除。

2.2 直线段工具

"直线段工具" ╱ 位于工具箱的上半部分。使用该工具可以轻松绘制出任意角度的线段，也可以配合快捷键准确地绘制水平线、垂直线以及斜45°的线条。配合描边宽度以及描边虚线的设置，"直线段工具"常用于绘制分割线、连接线、虚线等线条对象。

实例：使用"直线段工具"绘制标志

文件路径	第2章\使用"直线段工具"绘制标志
技术掌握	直线段工具、复制粘贴、对齐与分布

扫一扫，看视频

实例说明

本案例由背景和标志两部分组成。背景是一个矩形，需要使用"矩形工具"完成，而标志的图形由数条直线段组合而成，所以需要使用工具箱中的"直线段工具"完成。

案例效果

案例效果如图2-23所示。

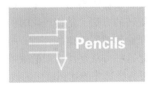

图 2-23

操作步骤

步骤 01 执行"文件>打开"命令，将素材1.ai打开，如图2-24所示。

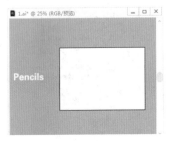

图 2-24

步骤 02 制作背景。选择工具箱中的"矩形工具"，在控制栏中设置"填充"为浅绿色，"描边"为无。设置完成后在画面左上角按住鼠标左键拖动到右下角，绘制一个和画板等大的矩形，如图2-25所示。

图 2-25

步骤 03 使用"直线段工具"绘制标志。由于图形是由一条条直线组成的，所以就需要绘制直线。选择工具箱中的"直线段工具"，在控制栏中设置"填充"为无，"描边"为浅灰色，"粗细"为10pt。设置完成后在矩形上方按住Shift键的同时按住鼠标左键向右拖动绘制一条水平的直线，如图2-26所示。

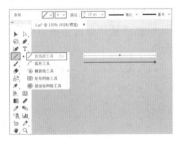

图 2-26

步骤 04 此时，绘制的直线端点是平头的，效果不够圆润，需要对端点样式进行更改。在该直线选中的状态下，在控制栏中单击"描边"按钮，在弹出的面板中设置"端点"为"圆头端点"，如图2-27所示。通过该操作可以将直线的端点更改为平头、圆头、方头三种样式。

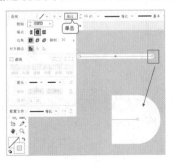

图 2-27

步骤 05 由于该图形左侧的三条直线段是完全相同的，所以可以通过复制的方式得到另外两条。选择该直线段，使用快捷键Ctrl+C将其复制一份，使用快捷键Ctrl+V进行粘贴。将复制得到的图形放在已有直线下方位置，如图2-28所示。

步骤 06 然后使用同样的方法复制另外一条直线。效果如图2-29所示。

图 2-28   图 2-29

步骤 07 此时需要对三条直线的对齐方式进行调整。使用"选择工具"，按住Shift键依次单击加选三条直线，在控制栏中单击"左对齐""垂直居中分布"按钮，设置直线的对齐方式，如图2-30所示。

步骤 08 由于图形其他部分的绘制方式也是相同的，所以之后直线的绘制在这里将不再作详细的叙述。效果如图2-31所示。然后依次加选各条直线，使用快捷键Ctrl+G将其编组。

 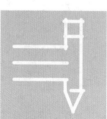

图 2-30   图 2-31

步骤 09 在该编组图形选中的状态下，在控制栏中设置"不透明度"为70%，如图2-32所示。

步骤 10 使用"选择工具"将画板外的文字选中并移至标志右侧。适当地调整位置，此时该标志制作完成。效果如图2-33所示。

图 2-32   图 2-33

提示：绘制精确长度和角度的直线

想要绘制精确长度和角度的直线，可以使用"直线段工具"在画面中单击（单击的位置将被作为直线的一个端点），接着会弹出"直线段工具选项"窗口。在该窗口中可以设置直线的长度和角度，如图2-34所示。

单击"确定"按钮即可创建精确长度的直线，如图2-35所示。如果勾选"线段填色"复选框，将以当前的填充颜色对线段填色。

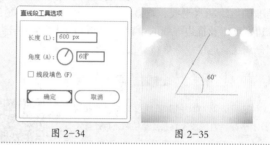

图 2-34   图 2-35

实例：使用"直线段工具"制作海报

文件路径	第2章\使用"直线段工具"制作海报
技术掌握	直线段工具、椭圆工具

扫一扫，看视频   **实例说明**

点动成线，线动成面。在本案例中，将细线进行大量的复制和旋转，制作成扇形的效果。如果采用传统的复制、粘贴、旋转的方法，是比较耗时的，在这里使用"直线段工具"配合键盘左上角的 ~ 键，可以快速复制大量的直线。只是这种方法制作出来的效果比较随机，所以需要不断地进行尝试才能达到理想的效果。

案例效果

案例效果如图2-36所示。

图 2-36

中文版Illustrator 2022完全案例教程（微课视频版）

操作步骤

步骤 01 执行"文件>打开"命令，将素材 1.ai 打开，如图 2-37 所示。

图 2-37

步骤 02 制作海报的背景。选择工具箱中的"矩形工具"，在控制栏中设置"填充"为青色，"描边"为无。设置完成后在画面中绘制一个比画板稍小一些的矩形，如图 2-38 所示。

图 2-38

步骤 03 制作扇形图形。选择工具箱中的"直线段工具"，在控制栏中设置"填充"为无，"描边"为橘色，"粗细"为 1pt。设置完成后在画面中按住鼠标左键的同时按住键盘左上角的 ~ 键进行拖动，如图 2-39 所示。随着拖动可以得到大量的直线，使其呈现出扇形外观。然后使用快捷键 Ctrl+G 将所有直线进行编组。

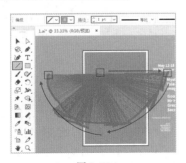

图 2-39

步骤 04 此时，可以看到绘制的直线长短不齐，需要将其进行整齐处理。选择工具箱中的"椭圆工具"，在画面中按住 Shift 键的同时按住鼠标左键拖动绘制一个正圆，如图 2-40 所示。

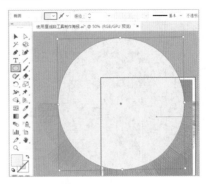

图 2-40

步骤 05 将正圆更改为半圆。选择该正圆，将光标放在定界框右侧的圆形控制点上，此时光标变为 ▶ 形状，如图 2-41 所示。

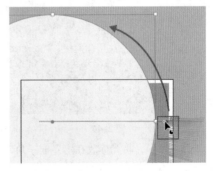

图 2-41

步骤 06 按住鼠标左键拖动，让正圆的上半部分消失，呈现出半圆效果，如图 2-42 所示。

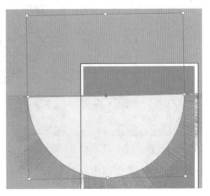

图 2-42

中文版Illustrator 2022完全案例教程（微课视频版）

步骤 07 将该半圆放在直线编组图形上方，然后按住Shift键依次单击加选两个图形，右击执行"建立剪切蒙版"命令（快捷键为Ctrl+7），将直线多余的部分隐藏，如图2-43所示。效果如图2-44所示。

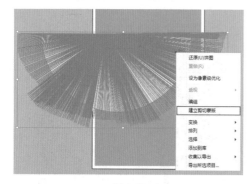

图 2-43

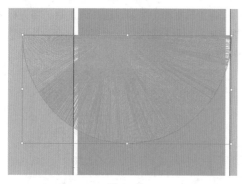

图 2-44

步骤 08 选择该图形，将光标放在定界框一角，当其变为形状时，按住鼠标左键进行旋转，如图2-45所示。

步骤 09 使用同样的方法制作其余两个直线段扇形图形，并适当地进行旋转。效果如图2-46所示

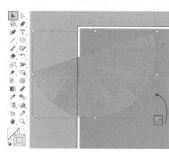

图 2-45

图 2-46

步骤 10 加选黄色和黑色图形，然后在选项栏中设置"不透明度"为70%，如图2-47所示。效果如图2-48所示。

图 2-47

图 2-48

步骤 11 将青色矩形复制一份，放在画面的最上方位置。然后依次加选三个编组图形和该矩形，右击执行"建立剪切蒙版"命令，将超出矩形部分的图形进行隐藏。效果如图2-49所示。

步骤 12 使用"选择工具"将画板外的文字移至画面中，并适当地调整位置，此时本案例制作完成。效果如图2-50所示。

图 2-49

图 2-50

2.3 弧形工具

"弧形工具" 位于线条工具组中，使用该工具可以绘制任意弧度的弧线，也可以绘制特定尺寸与弧度的弧线。"弧形工具"常用于绘制彩虹、雨伞、波浪线、抛物线或其他包含弧形线条的图形。

实例：绘制弧线制作标志

文件路径	第2章\绘制弧线制作标志
技术掌握	弧形工具、圆角矩形工具、直接选择工具

扫一扫，看视频

实例说明

使用"弧形工具"可以绘制任意弧度的弧线，本案例中首先绘制一段弧线，然后配合使用"直接选择工具"，通过对锚点的调整更改弧线的弧度与位置。

案例效果

案例效果如图2-51所示。

图2-51

操作步骤

步骤01 执行"文件>打开"命令，将素材1.ai打开，如图2-52所示。本案例主要使用"弧形工具"绘制弧线，接着通过对弧线弧度与位置的调整制作标志。

图2-52

步骤02 从案例效果中可以看出，标志外围由弧线构成，所以首先需要绘制弧线。选择工具箱中的"弧形工具"，在控制栏中设置"填充"为无，"描边"为黑色，"粗细"为13pt。设置完成后在画面中按住鼠标左键绘制一段弧线，如图2-53所示。

图2-53

步骤03 此时，绘制的弧线与案例效果相差较大，需要进行调整。选择工具箱中的"直接选择工具"，选中弧线的锚点，此时锚点附近出现控制柄，通过拖动控制柄的位置可以调整弧线的弧度，如图2-54所示。

图2-54

步骤04 案例效果中弧线的端点是圆头，而绘制出的弧线的端点是平头，所以需要对其端头样式进行更改。选择工具箱中的"选择工具"，单击控制栏中的"描边"按钮，在弹出的面板中设置"端点"为"圆头端点"，如图2-55所示。

图2-55

步骤 05 为画面增加一些细节，让效果更加丰富。选择工具箱中的"圆角矩形工具"，在控制栏中设置"填充"为黑色，"描边"为无。设置完成后在画面中绘制图形，如图2-56所示。在该步骤中可以通过拖动圆角矩形上方的白色圆点调整圆角的大小。

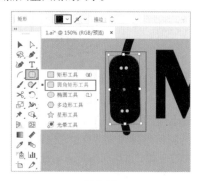

图 2-56

步骤 06 将另外一组带有弧度的文字移到此处。效果如图2-57所示。

图 2-57

选项解读：弧线段工具选项

想要绘制精确斜率的弧线，可以单击工具箱中的"弧形工具" 按钮，然后在需要绘制图形的地方单击，弹出"弧线段工具选项"窗口。在该窗口中可以对弧形的X/Y轴长度以及斜率进行相应设置，单击"确定"按钮完成设置，如图2-58所示。即可得到尺寸精确的图形，如图2-59所示。

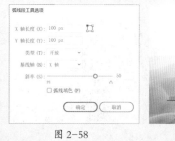

图 2-58   图 2-59

- **X轴长度：** 在文本框输入的数值，可以定义另一个端点在X轴方向的距离。
- **Y轴长度：** 在文本框输入的数值，可以定义另一个端点在Y轴方向的距离。
- **定位：** 在"X轴长度"选项右侧的定位器中单击不同的按钮，可以定义在弧线中首先设置端点的位置。
- **类型：** 表示弧线的类型，可以定义绘制的弧线对象是"开放"还是"闭合"，默认情况下为"开放"。
- **基线轴：** 可以定义绘制的弧线对象基线轴为X轴还是为Y轴。
- **斜率：** 通过调整选项中的参数，可以定义绘制的弧线对象的弧度，绝对值越大弧度越大，正值凸起负值凹陷，如图2-60和图2-61所示。

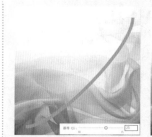   

图 2-60   图 2-61

- **弧线填色：** 当勾选该复选框时，将使用当前的填充颜色填充绘制的弧形。

2.4 螺旋线工具

"螺旋线工具" 位于线条工具组中，使用"螺旋线工具"可以绘制出半径不同、段数不同、样式不同的螺旋线。

实例：绘制螺旋线制作儿童插画背景

文件路径	第2章\绘制螺旋线制作儿童插画背景
技术掌握	螺旋线工具

扫一扫，看视频

实例说明

本案例主要通过对螺旋线数值进行精确设置绘制螺旋线图形，同时对描边颜色进行设置丰富整体效果。

中文版Illustrator 2022完全案例教程（微课视频版）

案例效果

案例效果如图2-62所示。

图 2-62

操作步骤

步骤 01 执行"文件>打开"命令，将素材1.ai打开，如图2-63所示。

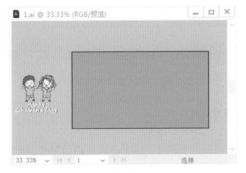

图 2-63

步骤 02 选择工具箱中的"螺旋线工具"，在控制栏中设置"填充"为无，"描边"为绿色，"粗细"为6pt。设置完成后在画面中单击，接着在弹出的"螺旋线"窗口中设置"半径"为20mm，"衰减"为90%，"段数"为25，"样式"为顺时针旋转。设置完成后单击"确定"按钮，如图2-64所示。效果如图2-65所示。

图 2-64　　　　图 2-65

> 提示：绘制螺旋线的小技巧

按住鼠标拖动时按住空格键，直线可以随鼠标的拖动移动位置。

按住鼠标拖动时按住Shift键锁定螺旋线的角度为45°的倍值，按住Ctrl键可以保持涡形的衰减比例。

按住鼠标拖动时按向上或向下的箭头键，可以增加或减少涡形路径片段的数量。

步骤 03 选择该图形，将光标放在定界框一角并按住鼠标左键将其进行旋转，如图2-66所示。

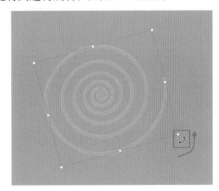

图 2-66

步骤 04 选中螺旋线，在控制栏中设置"不透明度"为30%。效果如图2-67所示。

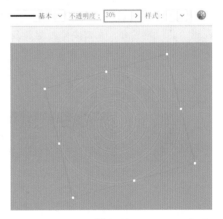

图 2-67

步骤 05 选择该图形，使用快捷键Ctrl+C将其复制一份，使用快捷键Ctrl+F将复制得到的图形粘贴到前面。然后选择复制得到的图形，在控制栏中设置"填充"为无，"描边"为黄色，"粗细"为6pt，"不透明度"为100%，将该图形向上移动。效果如图2-68所示。

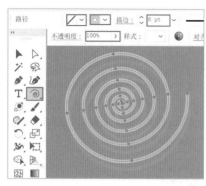

图 2-68

步骤06 将画板外的人物和文字移至画面中，并调整位置，此时本案例制作完成。效果如图 2-69 所示。

图 2-69

选项解读：螺旋线

想要绘制特定参数的螺旋线，可以单击工具箱中的"螺旋线工具" 按钮，在需要绘制螺旋线的位置单击，会弹出"螺旋线"窗口。在该窗口中进行相应设置，单击"确定"按钮完成参数的设置，如图 2-70 所示，即可得到精确尺寸的图形，如图 2-71 所示。

图 2-70   图 2-71

- 半径：在选项的文本框中输入相应的数值，可以定义螺旋线的半径尺寸。
- 衰减：用来控制螺旋线之间相差的比例，百分比越小，螺旋线之间的差距就越小。

- 段数：通过调整选项中的参数，可以定义螺旋线对象的段数，数值越大螺旋线越长，数值越小螺旋线越短。
- 样式：可以选择顺时针或逆时针定义螺旋线的方向，如图 2-72 和图 2-73 所示。

图 2-72   图 2-73

2.5 矩形网格工具

"矩形网格工具" ▦ 位于线条工具组中，"矩形网格工具"可以用来制作表格或网格状的背景。

实例：绘制网格制作企业VI标志尺寸

文件路径	第2章 绘制网格制作企业VI标志尺寸
技术掌握	矩形网格工具

扫一扫，看视频

实例说明

在VI设计手册中，标志会有明确的尺寸，因为应用的场合不同，所以会通过换算比例尺的方式表达标志的尺寸。在本案例中，使用"矩形网格工具"绘制网格，然后将标志放在网格上，每一个单元格代表固定的尺寸，这样便于进行尺寸的换算。

案例效果

案例效果如图 2-74 所示。

图 2-74

操作步骤

步骤01 执行"文件>打开"命令，将素材1.ai打开，如

中文版Illustrator 2022完全案例教程（微课视频版）

图2-75所示。

图2-75

步骤 02 将画板外的内容移至画面中，并确定其在画面中的位置。效果如图2-76所示。只有位置确定好了，才可以在画面中绘制适当的网格。

步骤 03 在画面中制作网格。选择工具箱中的"矩形网格工具"，在控制栏中设置"填充"为无，"描边"为橘色，"粗细"为1pt。然后在画面中单击，在弹出的"矩形网格工具选项"窗口中设置"宽度""高度"数值均为160mm，设置"水平分隔线""垂直分隔线"的"数量"均为8，"倾斜"均为0%，如图2-77所示。

图2-76　　　　　　　图2-77

步骤 04 设置完成后单击"确定"按钮，如图2-78所示。

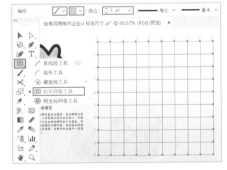

图2-78

步骤 05 由于本案例是要将标志规范地在网格中呈现出

来，所以需要将标志复制一份放到右侧的网格中。选择标志，使用快捷键Ctrl+C将其复制一份，然后使用快捷键Ctrl+V进行粘贴。接着将标志移到网格上方，将标志适当地放大。效果如图2-79所示。

图2-79

2.6 极坐标网格工具

"极坐标网格工具"位于线条工具组中。使用"极坐标网格工具"可以快速绘制出由多个同心圆和直线组成的极坐标网格，适合制作同心圆、射击靶等对象。

实例：使用"极坐标网格工具"绘制小图标

文件路径	第2章使用"极坐标网格工具"绘制小图标
技术掌握	极坐标网格工具、取消编组

扫一扫，看视频

实例说明

　　使用"极坐标网格工具"可以很方便地绘制多个同心圆，再通过执行"取消编组"命令的操作可以更改各个同心圆的颜色，达到更加丰富的效果。本案例主要通过使用"极坐标网格工具"绘制得到多个同心圆，再通过"取消编组"命令取消编组，更改各个同心圆的颜色制作小图标。

案例效果

　　案例效果如图2-80所示。

图2-80

中文版Illustrator 2022完全案例教程（微课视频版）

操作步骤

步骤 01 执行"文件>打开"命令，将素材1.ai打开，如图2-81所示。

步骤 02 使用"极坐标网格工具"制作构成小图标的同心圆。选择工具箱中的"极坐标网格工具"，在控制栏中设置"填充"为无，"描边"为深灰色，"粗细"为1pt。设置完成后在画面中单击，在弹出的"极坐标网格工具选项"窗口中设置"宽度""高度"均为100mm，"同心圆分隔线"的"数量"为2，"径向分隔线"的"数量"为0。设置完成后单击"确定"按钮，如图2-82所示。效果如图2-83所示。

图 2-81   图 2-82

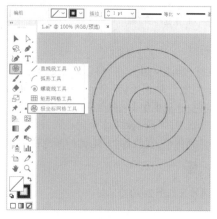

图 2-83

 提示："极坐标网格工具"小技巧

拖动鼠标的同时，按住Shift键，可以定义绘制的极坐标网格为正圆形网格。

拖动鼠标的同时，按向上或向下的箭头键可以调整经线数量；按向左或向右的箭头键可以调整纬线数量。

步骤 03 在案例效果中，每个同心圆都被填充了颜色，但是没有描边效果。此时绘制的同心圆是一个整体，没有办法操作，这是因为整个图形处于编组的状态，所以需要将其编组取消，然后再选择每个独立的同心圆进行操作。选择绘制完成的极坐标图形，执行两次"对象>取消编组"命令，将其编组取消，如图2-84所示。

图 2-84

步骤 04 使用"选择工具"，选择最外围的大圆，将"填充"设置为深红色，"描边"设置为无，如图2-85所示。

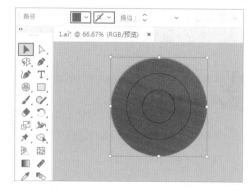

图 2-85

步骤 05 使用同样的方法对其余两个同心圆进行填充与描边的更改，然后依次加选三个同心圆，将其移至画板中间位置，此时本案例制作完成。效果如图2-86所示。

图 2-86

选项解读：极坐标网格工具选项

想要绘制特定参数的坐标网格，可以单击工具箱中的"极坐标网格工具"按钮 ⊕，在想要绘制图形的位置单击，会弹出"极坐标网格工具选项"窗口。在该窗口进行相应设置，然后单击"确定"按钮完成设置，如图2-87所示。即可得到精确尺寸的图形，如图2-88所示。

图 2-87　　　　　图 2-88

- 宽度：用于定义绘制极坐标网格对象的宽度。
- 高度：用于定义绘制极坐标网格对象的高度。
- 定位：在"宽度"选项右侧的定位器中单击不同的按钮，可以定义首先在极坐标网格中设置角点位置。
- 同心圆分隔线："数量"指定希望出现在网格中的圆形同心圆分隔线数量。"倾斜"决定同心圆分隔线倾向于网格内侧或外侧的方式。图2-89和图2-90所示为不同参数的对比效果。

图 2-89　　　　　图 2-90

- 径向分隔线："数量"指定希望在网格中心和外围之间出现的径向分隔线数量。"倾斜"决定径向分隔线倾向于网格逆时针或顺时针的方式。图2-91和图2-92所示为不同参数的对比效果。

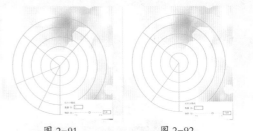

图 2-91　　　　　图 2-92

- 从椭圆形创建复合路径：将同心圆转换为独立复合路径并每隔一个圆进行填色。
- 填色网格：当勾选该复选框时，将使用当前的填充颜色填充绘制的线型。

2.7 矩形工具

"矩形工具" □ 主要用于绘制长方形对象和正方形对象。

实例：使用"矩形工具"制作简单版式

文件路径	第2章/使用"矩形工具"制作简单版式
技术掌握	矩形工具

扫一扫，看视频

实例说明

当前案例选择的背景图颜色较深，为了使文字信息能够更加清晰地呈现在版面中，本案例需要使用"矩形工具"绘制矩形作为文字底色，让文字效果更加突出的同时，也让整体版面更加整齐有序。

案例效果

案例效果如图2-93所示。

图 2-93

操作步骤

步骤 01 执行"文件>打开"命令，将素材1.ai打开。首先绘制画面上方的矩形，选择工具箱中的"矩形工具"，在控制栏中设置"填充"为白色，"描边"为无。设置完成后在画面中按住鼠标左键拖动绘制矩形，如图2-94所示。

图 2-94

步骤 02 继续使用该工具，在画面左下角继续绘制矩形，如图2-95所示。

图 2-95

步骤 03 从案例效果可以看到，画面下方的4个矩形是完全一样的，所以其他三个矩形可以通过复制粘贴的方式得到。选择画面左下角的矩形，使用快捷键Ctrl+C将其复制一份，使用快捷键Ctrl+V进行粘贴并适当地移动位置，如图2-96所示。

图 2-96

步骤 04 使用同样的方法再次复制另外两个矩形，将其放置在画面右边位置。效果如图2-97所示。

图 2-97

步骤 05 对画面下方4个矩形的对齐方式进行调整。按住Shift键依次单击加选4个矩形，在控制栏中单击"顶对齐""水平居中分布"按钮，设置对齐方式，如图2-98所示。

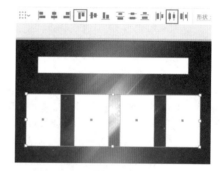

图 2-98

步骤 06 将文字移至画面中。使用"选择工具"将文字移至画面中，将其放置在矩形上方。效果如图2-99所示。

图 2-99

步骤 07 在画面中添加一些直线，让文字与文字之间的分隔明显一些。选择工具箱中的"直线段工具"，在控制栏中设置"填充"为无，"描边"为红色（文字颜色一样），"粗细"为0.5pt。设置完成后在画面左边的文字中间按住Shift键的同时按住鼠标左键拖动绘制一条水平的直线，如图2-100所示。

中文版Illustrator 2022完全案例教程（微课视频版）

步骤 08 将该直线进行复制，放在其他文字中间，此时本案例制作完成。效果如图2-101所示。

图 2-100

图 2-101

选项解读：矩形

想要绘制特定参数的矩形，可以单击工具箱中的"矩形工具"按钮，在要绘制矩形对象的一个角点位置单击，会弹出"矩形"窗口，如图2-102所示。

矩形

宽度(W)：800 px

高度(H)：600 px

确定   取消

图 2-102

- 宽度：定义绘制矩形网格对象的宽度。
- 高度：定义绘制矩形网格对象的高度。
- 约束宽度和高度比例按钮：用来设置宽度和高度的比例。首先需要设定一个长宽比，如"宽度"为1，"高度"为2。单击按钮激活该选项，接着设置"宽度"为2，此时"高度"的数值会自动调整到4。

实例：企业网站宣传图

文件路径	第2章\企业网站宣传图
技术掌握	矩形工具

扫一扫，看视频

实例说明

使用"矩形工具"不仅可以绘制直角的矩形，同时也可以通过对各个角的弧度进行调整，制作出各种弧度的圆角矩形，让矩形的效果更加丰富。

案例效果

案例效果如图2-103所示。

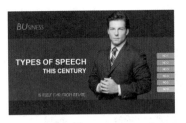

图 2-103

操作步骤

步骤 01 执行"文件>打开"命令，将素材1.ai打开，如图2-104所示。

步骤 02 使用"矩形工具"在画面中绘制背景。选择工具箱中的"矩形工具"，在控制栏中设置"填充"为深灰色，"描边"为无。设置完成后在画面中按住鼠标左键拖动绘制一个与画板等大的矩形，如图2-105所示。

图 2-104

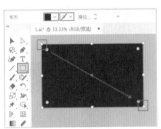

图 2-105

步骤 03 继续使用"矩形工具"，绘制一个稍小一些的灰色矩形，如图2-106所示。

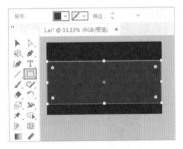

图 2-106

步骤 04 此时，作为背景的两个矩形绘制完成，接着绘制画面最右侧的几个矩形。从案例效果可以看出最右侧的几个矩形，一侧带有圆角，而另一侧则没有圆角。所以这就需要对角进行单独操作。单击工具箱中的"矩形工具"按钮，设置"填充"为蓝色，"描边"为无。设置完成后在画面中绘制矩形，如图2-107所示。

步骤 05 更改矩形左侧两个角的弧度。选择工具箱中的

"直接选择工具"，按住Shift键的同时单击矩形左上角和左下角的圆形控制点进行加选，如图2-108所示。

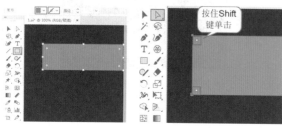

图 2-107　　　　　　图 2-108

步骤 06 按住鼠标左键不放，向矩形内侧拖动，同时调整左上角和左下角的圆角半径。效果如图2-109所示。

步骤 07 使用快捷键Ctrl+C将该矩形复制，并使用4次快捷键Ctrl+V，粘贴出另外4个矩形，放在已有矩形的下方位置。然后依次加选各个矩形，在控制栏中单击"右对齐""垂直居中分布"按钮，设置对齐方式，如图2-110所示。

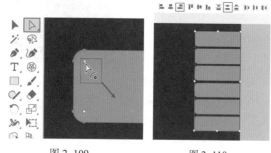

图 2-109　　　　　　图 2-110

步骤 08 选择最后一个矩形，在控制栏中将其"填充"更改为橘色，如图2-111所示。

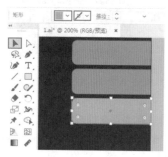

图 2-111

步骤 09 将人物素材置入文档。执行"文件>置入"命令，在弹出的"置入"窗口中单击选择素材2.png，接着单击"确定"按钮，如图2-112所示。

步骤 10 在画面中单击，将素材置入画面，如图2-113所示。

图 2-112　　　　　　图 2-113

步骤 11 此时，置入的素材带有交叉的定界框，需要将素材嵌入文档，这样可以防止素材被删除时文档中的素材丢失。选择人物素材，在控制栏中单击"嵌入"按钮，如图2-114所示。

图 2-114

步骤 12 此时，该素材已经被嵌入画面。效果如图2-115所示。然后适当调整素材的位置。

图 2-115

步骤 13 使用"选择工具"将画板外的文字移至画面中，并调整到合适的位置，此时本案例制作完成。效果如图2-116所示。

中文版Illustrator 2022完全案例教程（微课视频版）

图 2-116

提示：绘制矩形的技巧

在绘制的过程中，按住Shift键拖动鼠标，可以绘制正方形，如图2-117所示。

按住Alt键拖动鼠标可以绘制由鼠标落点为中心点向四周延伸的矩形，如图2-118所示。

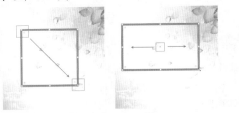

图 2-117　　　　图 2-118

同时按住Shift和Alt键拖动鼠标，可以绘制由鼠标落点为中心的正方形，如图2-119所示。

图 2-119

2.8 圆角矩形工具

右击形状工具组按钮，在弹出的工具组中选择"圆角矩形工具" ▢，圆角矩形在设计中的应用非常广泛，它不似矩形那样锐利、棱角分明，而是给人一种圆润、柔和的感觉，更具亲和力。使用"圆角矩形工具"可以绘制出标准的圆角矩形对象和圆角正方形对象。

实例：使用"圆角矩形工具"绘制App图标

文件路径	第2章\使用"圆角矩形工具"绘制App图标
技术掌握	圆角矩形工具、"符号库"面板

扫一扫，看视频

实例说明

本案例主要通过使用"圆角矩形工具"绘制圆角矩形，并对圆角的弧度进行更改制作出更加圆润的图形，然后通过使用"符号库"面板，在画面中添加符号制作App图标。

案例效果

案例效果如图2-120所示。

图 2-120

操作步骤

步骤 01 执行"文件>新建"命令，在弹出的"新建文档"窗口中设置"宽度""高度"数值均为1000px，"颜色模式"为"RGB颜色"。设置完成后单击"确定"按钮，如图2-121所示。效果如图2-122所示。

图 2-121

图 2-122

步骤 02 将背景素材置入画面。执行“文件>置入”命令，将背景素材1.jpg置入画面，使其充满整个画板，如图2-123所示。然后在选中图片的状态下单击控制栏中的“嵌入”按钮将其嵌入。

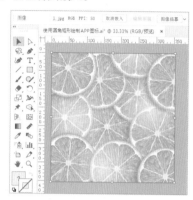

图 2-123

步骤 03 在文档中绘制App图标。选择工具箱中的“圆角矩形工具”，接着设置填充色，接着单击“颜色”按钮设置“填充类型”为纯色，然后双击“填色”按钮，在弹出的“拾色器”窗口中设置颜色为橄榄绿色。设置完成后单击“确定”按钮，如图2-124所示。

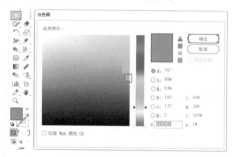

图 2-124

步骤 04 颜色设置完成后，在控制栏中设置“描边”为无。设置完成后在画面中按住Shift键的同时按住鼠标左键拖动绘制一个正圆角矩形，如图2-125所示。

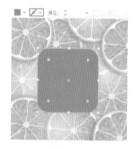

图 2-125

步骤 05 此时，圆角矩形的圆角弧度较小，需要将其调大一些。使用“选择工具”将圆角矩形选中，然后将光标放在调整圆角的圆点上，按住鼠标左键向右下角拖动，如图2-126所示。调整圆角的弧度。效果如图2-127所示。

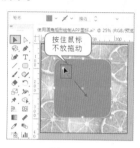 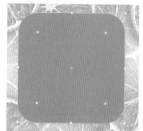

图 2-126　　　　　　　　图 2-127

步骤 06 在画面中添加其他符号。执行“窗口>符号库>网页图标”命令，在弹出的“网页图标”窗口中选择“电子邮件”符号，然后按住鼠标不放将其拖到画面中，如图2-128所示。释放鼠标即可将该符号添加到画面中，如图2-129所示。

图 2-128　　　　　　　　图 2-129

步骤 07 因为该符号处于链接的状态，所以要将其断开链接后更改颜色，然后再进行操作。选择该符号，在控制栏中单击“断开链接”按钮，如图2-130所示。

步骤 08 将其链接断开，此时在控制栏中就可以看到该符号被填充为黑色，如图2-131所示。

图 2-130　　　　　　　　图 2-131

步骤 09 将符号移至画面的中间位置，并在控制栏中将其“填充”更改为白色，此时本案例制作完成。效果如图2-132所示。

中文版Illustrator 2022完全案例教程（微课视频版）

图 2-132

选项解读：圆角矩形

想要绘制特定参数的圆角矩形，可以使用"圆角矩形工具" □ 在要绘制圆角矩形对象的一个角点位置单击，此时会弹出"圆角矩形"窗口，如图2-133所示。

- 宽度：在文本框中输入相应的数值，可以定义绘制矩形网格对象的宽度。
- 高度：在文本框中输入相应的数值，可以定义绘制矩形网格对象的高度。
- 圆角半径：数值框输入的半径数值越大，得到的圆角矩形弧度越大；反之输入的半径数值越小，得到的圆角矩形弧度越小；输入的半径数值为 0 px 时，得到的是矩形。效果如图2-134所示。

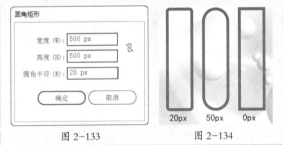

图 2-133　　　　　　图 2-134

实例：改变转角类型制作钟表标志

文件路径	第2章/改变转角类型制作钟表标志
技术掌握	圆角矩形工具

扫一扫，看视频

实例说明

使用"圆角矩形工具"绘制矩形，并根据实际情况的需要调整转角类型，可以制作出任何需要的图形。本案例主要使用"圆角矩形工具"绘制矩形，并调整圆角的弧度制作钟表标志。

案例效果

案例效果如图2-135所示。

图 2-135

操作步骤

步骤 01 执行"文件>打开"命令，将素材1.ai打开，如图2-136所示。

图 2-136

步骤 02 选择工具箱中的"圆角矩形工具"，在控制栏中设置"填充"为白色，"描边"为无。设置完成后在画面中绘制图形，如图2-137所示。

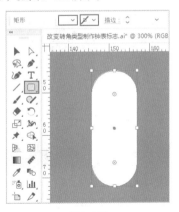

图 2-137

步骤 03 从案例效果可以看出圆角矩形的一端为平角，所以需要对绘制好的图形进行调整。选择图形，选择工具箱中的"直接选择工具"，将光标放在图形左下方圆形控制点处单击将其选中，然后按住鼠标左键向左下角拖动，如图2-138所示。直至将该角调整为没有弧度的直角。效果如图2-139所示。

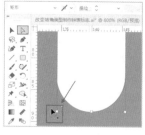

图 2-138　　　　　　图 2-139

步骤 04 使用同样的方法对另外一个角进行操作。效果如图2-140所示。

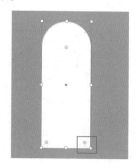

图 2-140

步骤 05 选择绘制完成的圆角矩形，执行"对象>变换>镜像"命令，在弹出的"镜像"窗口中选中"水平"单选按钮，接着单击"复制"按钮，如图2-141所示，即可将原有图形进行水平对称并复制一份。效果如图2-142所示。

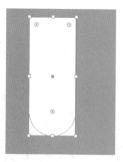

图 2-141　　　　　　图 2-142

步骤 06 选择复制得到的图形，按住Shift键的同时按住鼠标左键将其向下垂直拖动。效果如图2-143所示。

图 2-143

步骤 07 按住Shift键依次单击加选两个图形，执行"对象>变换>旋转"命令，在弹出的"旋转"窗口中设置"角度"为90°。设置完成后单击"复制"按钮，如图2-144所示。效果如图2-145所示。

图 2-144　　　　　　图 2-145

步骤 08 使用同样的方法制作其他的圆角矩形，让其组成一个圆环作为钟表的外轮廓，如图2-146所示。

步骤 09 制作指针。继续使用"圆角矩形工具"，绘制一个细长的圆角矩形作为指针，如图2-147所示。

图 2-146　　　　　　图 2-147

步骤 10 继续绘制一个稍细一些的圆角矩形，如图2-148所示。

图 2-148

步骤 11 将光标放在图形一角处以外的位置，此时光标变为带有弧度的双箭头，按住鼠标左键并拖动即可旋转，并将其移到合适位置，如图2-149所示。

步骤 12 使用同样的方法制作另外一个指针，此时本案例制作完成。效果如图2-150所示。

图 2-149

图 2-150

实例：使用"圆角矩形工具"制作手机App启动页面

文件路径	第2章\使用"圆角矩形工具"制作手机App启动页面
技术掌握	圆角矩形工具

扫一扫，看视频

实例说明

本案例主要使用"圆角矩形工具"绘制图形，并对其填充、大小、不透明度等进行更改，制作手机App的启动页面。

案例效果

案例效果如图2-151所示。

图 2-151

操作步骤

步骤 01 执行"文件>打开"命令，将素材1.ai打开，如图2-152所示。由于本案例的背景是由多个不同颜色和大小的圆角矩形组成的，所以需要使用"圆角矩形工具"

绘制出多个圆角矩形，并将其组合在一起。

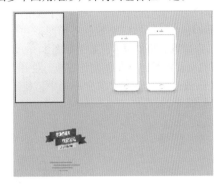
图 2-152

步骤 02 选择工具箱中的"圆角矩形工具"，在控制栏中设置"填充"为紫色，"描边"为无。设置完成后在画面中绘制圆角矩形。然后在控制栏中设置"不透明度"为17%，如图2-153所示。

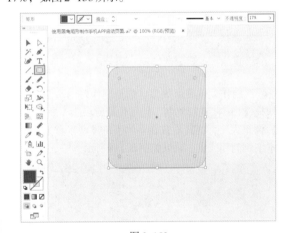
图 2-153

步骤 03 使用该工具绘制其他颜色的圆角矩形，并设置合适的不透明度。效果如图2-154所示。

步骤 04 继续绘制多个稍小一些、颜色不同且不设置透明效果的圆角矩形。效果如图2-155所示。

图 2-154

图 2-155

步骤 05 继续使用该工具，在背景下方位置绘制4个大小、长短不一的白色圆角矩形，如图2-156所示。

步骤 06 使用"选择工具"将画板外的图形和文字移至画面中，并适当地调整位置。效果如图2-157所示。此时App启动页面的平面效果图制作完成。使用"选择工具"将平面效果图的所有对象全部选中，使用快捷键Ctrl+G将其编组。

图 2-156　　　　　　图 2-157

步骤 07 制作立体展示效果。选择制作好的平面图，使用快捷键Ctrl+C进行复制，使用快捷键Ctrl+V进行粘贴。然后调整大小，将其放置在立体手机模型素材上方。此时本案例制作完成。效果如图2-158所示。

图 2-158

2.9 椭圆工具

右击形状工具组按钮，在弹出的工具组中选择"椭圆工具" ◯，使用"椭圆工具"可以绘制出椭圆形和正圆形。

实例：使用"椭圆工具"绘制卡通云朵

文件路径	第2章\使用"椭圆工具"绘制卡通云朵
技术掌握	椭圆工具

扫一扫，看视频

实例说明

使用"椭圆工具"可以绘制出任意比例与大小的椭圆，同时再通过对椭圆位置与大小的组合可以呈现出各种不同的效果。本案例主要使用"椭圆工具"绘制多个椭圆，同时将多个椭圆部分重叠放在一起组合成云朵图形。最后通过明度不同的云朵图形的堆叠，形成带有一定立体感的云朵。

案例效果

案例效果如图2-159所示。

图 2-159

操作步骤

步骤 01 执行"文件>打开"命令，将素材1.ai打开，如图2-160所示。

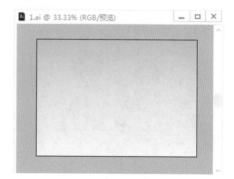

图 2-160

步骤 02 制作云朵图形。选择工具箱中的"椭圆工具"，在控制栏中设置"填充"为灰色，"描边"为无。设置完成后在画面中按住鼠标左键绘制椭圆，如图2-161所示。

步骤 03 继续使用该工具绘制其他椭圆，使其组成一个云朵图形，如图2-162所示。然后按住Shift键依次加选各个图形，使用快捷键Ctrl+G将其编组。

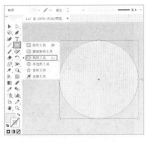 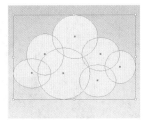

图 2-161　　　　　　图 2-162

步骤 04 此时，绘制的图形效果比较扁平化，需要适当地增加立体感。选择编组后的图形组，使用快捷键Ctrl+C将其复制，使用快捷键Ctrl+V将其粘贴到前面。接着选择复制得到的图形，在控制栏中将其"填充"更改为白色，如图2-163所示。使用快捷键Ctrl+G将其编组。

步骤 05 将白色图形向左上角移动，将下方的灰色图形显示出来，使其呈现出立体感，如图2-164所示。加选白色和灰色两个图形组，使用快捷键Ctrl+G将其编组。

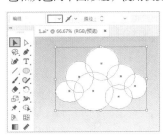 

图 2-163　　　　　　图 2-164

步骤 06 选择编组的整体云朵图形，使用快捷键Ctrl+C进行复制，使用快捷键Ctrl+V将其粘贴。同时调整复制得到图形的大小，将其放在画面左侧位置，如图2-165所示。

步骤 07 使用同样的方法制作其他云朵图形，此时本案例制作完成。效果如图2-166所示。

图 2-165　　　　　　图 2-166

案例秘诀：

　　先绘制一个圆角矩形，然后在其上方绘制圆形，这样就可以制作一个底边是直线的云朵，如图2-167所示。

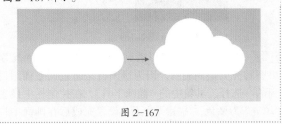

图 2-167

实例：使用"椭圆工具"绘制饼图

文件路径	第2章\使用"椭圆工具"绘制饼图
技术掌握	椭圆工具

扫一扫，看视频

实例说明

　　使用"椭圆工具"绘制圆形后，能够拖动控制点将圆形更改为饼图。本案例中将使用该功能制作饼状图表。

案例效果

　　案例效果如图2-168所示。

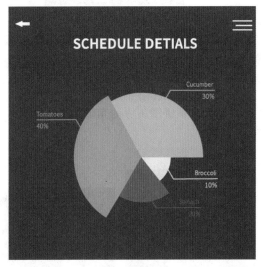

图 2-168

操作步骤

步骤 01 执行"文件>打开"命令，将素材1.ai打开，如图2-169所示。

图 2-169

步骤 02 从案例效果可以看到一个个的饼图，而绘制饼图首先要绘制椭圆，因为饼图就是通过调整椭圆得到的。选择工具箱中的"椭圆工具"，在控制栏中设置"填充"为橘色，"描边"为无。设置完成后在画面中按住Shift键的同时按住鼠标左键拖动绘制一个正圆，如图2-170所示。

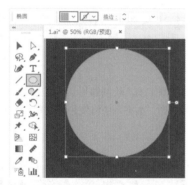

图 2-170

步骤 03 制作饼图。选择绘制完成的正圆，将光标放在定界框右侧中间位置的圆形控制点上，待其变为 形状后按住鼠标左键拖动，调整饼图的角度，如图2-171所示。释放鼠标即可完成饼图的绘制。

步骤 04 继续调整饼图下方的角度。效果如图2-172所示。

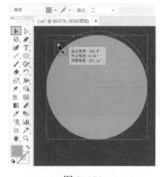
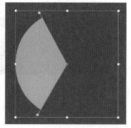

图 2-171　　　　　图 2-172

步骤 05 继续选择"椭圆工具"，使用同样的方法制作其

他颜色的饼图。效果如图2-173所示。

步骤 06 使用"选择工具"将在画板外的文字移至画面中，并调整位置，此时本案例制作完成。效果如图2-174所示。

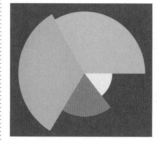

图 2-173　　　　　图 2-174

提示：快速将饼形还原为圆形

双击圆形控制点即可将饼形还原成圆形，如图2-175所示。

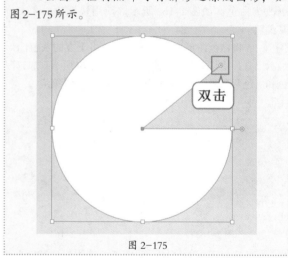

双击

图 2-175

实例：使用"椭圆工具"制作炫彩海报

文件路径	第2章\使用"椭圆工具"制作炫彩海报
技术掌握	椭圆工具

扫一扫，看视频

实例说明

本案例中的海报背景主要使用"椭圆工具"进行绘制，仅设置填充颜色便可以得到纯色的圆形，设置较大的描边粗细可以得到圆环效果。

案例效果

案例效果如图2-176所示。

中文版Illustrator 2022完全案例教程（微课视频版）

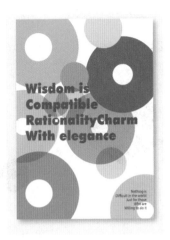

图 2-176

操作步骤

步骤 01 执行"文件>打开"命令，将素材1.ai打开，如图2-177所示。

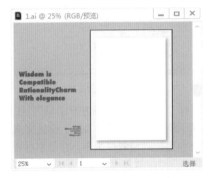

图 2-177

步骤 02 选择工具箱中的"椭圆工具"，在控制栏中设置"填充"为无，"描边"为青色，"粗细"为100pt。设置完成后在画面左上角按住Shift键的同时按住鼠标左键拖动绘制一个描边正圆，如图2-178所示。

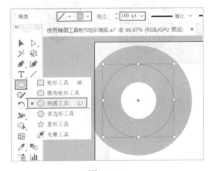

图 2-178

步骤 03 继续选择"椭圆工具"，使用同样的方法绘制其他正圆。效果如图2-179所示。

步骤 04 为了让整体效果更加丰富，需要对一些正圆进行混合模式的设置。选择画面左下角的橘色图形，在控制栏中单击"不透明度"按钮，在弹出的画板中设置"混合模式"为"正片叠底"，如图2-180所示。

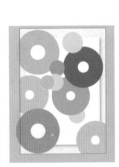
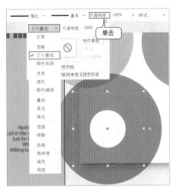

图 2-179　　　　　　　　图 2-180

步骤 05 为其他图形设置相同的混合模式。效果如图2-181所示。选中这些圆形，使用快捷键Ctrl+G进行编组操作。

步骤 06 将超出白色背景的图形进行隐藏。选择工具箱中的"矩形工具"，在画面中绘制一个和白色背景等大的矩形，如图2-182所示。

图 2-181　　　　　　　　图 2-182

步骤 07 选中圆形图形和白色矩形，使用快捷键Ctrl+7创建剪切蒙版，将不需要的部分隐藏。效果如图2-183所示。

步骤 08 使用"选择工具"将画板外的文字移至画面中，并适当地调整位置，此时本案例制作完成。效果如图2-184所示。

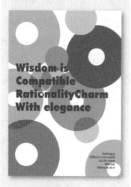

图 2-183　　　　　　图 2-184

 提示：调整对象顺序

将文字移到画面中后，如果出现了遮挡文字的现象，如图 2-185 所示，可以选中文字对象，执行"对象>排列>置于顶层"命令将文字移到整个画面的最上方。

图 2-185

2.10　多边形工具

右击形状工具组按钮，在弹出的工具组中选择"多边形工具"○。使用该工具可以绘制出不同边数的多边形。

实例：使用"多边形工具"制作简约名片

文件路径	第2章使用"多边形工具"制作简约名片
技术掌握	多边形工具、直线段工具

扫一扫，看视频　**实例说明**

本案例主要使用"多边形工具"绘制多边形，再结合"直线段工具"绘制直线作为装饰制作简约名片。

案例效果

案例效果如图 2-186 所示。

图 2-186

操作步骤

步骤 01 执行"文件>打开"命令，将素材 1.ai 打开，如图 2-187 所示。

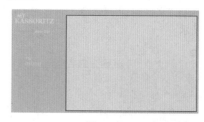

图 2-187

步骤 02 选择工具箱中的"多边形工具"，在控制栏中设置"填充"为黑色，"描边"为无。设置完成后在画面中按住鼠标左键拖动绘制多边形，在绘制过程中可以按"向上""向下"键控制多边形边数，如图 2-188 所示。

步骤 03 使用同样的方法绘制另外一个稍小一些的多边形。调整大小放置在画面右下角位置，如图 2-189 所示。

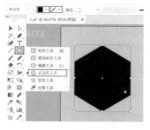　　　　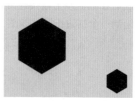

图 2-188　　　　　　　图 2-189

步骤 04 选择工具箱中的"直线段工具"，在控制栏中设置"填充"为无，"描边"为黑色，"粗细"为0.25pt。设置完成后在画面左上角按住鼠标左键拖动绘制直线，如图 2-190 所示。

步骤 05 使用该工具绘制其他直线。效果如图 2-191

中文版Illustrator 2022完全案例教程（微课视频版）

所示。

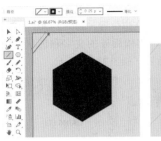

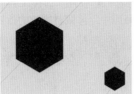

图 2-190　　　　　图 2-191

步骤 06 使用"选择工具"将画板外的文字移至画面中，调整位置放在多边形图形上方，如图 2-192 所示。

图 2-192

步骤 07 继续使用"直线段工具"在文字之间按住 Shift 键绘制水平的直线分隔线。最终效果如图 2-193 所示。

图 2-193

选项解读：多边形

想要绘制特定参数的多边形，可以单击工具箱中的"多边形工具"按钮 ◯。在要绘制多边形对象的中心位置单击，此时会弹出"多边形"窗口。在该窗口中进行相应设置，其中"边数"不能小于3。设置完成后单击"确定"按钮，完成多边形的绘制，如图 2-194 所示。

图 2-194

- 半径：定义绘制多边形半径的尺寸。
- 边数：设置绘制多边形的边数。边数越多，生成的多边形越接近圆形。

2.11 星形工具

星形是常见的图形之一，很多旗帜上都有星形的身影，不仅如此，很多徽标都是从星形演变而成的。

右击形状工具组按钮，在弹出的工具组中选择"星形工具" ☆，使用"星形工具"绘制星形是按照半径的方法进行的，并且可以随时调整相应的角数。

实例：使用"星形工具"绘制小控件

文件路径	第2章\使用"星形工具"绘制小控件
技术掌握	矩形工具、椭圆工具、星形工具

扫一扫，看视频

实例说明

选择工具箱中的"星形工具"在要绘制星形的一个中心点位置按住鼠标左键拖动，释放鼠标即可得到一个星形。如果想要绘制特定参数的星形，可以在"星形"窗口中进行参数的设置。设置完成后单击"确定"按钮即可绘制出相应参数的星形。本案例主要讲解如何使用"星形工具"绘制星形，并将星形的尖角改成圆角。

案例效果

案例效果如图 2-195 所示。

图 2-195

操作步骤

步骤01 执行"文件>打开"命令，将素材1.ai打开，如图2-196所示。

图 2-196

步骤02 制作小控件的背景。选择工具箱中的"矩形工具"，在控制栏中设置"填充"为绿色，"描边"为无。设置完成后在画面中按住鼠标左键拖动绘制一个和画板等大的矩形，如图2-197所示。

步骤03 继续使用该工具在画面左侧绘制一个白色矩形，如图2-198所示。

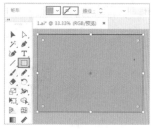
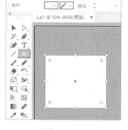

图 2-197　　　　　　　　图 2-198

步骤04 选择工具箱中的"椭圆工具"，在控制栏中设置"填充"为白色，"描边"为无。设置完成后在白色矩形中间位置按住Shift键的同时按住鼠标左键拖动绘制一个正圆，如图2-199所示。

步骤05 依次加选白色矩形和白色正圆，使用快捷键Ctrl+G将其编组。然后选择编组的图形组，在控制栏中单击"样式"按钮，在展开的"图形样式"面板中单击"投影"按钮，为图形组添加投影样式，如图2-200所示。

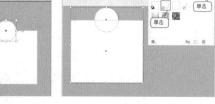

图 2-199　　　　　　　　图 2-200

步骤06 选择添加投影的图形组，使用快捷键Ctrl+C进行复制，使用快捷键Ctrl+V进行粘贴。然后选择复制得到的图形组，将其放在画面右边位置，如图2-201所示。

步骤07 使用"选择工具"将画板外的文字和形状移至画面中，并调整摆放的位置，如图2-202所示。

图 2-201　　　　　　　　图 2-202

步骤08 在画面中绘制星形。选择工具箱中的"星形工具"，在控制栏中设置"填充"为白色，"描边"为无。设置完成后在画面中绘制图形，如图2-203所示。

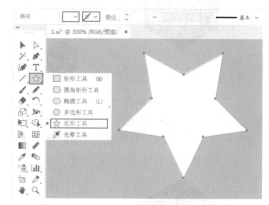

图 2-203

> 💡 **提示：绘制星形的小技巧**
>
> 在绘制过程中，拖动鼠标调整星形大小时，按"向上"或"向下"键可以向星形添加或减去角点；按住Shift键可以控制旋转角度为45°的倍数；按住Ctrl键可以保持星形的内部半径；按住空格键可以随鼠标移动直线位置。

步骤09 由于此时绘制的图形为尖角，不够圆润，所以需要对角的弧度进行调整。使用"直接选择工具"选择星形，接着将光标放在星形尖角内部的圆形控制点上，按住鼠标左键不放进行拖动，如图2-204所示。

步骤10 释放鼠标即可将尖角调整为圆角。效果如图2-205所示。

中文版Illustrator 2022完全案例教程（微课视频版）

图 2-204　　　　　　　　图 2-205

步骤 11 使用"选择工具"将图形选中，将光标放在定界框一角，按住鼠标左键进行旋转，如图 2-206 所示。

步骤 12 调整大小至画面中，在控制栏中设置"填充"为黄色，"描边"为淡橘色，"粗细"为1pt，如图 2-207所示。

图 2-206　　　　　　　　图 2-207

步骤 13 选择黄色的五角星，将其复制多份，放在已有图形右边的位置，并将最后两个的填充色去掉。效果如图 2-208 所示。

步骤 14 依次加选除背景图形外的其他图形，将其复制一份放在画面右侧位置，此时本案例制作完成。效果如图 2-209 所示。

图 2-208　　　　　　　　图 2-209

选项解读：星形

　　想要绘制特定参数的星形，可以选择工具箱中的"星形工具"，在要绘制星形对象的一个中心位置单击，此时会弹出"星形"窗口，如图 2-210 所示。

在窗口中进行相应设置，单击"确定"按钮即可创建精确的星形对象，如图 2-211 所示。

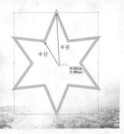

图 2-210　　　　　　　　图 2-211

- 半径 1/半径 2：从中心点到星形角点的距离为半径，"半径 1"与"半径 2"之间数值差距越大，星形的角越尖。图 2-212 和图 2-213 所示为不同参数的对比效果。

图 2-212

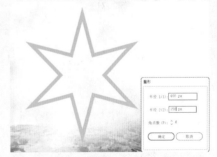

图 2-213

- 角点数：可以定义所绘制星形图形的角点数。

2.12 光晕工具

　　右击形状工具组按钮，在弹出的工具组中选择"光晕工具"。"光晕工具"是一种比较特殊的工具，可以通过在图像中添加矢量对象模拟发光的光斑效果。"光晕工具"绘制出的内容虽然比较复杂，但是制作的过程却相对比较简单。

实例：使用"光晕工具"为画面添加光效

扫一扫，看视频

文件路径	第2章使用"光晕工具"为画面添加光效
技术掌握	星形工具、光晕工具

实例说明

使用"光晕工具"在画面中绘制光晕时，首先要绘制主光晕，然后在下一个位置单击完成绘制。因为绘制的光晕分为主光圈和副光圈，主光圈的大小决定了副光圈的大小，所以在绘制光晕时要先绘制主光圈。

本案例首先绘制星形图形，然后使用"光晕工具"在图形上方添加光晕，丰富画面效果。

案例效果

案例效果如图2-214所示。

图 2-214

操作步骤

步骤 01 执行"文件>打开"命令，将素材1.ai打开，如图2-215所示。

图 2-215

步骤 02 绘制星形。在"星形工具"选中的状态下在画面中单击，接着在弹出的"星形"窗口中设置"半径1"为50mm，"半径2"为10mm，"角点数"为30。设置完成后单击"确定"按钮，如图2-216所示。

步骤 03 调整大小将其放在画面右上角位置。效果如图2-217所示。

图 2-216 图 2-217

步骤 04 在图形上方添加光晕效果。选择工具箱中的"光晕工具"，将光标放在星形上方，按住鼠标左键拖至合适大小，如图2-218所示。

步骤 05 将光标移至另外一个位置单击，完成光晕的创建，如图2-219所示。

图 2-218 图 2-219

步骤 06 使用同样的方法继续绘制其他星形和光晕，此时本案例制作完成。效果如图2-220所示。

图 2-220

2.13 对象的复制

"复制"又称为"拷贝"，通常与"粘贴"配合使用。选择一个对象后进行"复制"操作，此时画面中并没有

中文版Illustrator 2022完全案例教程（微课视频版）

什么变化，因为复制的对象已经被存入计算机的"剪贴板"中，当进行"粘贴"操作后，才能看到被复制的对象"多了一份"。这两个功能常用于制作具有相同对象的作品。

扫一扫，看视频

实例：复制与粘贴制作阴影效果

文件路径	第2章\复制与粘贴制作阴影效果
技术掌握	复制、粘贴

扫一扫，看视频

实例说明

在设计作品时经常会出现重复的元素，在该软件中无须重复创建，选中对象后进行复制、粘贴，即可轻松得到大量相同的对象。在本案例中通过复制与粘贴为标志图形添加灰色的阴影。

案例效果

案例效果如图2-221所示。

图 2-221

操作步骤

步骤 01 执行"文件>打开"命令，将素材1.ai打开，如图2-222所示。

步骤 02 选择画面中的花朵和文字，使用快捷键Ctrl+C进行复制，使用快捷键Ctrl+V进行粘贴，此时画面会出现两个图形，如图2-223所示。

图 2-222

图 2-223

步骤 03 选中位于下方的图形，将其填充为深褐色，如图2-224所示。深褐色的图形将被作为阴影的图形。

图 2-224

步骤 04 将前方的花朵图形调整位置，只让阴影显示出一小部分，移动完成设置。效果如图2-225所示。

图 2-225

提示：复制、剪切、粘贴的快捷方式

- 复制命令快捷键：Ctrl+C。
- 粘贴命令快捷键：Ctrl+V。
- 剪切命令快捷键：Ctrl+X。
- 贴在前面快捷键：Ctrl+F。
- 贴在后面快捷键：Ctrl+B。
- 就地粘贴快捷键：Ctrl+Shift+V。
- 在所有画板上粘贴快捷键：Alt+Ctrl+Shift+V。

Chapter 3
第3章

扫码看本章介绍

扫码看基础视频

图形填色与描边

本章内容简介：

颜色是设计作品中非常重要的组成部分，使用合适的颜色，作者的创作意图才能更好地展现。本章主要介绍描边与填充颜色的设置方法和描边属性的编辑方法等。除了常见的纯色、渐变色或图案，本章还讲解了可以为一个图形设置复杂多色填充的功能——网格工具。

重点知识掌握：

- 熟练使用"标准颜色控件"设置填充与描边。
- 熟练掌握"渐变"面板与"渐变工具"的使用方法。
- 熟练掌握描边的设置方法。
- 掌握设置多个描边与填充的方法。

通过本章学习，我能做什么？

通过本章的学习，能够掌握多种填充以及描边的设置方法。有了"色彩"，设计的作品才能够更加生动。结合第2章学习的基本绘图知识和本章的颜色设置知识，可以制作出色彩丰富的设计作品。

优秀作品欣赏

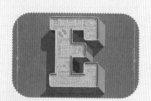

3.1 什么是填充与描边

Illustrator是一款典型的矢量绘图软件，而矢量图形则是由路径和附着在路径之上和路径内部的颜色构成的。路径本身是个只能在Illustrator等矢量绘图软件中看到，而无法输出为实体图形的对象，所以路径必须被赋予填充和描边才能够得以显现。

对象的"填充"是指形状内部的颜色，不仅可以是单一的颜色，而且可以是渐变色或图案。"描边"针对的是路径的边缘，在Illustrator中可以为路径边缘设置一定的宽度，并赋予纯色、渐变色或图案，还可以通过参数的设置得到虚线的描边，如图3-1所示。

不同方式的填充与描边样式组合在一起，可以得到多种多样的效果，如图3-2所示。

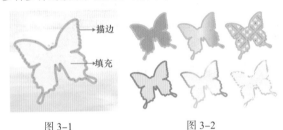

图 3-1　　　　　　　图 3-2

3.2 快速设置填充色与描边色

在控制栏中包括"填充"和"描边"两个色块。可以在绘制图形之前进行设置，也可以在选中了已有的图形后，在控制栏中进行设置，如图3-3所示。

扫一扫，看视频

如果界面中没有显示控制栏，可以执行"窗口>控制"命令将其显示。单击"填充"色块或"描边"色块，在弹出的色板中单击某个色块即可快速将其设置为当前的填充或描边颜色。

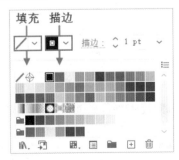

图 3-3

实例：快速设置填充色与描边色制作产品宣传小控件

文件路径	第3章\快速设置填充色与描边色制作产品宣传小控件
技术掌握	设置填充色、设置描边色

扫一扫，看视频

实例说明

进行填充与描边颜色设置时，在控制栏的色板中直接选择已有颜色，可以快速地进行设置。这种方法对于一些比较简单的设计还是方便实用的。本案例主要使用"矩形工具"绘制矩形，并在控制栏中设置合适的填充色与描边色。然后将画板外的图像和文字移至画面中制作产品宣传小控件。

案例效果

案例效果如图3-4所示。

图 3-4

操作步骤

步骤 01 执行"文件>打开"命令，将素材1.ai打开，如图3-5所示。

图 3-5

步骤 02 选择工具箱中的"矩形工具"，在控制栏中单击"填充"按钮，在弹出的下拉面板中单击"白色"色块，设置"填充"为白色，如图3-6所示。

步骤 03 单击"描边"按钮，在弹出的下拉面板中单击"无"按钮⊘，设置"描边"为无，如图3-7所示。

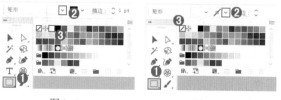

图3-6　　　　　图3-7

步骤 04 设置完成后在画面中间位置按住鼠标左键拖动绘制矩形，如图3-8所示。

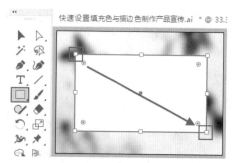

图3-8

步骤 05 继续使用"矩形工具"，在白色矩形上方位置绘制一个和其等长的矩形，在控制栏中设置"填充"为青色，"描边"为无，如图3-9所示。

步骤 06 在已有矩形的下方绘制矩形框。使用"矩形工具"，在控制栏中设置"填充"为无，"描边"为青色，"粗细"为3pt。设置完成后在青色矩形下方绘制图形，如图3-10所示。

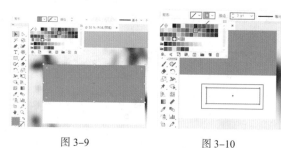

图3-9　　　　　图3-10

步骤 07 通过操作完成矩形的绘制，接着需要将画板外的图片和文字移至画面中。单击工具箱中的"选择工具"按钮，在对象上方单击将其选中，然后按住鼠标左键不放将其移至画面中，并适当地调整位置，此时本案例制作完成。效果如图3-11所示。

图3-11

3.3 标准颜色控件

扫一扫，看视频

在控制栏设置填充和描边颜色时主要通过色板完成，但是色板中的颜色种类很少，有时无法满足要求。当需要更多颜色时，可以在工具箱的"标准颜色控件"中进行设置。使用"标准颜色控件"可以快捷地为图形设置填充或描边颜色，如图3-12所示。

图3-12

双击"填充"或"描边"按钮，在弹出的"拾色器"窗口中可以设置具体的填充或描边颜色，如图3-13所示。

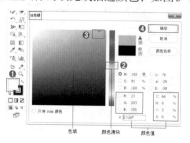

图3-13

实例：制作天气App图标

扫一扫，看视频

文件路径	第3章\制作天气App图标
技术掌握	圆角矩形工具、标准颜色控件、椭圆工具

实例说明

使用"标准颜色控件"命令可以为图形填充各种各样的颜色，为设计带来了极大的便利。本案例首先使用基本绘图工具绘制图形，制作出云朵图案；其次通过使用"标准颜色控件"为绘制的图形填充颜色，制作出天气App图标。

中文版Illustrator 2022完全案例教程（微课视频版）

案例效果

案例效果如图3-14所示。

WEATHER

图 3-14

操作步骤

步骤 01 执行"文件>打开"命令，将素材1.ai打开，如图3-15所示。

步骤 02 绘制天气App图标的蓝色背景。选择工具箱中的"圆角矩形工具"，设置"填充"为任意一种颜色，"描边"为无。设置完成后在画面中按住Shift键的同时按住鼠标左键拖动绘制一个正的圆角矩形，如图3-16所示。

图 3-15   图 3-16

步骤 03 此时，绘制图形的圆角弧度较小，需要进一步操作。使用"选择工具"将光标放在图形左上角的白色圆点上方，按住鼠标左键向右下角拖动，如图3-17所示。

步骤 04 拖动到合适大小，释放鼠标即可完成圆角弧度的调整。效果如图3-18所示。

图 3-17   图 3-18

步骤 05 对绘制的图形进行颜色的更改。使用"选择工具"选中图形，接着单击"颜色"按钮，这样填充类型就

可以为纯色。接着双击"填色"按钮，随即会打开"拾色器"窗口。先滑动三角形的滑块选择合适的色相，然后在窗口左侧的色域中单击选择颜色。颜色选择完成后单击"确定"按钮，如图3-19所示。

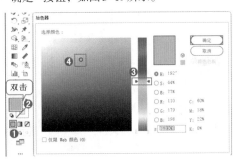

图 3-19

步骤 06 设置描边。单击"描边"按钮使其置于前方，然后单击"无"按钮 ☑，这样就可以将"描边"设置为无，如图3-20所示。效果如图3-21所示。

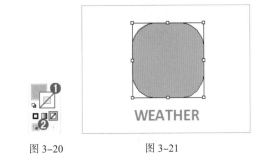

图 3-20   图 3-21

> 💡 **提示：设置精确数值的颜色**
>
> 如果想要设置精确数值的颜色，也可以在"颜色值"处输入数值，如图3-22所示。
>
>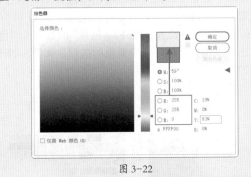
>
> 图 3-22

步骤 07 绘制云朵图案。选择工具箱中的"椭圆工具"，在控制栏中设置"填充"为白色，"描边"为无。设置完成后在画面中按住Shift键的同时按住鼠标左键拖动绘画正圆，如图3-23所示。

步骤08 选择该正圆，将其复制三份，并适当调整每一个正圆的位置，制作出云朵图案，如图3-24所示。按住Shift键依次加选各个正圆，使用快捷键Ctrl+G将其编组。

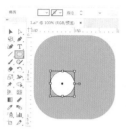

图3-23

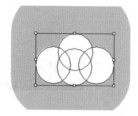

图3-24

步骤09 继续使用"椭圆工具"绘制其他正圆，将其"填充"设置为橘色。同时将绘制的大橘色正圆放在云朵图案下方，此时本案例制作完成。效果如图3-25所示。

图3-25

3.4 常用的颜色选择面板

单一的颜色是设计作品中最常见的填充方式，在Illustrator中有很多种方式可以对图形进行单一颜色的填充和描边的设置。例如，通过"色板"面板和"颜色"面板进行颜色设置。此外，"色板"面板和"颜色"面板还可以用于其他命令中颜色的选取，如图3-26和图3-27所示。

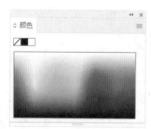

图3-26

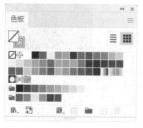

图3-27

实例：使用色板库轻松实现同类色搭配

文件路径	第3章\使用色板库轻松实现同类色搭配
技术掌握	矩形工具、色板库

扫一扫，看视频

实例说明

配色能直接影响作品质量，对于新手来说还很难掌握色彩搭配的要领，但Illustrator中的色板库功能为用户提供了多种颜色和配色方案。本案例主要通过色板库中的颜色进行同类色的搭配来制作网页广告。

案例效果

案例效果如图3-28所示。

图3-28

操作步骤

步骤01 执行"文件>打开"命令，将素材1.ai打开，如图3-29所示。

步骤02 在画板中绘制矩形。选择工具箱中的"矩形工具"，设置"填充"为任意一种颜色，"描边"为无。设置完成后在画面右边位置绘制矩形，如图3-30所示。

图3-29

图3-30

步骤03 对绘制的矩形进行填充颜色的更改。执行"窗口>色板库>自然>海滩"命令，在弹出的"海滩"面板中选择一种颜色较淡的蓝色，如图3-31所示。效果如图3-32所示。

图 3-31　　　　　　图 3-32

步骤 04 继续使用"矩形工具"，在画面左侧的空白位置绘制矩形。然后在"海滩"面板同一颜色组中选择颜色较深一些的蓝色，如图 3-33 所示。效果如图 3-34 所示。

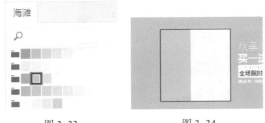

图 3-33　　　　　　图 3-34

步骤 05 使用"矩形工具"在画面中心，按住Shift键的同时按住鼠标左键拖动绘制一个正方形，然后在"海滩"面板同一颜色组中选择颜色更深一些的蓝色，如图 3-35 所示。效果如图 3-36 所示。

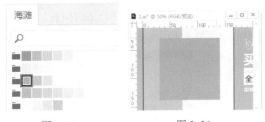

图 3-35　　　　　　图 3-36

步骤 06 通过操作，同类色的三个矩形绘制完成。下面需要将画板外的文字移至画面中，使用"选择工具"将其选中，然后移至画面中，并适当地调整位置，此时本案例制作完成。效果如图 3-37 所示。

图 3-37

案例秘诀：

色板库中有很多颜色和配色方案，可以尝试其他的配色方案，并感受不同配色方案所产生的视觉效果，如图 3-38 和图 3-39 所示。

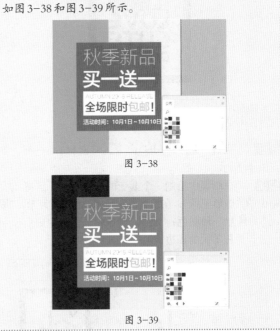

图 3-38

图 3-39

3.5　为填充与描边设置渐变

渐变色是指由一种颜色过渡到另一种颜色的效果。可以从明到暗、由深转浅或是从一种色彩过渡到另一种色彩。想要为图形设置渐变需要使用"渐变"面板和"渐变工具"。

扫一扫，看视频

实例：使用渐变填充制作多彩招贴

文件路径	第3章\使用渐变填充制作多彩招贴
技术掌握	矩形工具、"渐变"面板

扫一扫，看视频

实例说明

"渐变"效果在设计中的应用是非常广泛的，一种好的渐变颜色的添加会给设计带来意想不到的效果。本案例主要使用"渐变"面板为图形和文字填充渐变来制作多彩招贴。

案例效果

案例效果如图3-40所示。

图 3-40

操作步骤

中文版Illustrator 2022完全案例教程（微课视频版）

步骤 01 执行"文件>打开"命令，将素材1.ai打开，如图 3-41 所示。

步骤 02 在画面中绘制一个渐变的描边矩形。选择工具箱中的"矩形工具"，在控制栏中设置"填充"为无，"描边"为任意一种颜色，"粗细"为50pt。设置完成后绘制一个与画板等大的描边矩形，如图 3-42 所示。

图 3-41

图 3-42

步骤 03 为描边填充渐变。选择绘制的矩形，在"标准颜色控件"中单击"描边"按钮将其置于前方，接着单击下方的"渐变"按钮，如图 3-43 所示。

步骤 04 此时会弹出"渐变"面板，默认情况下渐变颜色为黑白渐变，此时选中的图形即被填充为默认的渐变颜色，如图 3-44 所示。

图 3-43

图 3-44

步骤 05 此时，描边呈现的渐变颜色与案例效果的颜色不同，需要对渐变颜色进行调整。在图形被选中的状态下，在"渐变"面板中单击"渐变填色"右侧的按钮，在弹出的"预设填色"中选择"色谱"渐变色，同时调整"渐变角度"为120°，如图 3-45 所示。

步骤 06 此时，边缘图形颜色发生了显著的变化。效果如图 3-46 所示。

图 3-45　　　　　　　　图 3-46

提示：调整渐变角度

在为图形填充渐变颜色后，可以使用"渐变工具"在图形上拖动以调整渐变颜色。如果要调整渐变角度，那么就需要通过"渐变"面板中的"角度"选项进行渐变角度的更改。

步骤 07 使用同样的方法对其他图案和文字进行相同的渐变填充，并将文字移至画面中合适的位置，此时本案例制作完成。效果如图 3-47 所示。

图 3-47

选项解读："渐变"面板

执行"窗口>渐变"命令打开"渐变"面板。在"渐变"面板中可以对渐变类型、颜色、角度、长宽比、不透明度等参数进行设置。不仅如此，描边的渐变颜色也是通过"渐变"面板进行编辑的，如图 3-48 所示。

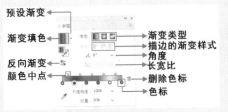

图 3-48

- 预设渐变：单击"倒三角"按钮，可以选择预设的渐变。
- 渐变填色：显示当前的渐变颜色。
- 反向渐变：单击该按钮后可以将渐变颜色的色标进行反向排列，使其颜色发生反向。
- 颜色中点：拖动颜色中点滑块能够调整两个色标之间的颜色变化。
- 渐变类型：单击选择渐变类型，其中包括"线性渐变""径向渐变""任意形状渐变"。
- 描边的渐变样式：单击选择描边渐变的类型。
- 角度：用来设置渐变的角度。
- 长宽比：用来设置径向渐变的长宽比。
- 删除色标：选择色标后，单击"删除色标"按钮即可将选中的色标删除。
- 色标：用来设置渐变的颜色，双击色标，在下拉面板中设置颜色，或者单击色标，然后双击"填色"按钮，在打开的"拾色器"窗口中设置颜色。

🔍 提示：使用任意形状渐变

　　选择一个图形，单击"渐变"面板中的"任意形状渐变"按钮▣，接着选中的图形就会被填充为默认的"任意形状渐变"颜色，然后单击"编辑渐变"按钮，进入颜色编辑状态，如图3-49所示。默认情况下，"绘制"为"点"，在图形控制点上方单击即可将颜色控制点选中，这个颜色控制点就相当于"色标"，选中后可以更改颜色（执行"窗口>颜色"命令，在"颜色"面板中更改颜色），如图3-50所示。

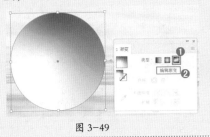

图 3-49

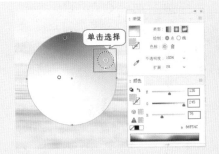

图 3-50

　　在图形上单击即可添加颜色控制点，如图3-51所示。选中颜色控制点后会显示虚线框，然后拖动圆形控制点，可以更改颜色过渡的范围，如图3-52所示。

图 3-51　　　　　　　　　　图 3-52

　　选中颜色控制点后，按住鼠标左键拖动即可将颜色控制点进行移动，从而改变颜色的效果，如图3-53所示。选中颜色控制点后可以按Delete键删除。

图 3-53

　　当将"绘制"设置为"线"时，可以在图形上方进行绘制，需要结束绘制时可以按下Esc键完成绘制，如图3-54所示。接着选择颜色控制点，进行颜色的编辑，如图3-55所示。

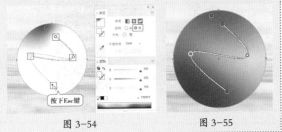

图 3-54　　　　　　　　　　图 3-55

扫一扫，看视频

实例：为描边添加渐变色

文件路径	第3章\为描边添加渐变色
技术掌握	"渐变"面板、"投影"命令

实例说明

不仅可以为图形填充渐变色，而且可以为描边添加渐变色。渐变色都是通过"渐变"面板添加的，描边也不例外。本案例就来讲解如何为描边添加渐变色。

案例效果

案例效果如图3-56所示。

图 3-56

操作步骤

步骤 01 执行"文件>打开"命令，将素材1.ai打开，如图3-57所示。

步骤 02 在画面中制作深蓝色的渐变背景。选择工具箱中的"矩形工具"，设置"填充"为任意一种颜色，"描边"为无。设置完成后在画面中绘制一个和画板等大的矩形，如图3-58所示。

图 3-57　　　　　　　　图 3-58

步骤 03 为绘制好的矩形填充渐变。在矩形选中的状态下，执行"窗口>渐变"命令，在弹出的"渐变"面板中单击渐变色条，如图3-59所示。

步骤 04 此时，选中的图形被填充为默认的渐变色，如图3-60所示。

图 3-59　　　　　　　　图 3-60

步骤 05 对渐变色进行调整。在图形选中的状态下，双击"渐变"左侧的色标，接着在弹出的下拉面板中进行颜色的设置，如图3-61所示。

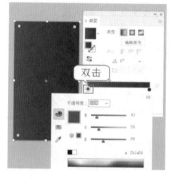

图 3-61

提示：更改色标颜色模式

双击色标，在弹出的下拉面板中默认是"灰度"模式，此时可以单击右上角的按钮 ☰，选择其他的颜色模式即可进行彩色的设置，如图3-62所示。

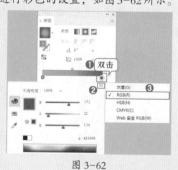

图 3-62

中文版Illustrator 2022完全案例教程（微课视频版）

步骤 06 将光标放在"渐变色条"下方，当其变为带有加号的白色箭头时单击即可添加色标，如图3-63所示。

步骤 07 再对新增色标的颜色进行更改，在"渐变"面板中设置"渐变类型"为"线性渐变"，"渐变角度"为-90°，如图3-64所示。通过操作，渐变背景制作完成。

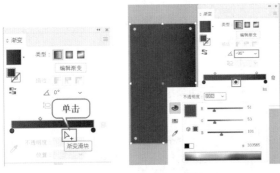

图 3-63　　　　　图 3-64

步骤 08 在画面中绘制其他图形。选择工具箱中的"椭圆工具"，设置"填充"为深蓝紫色，"描边"为无。设置完成后在画面中间位置按住Shift键的同时按住鼠标左键拖动绘制正圆，如图3-65所示。

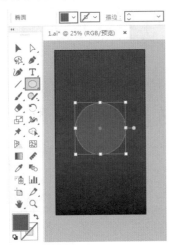

图 3-65

步骤 09 为绘制的正圆添加投影，增加图形的立体效果。在正圆图形选中的状态下，执行"效果>风格化>投影"命令，在弹出的"投影"窗口中设置"模式"为"正片叠底"，"不透明度"为60%，"X位移""Y位移""模糊"数值均为6px，"颜色"为黑色。设置完成后单击"确定"按钮，如图3-66所示。效果如图3-67所示。

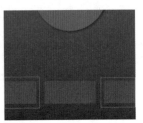

图 3-66　　　　　图 3-67

步骤 10 使用"矩形工具"，设置"填充"为和正圆一样的深蓝紫色，"描边"为无。设置完成后在画面下方绘制矩形，如图3-68所示。

步骤 11 继续使用该工具绘制另外两个矩形。效果如图3-69所示。

图 3-68　　　　　图 3-69

步骤 12 制作深蓝紫色正圆外围的渐变色圆环。使用"椭圆工具"，在控制栏中设置"填充"为无，"描边"为任意一种颜色，"粗细"为15pt。设置完成后在画面中按住Shift键的同时按住鼠标左键拖动绘制正圆，如图3-70所示。

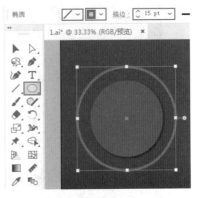

图 3-70

步骤 13 在圆环选中的状态下，执行"窗口>渐变"命令，在弹出的"渐变"面板中设置"渐变类型"为"线性渐变"，"渐变角度"为-90°，然后在"渐变色条"上单击添加色标，并对色标的颜色进行调整，如图3-71所示。效果如图3-72所示。

图3-71　　　　　　　图3-72

提示：描边可用的渐变样式

"描边的渐变样式"一共有三种，如图3-73所示。

在描边中应用渐变　　沿描边应用渐变　　跨描边应用渐变

图3-73

步骤 14 使用"选择工具"，将在画板外的图形和文字移至画面中，并适当地调整位置，此时本案例制作完成。效果如图3-74所示。

图3-74

实例：外卖App点单界面设计

扫一扫，看视频

文件路径	第3章\外卖App点单界面设计
技术掌握	椭圆工具、矩形工具、"渐变"面板

实例说明

在设计App界面的过程中，填充选择渐变色会让整体效果更加丰富。在本案例中，选择了橘红色系的渐变色背景，视觉效果比单一色更加饱满。

案例效果

案例效果如图3-75所示。

图3-75

操作步骤

步骤 01 执行"文件>打开"命令，将素材1.ai打开，如图3-76所示。

图3-76

步骤 02 制作外卖App点单界面的背景。选择工具箱中的"矩形工具"，在控制栏中设置"填充"为任意一种颜色，"描边"为无。设置完成后绘制一个和背景等大的矩形，如图3-77所示。

中文版Illustrator 2022完全案例教程（微课视频版）

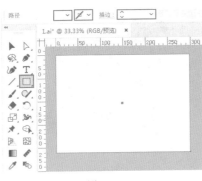

图 3-77

步骤 03 为绘制完成的矩形填充渐变。在图形选中状态下，执行"窗口>渐变"命令，在弹出的"渐变"面板中设置"渐变类型"为"径向渐变"，"渐变角度"为0°，然后编辑一个土黄色系的渐变，如图3-78所示。

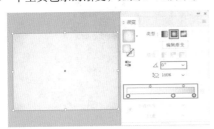

图 3-78

步骤 04 继续使用"矩形工具"，设置"填充"为土黄色，"描边"为无。设置完成后在背景矩形上方绘制矩形，如图3-79所示。

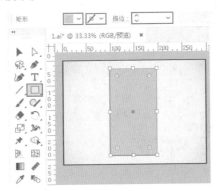

图 3-79

步骤 05 继续使用"矩形工具"在上方绘制一个矩形，与下方的土黄色矩形保持一定的距离，使下方矩形作为上方图形的阴影，增强立体感。接着在"渐变"面板中编辑一个橘红色系的线性渐变，"渐变角度"为-90°，如图3-80所示。

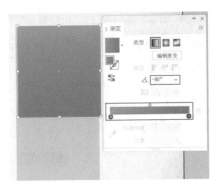

图 3-80

步骤 06 继续使用"矩形工具"，在橘红色渐变矩形的下方绘制一个等宽的浅灰色矩形，如图3-81所示。

图 3-81

步骤 07 选择工具箱中的"椭圆工具"，设置"填充"为橘色，"描边"为无。设置完成后在白色矩形左边位置按住Shift键的同时按住鼠标左键拖动绘制一个正圆形，如图3-82所示。

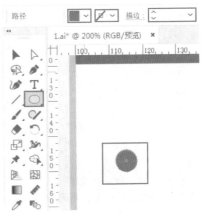

图 3-82

步骤 08 使用"矩形工具"，在白色矩形右侧绘制一个橘红色的小矩形，如图3-83所示。

图 3-83

步骤 09 使用"选择工具"，将在画板外的文字和图形移至画面中，如图3-84所示。

图 3-84

步骤 10 将素材置入画面。执行"文件>置入"命令，在弹出的"置入"窗口中单击素材2，然后单击"置入"按钮，如图3-85所示。

图 3-85

步骤 11 在画面合适位置单击，将素材置入画面。选择置入的素材，在控制栏中单击"嵌入"按钮，将素材嵌入画面，如图3-86所示。

图 3-86

步骤 12 调整素材的位置与大小，此时本案例制作完成。效果如图3-87所示。

图 3-87

3.6 图案

扫一扫，看视频

在Illustrator中可以将填充或描边设置为图案。"色板"面板和色板库中内置了很多种类的图案，可供选择。除此之外，用户还可以自定义图案。

实例：使用图案填充制作波点海报

文件路径	第3章\使用图案填充制作波点海报
技术掌握	图案填充、不透明度设置

扫一扫，看视频

实例说明

"图案"也是一种填充方式，在色板库中，就有一组图案专门用来填充。在本案例中首先使用"矩形工具"绘制图形；其次通过执行"窗口>色板库>图案>基本图形>基本图形_点"命令，为绘制的图形填充图案，借助"透明度"面板使图案融合到画面中，制作出波点海报。

案例效果

案例效果如图3-88所示。

中文版Illustrator 2022完全案例教程（微课视频版）

图 3-88

操作步骤

步骤 01 执行"文件>打开"命令，将素材 1.ai 打开，如图 3-89 所示。

步骤 02 选择工具箱中的"矩形工具"，设置"填充"为蓝色，"描边"为无。设置完成后绘制一个和画板等大的矩形，如图 3-90 所示。

图 3-89　　　　　　　　　图 3-90

步骤 03 继续使用该工具在蓝色矩形上方绘制一个黄色矩形，如图 3-91 所示。

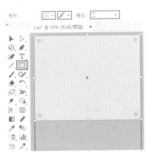

图 3-91

步骤 04 在黄色矩形选中的状态下，按住 Shift 键依次单击加选矩形下方的两个白色圆形控制点，然后按住鼠标左键向左上角拖动，如图 3-92 所示。

步骤 05 直到圆角达到最大化释放鼠标。效果如图 3-93所示。

所示。

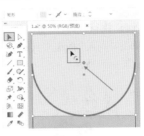 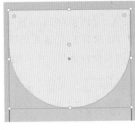

图 3-92　　　　　　　　　图 3-93

步骤 06 继续使用"矩形工具"在蓝色矩形下方绘制另一个黄色矩形，然后使用同样的方法对矩形的圆角进行调整。效果如图 3-94 所示。

步骤 07 再次使用"矩形工具"在画面最上方位置绘制一个和画板等大的黑色矩形，如图 3-95 所示。

图 3-94　　　　　　　　　图 3-95

步骤 08 选择绘制完成的黑色矩形，执行"窗口>色板库>图案>基本图形>基本图形_点"命令，在弹出的"基本图形_点"窗口中单击选择一个合适的图案，如图 3-96 所示。效果如图 3-97 所示。

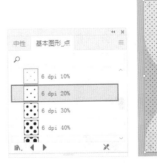 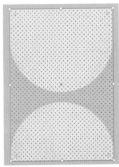

图 3-96　　　　　　　　　图 3-97

步骤 09 此时，填充的图案颜色过重，需要进一步调整。选择该图案，在控制栏中单击"不透明度"按钮，在弹出的下拉面板中设置"混合模式"为"叠加"，如图3-98所示。

步骤 10 将素材2.png置入画面。执行"文件>置入"命令，将素材2.png置入画面。单击"嵌入"按钮将其嵌入，同时调整位置与大小。效果如图3-99所示。

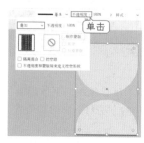 

图3-98　　　　　　　图3-99

步骤 11 为置入的素材添加投影效果，增加效果的立体感。选择素材，执行"效果>风格化>投影"命令，设置"模式"为"正片叠底"，"不透明度"为30%，"X位移""Y位移""模糊"数值均为2mm，"颜色"为黑色。设置完成后单击"确定"按钮，如图3-100所示。效果如图3-101所示。

图3-100　　　　　　图3-101

步骤 12 使用"选择工具"将在画板外的文字移至画面中，并适当地调整位置，此时本案例制作完成。效果如图3-102所示。

图3-102

实例：使用图案填充制作画册封面

文件路径	第3章\使用图案填充制作画册封面
技术掌握	图案填充

扫一扫，看视频 **实例说明**

　　本案例主要使用色板库中的图案为绘制的图形进行线条图案的填充来制作画册封面。

案例效果

　　案例效果如图3-103所示。

图3-103

操作步骤

步骤 01 执行"文件>打开"命令，将素材1.ai打开，如图3-104所示。

步骤 02 制作画册的背景。选择工具箱中的"矩形工具"，设置"填充"为淡灰色，"描边"为无。设置完成后绘制一个和画板等大的矩形，如图3-105所示。

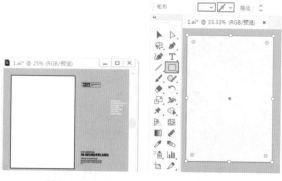

图3-104　　　　　　图3-105

步骤 03 制作案例效果中的正圆图形。选择工具箱中的"椭圆工具"，设置"填充"为黄色，"描边"为无。设置完成后在画面右侧按住Shift键的同时按住鼠标左键拖动绘制一个正圆，如图3-106所示。然后继续使用该工具绘制其他正圆。效果如图3-107所示。

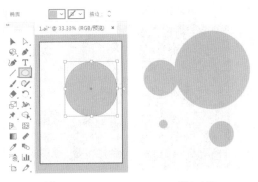

图 3-106　　　　　　　图 3-107

步骤 04 为绘制的图形填充图案。继续使用"椭圆工具"绘制一个和背景矩形相同颜色的正圆，如图3-108所示。然后选择该正圆，使用快捷键Ctrl+C进行复制，使用快捷键Ctrl+F将其粘贴到前面。

步骤 05 选择粘贴得到的浅灰色正圆，执行"窗口>色板库>图案>基本图形>基本图形_线条"命令，在弹出的"基本图形_线条"窗口中单击选择一个合适的图案，如图3-109所示。效果如图3-110所示。

步骤 06 按住Shift键依次加选浅灰色正圆和线条正圆，使用快捷键Ctrl+G将其编组。

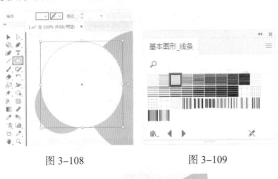

图 3-108　　　　　　　图 3-109

图 3-110

步骤 07 选择编组的图形组，执行"窗口>透明度"命令，在弹出的"透明度"面板中设置"混合模式"为"正片叠底"，如图3-111所示。效果如图3-112所示。

图 3-111　　　　　　　图 3-112

步骤 08 使用同样的方法制作其他图形，不同的图形可以使用不同的图案，同时注意图层顺序和混合模式的调整。效果如图3-113所示。

步骤 09 使用"选择工具"，将在画面外的文字移至画面中，并适当地调整位置，此时本案例制作完成。效果如图3-114所示。

图 3-113　　　　　　　图 3-114

3.7 编辑描边属性

在绘制图形之前可以在控制栏中进行描边属性的设置，也可以选中某个图形后，在控制栏中设置描边的属性。

在控制栏中可以设置描边的颜色、粗细、变量宽度配置文件和画笔定义等，如图3-115所示。也可以执行"窗口>描边"命令，在"描边"面板中进行设置。

扫一扫，看视频

描边颜色　描边粗细　变量宽度配置文件

画笔定义

图 3-115

实例：设置描边制作图形名片

扫一扫，看视频

文件路径	第3章\设置描边制作图形名片
技术掌握	圆角矩形工具、"渐变"面板、"投影"命令

实例说明

在本案例中，以圆角矩形框为基本图形制作名片。采用了两层图形重叠摆放的方式，增强了图形立体感。

案例效果

案例效果如图3-116所示。

图 3-116

操作步骤

步骤 01 执行"文件>打开"命令，将素材1.ai打开，如图3-117所示。

图 3-117

步骤 02 将背景素材置入画面。执行"文件>置入"命令，将素材2.jpg置入画面。单击控制栏中的"嵌入"按钮，将素材嵌入画面，同时调整素材的位置与大小，使其充满整个画板。效果如图3-118所示。

图 3-118

步骤 03 制作名片。选择工具箱中的"矩形工具"，设置"填充"为任意一种颜色，"描边"为无。设置完成后在素材上方位置绘制矩形，如图3-119所示。

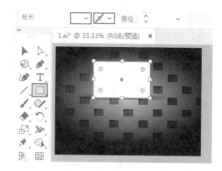

图 3-119

步骤 04 对绘制的图形填充渐变。将图形选中，执行"窗口>渐变"命令，在弹出的"渐变"面板中编辑一种蓝色系的线性渐变，"渐变角度"为30°，如图3-120所示。

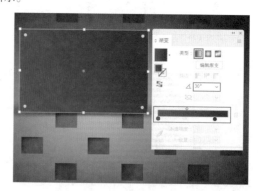

图 3-120

步骤 05 选择渐变矩形，使用快捷键Ctrl+C进行复制，使用快捷键Ctrl+V进行粘贴。然后选择复制得到的图形，将其向下移动。效果如图3-121所示。

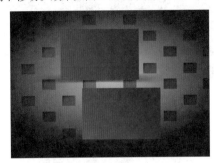

图 3-121

步骤 06 制作名片背面的图案。选择工具箱中的"圆角矩形工具"，在控制栏中设置"填充"为无，"描边"为任意一种颜色，"粗细"为12pt。设置完成后在渐变矩形左侧位置按住Shift键的同时按住鼠标左键拖动绘制一个正的圆角矩形，如图3-122所示。

步骤 07 对绘制图形的圆角弧度进行调整。在该图形选中的状态下，将光标放在图形左上角的白色圆点上方，按住鼠标左键不放将其向左上角拖动。拖至合适位置释放鼠标即可完成对圆角的调整，如图3-123所示。

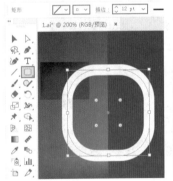

图 3-122

图 3-123

步骤 08 为描边添加渐变色。选择该图形，执行"窗口>渐变"命令，在弹出的"渐变"面板中单击"描边"按钮，使当前的渐变设置针对描边部分操作。编辑两个色标的颜色，设置"渐变角度"为70°，如图3-124所示。

步骤 09 选择该图形，将光标放在定界框一角，按住鼠标左键将图形适当地进行旋转。效果如图3-125所示。

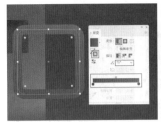

图 3-124

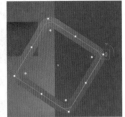

图 3-125

步骤 10 为图形添加阴影，增加立体感。在图形选中的状态下，执行"效果>风格化>投影"命令，在弹出的"投影"窗口中设置"模式"为"正片叠底"，"不透明度"为75%，"X位移""Y位移"数值均为-0.5mm，"模糊"为0.2mm，"颜色"为深灰色。设置完成后单击"确定"按钮，如图3-126所示。效果如图3-127所示。

图 3-126

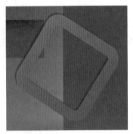

图 3-127

步骤 11 使用同样的方法制作其他渐变圆角矩形，并为其添加相同的投影样式。效果如图3-128所示。

图 3-128

步骤 12 复制底层的圆角矩形，更改其描边色为洋红色。适当移动位置，使上下两层图形产生一定的距离，如图3-129所示。

步骤 13 选择洋红色图形，将其复制三份。同时在"标准颜色控件"中更改每一份的描边色，并将其放置在合适的位置。效果如图3-130所示。接着按住Shift键依次加选各个圆角矩形，使用快捷键Ctrl+G将其编组。

中文版Illustrator 2022完全案例教程（微课视频版）

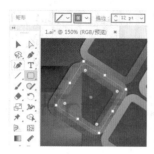

图 3-129　　　　　　　图 3-130

步骤 14 此时，制作的图案有超出名片的部分，需要将其隐藏。选择工具箱中的"矩形工具"，设置"填充"为任意一种颜色，"描边"为无。设置完成后绘制一个和名片等大的矩形，如图 3-131 所示。

图 3-131

步骤 15 依次加选白色矩形和编组的图案，右击执行"建立剪切蒙版"命令（快捷键为Ctrl+7），如图 3-132 所示。建立剪切蒙版，将图案不需要的部分隐藏。效果如图 3-133 所示。

图 3-132　　　　　　　图 3-133

步骤 16 由于名片的背面与正面元素基本相同，而位置略有不同，所以在制作第二张卡片时，可以将第一张卡片复制一份，然后选中图形部分，右击执行"释放剪切蒙版"命令，如图 3-134 所示。

步骤 17 释放剪切蒙版后，选中圆角矩形，然后适当地旋转，如图 3-135 所示。

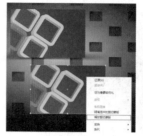

图 3-134　　　　　　　图 3-135

步骤 18 按照之前的方法重新创建剪切蒙版。效果如图 3-136 所示。

图 3-136

步骤 19 使用"选择工具"，将在画板外的文字移至画面中，此时名片的正反面效果制作完成。效果如图 3-137 所示。

图 3-137

实例：设置描边样式制作曲线图

文件路径	第3章\设置描边样式制作曲线图
技术掌握	矩形工具、圆角矩形工具、描边样式

扫一扫，看视频

实例说明

　　在制作中间粗两头尖的线条时，可以借助控制栏中的"变量宽度配置文件"选项，在其下拉菜单中选择合适的描边样式。本案例主要使用"弧形工具"绘制一段弧线，然后对弧线的样式进行设置来制作曲线图。

案例效果

案例效果如图3-138所示。

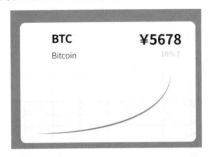

图3-138

操作步骤

步骤 01 执行"文件>打开"命令,将素材1.ai打开,如图3-139所示。

图3-139

步骤 02 制作曲线图的背景。选择工具箱中的"矩形工具",设置一种合适的填充色,设置"描边"为无。设置完成后绘制一个和画板等大的矩形,如图3-140所示。

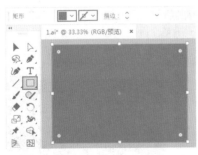

图3-140

步骤 03 选择工具箱中的"圆角矩形工具",在控制栏中设置"填充"为白色,"描边"为无。设置完成后

在画面中绘制一个比背景稍小一些的圆角矩形,如图3-141所示。

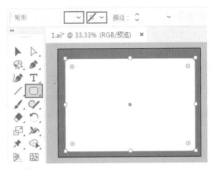

图3-141

步骤 04 在画面中添加网格。选择工具箱中的"矩形网格工具",设置"填充"为无,"描边"为淡蓝紫色,"粗细"为1pt,如图3-142所示。

图3-142

步骤 05 设置完成后在文档的空白位置单击,接着在弹出的"矩形网格工具选项"窗口中设置"宽度"为257mm,"高度"为110mm,"水平分隔线""垂直分隔线"的"数量"均为5,"倾斜"均为0%。设置完成后单击"确定"按钮,如图3-143所示。然后调整网格在画面中的位置。效果如图3-144所示。

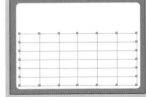

图3-143 图3-144

步骤 06 在网格中绘制曲线。选择工具箱中的"弧形工具",在文档空白位置单击,在弹出的"弧线段工具选项"窗口中设置"X轴长度"为200mm,"Y轴长度"为90mm,定位为左下方,"斜率"为-50。设置完成后单击"确定"按钮,如图3-145所示。

中文版Illustrator 2022完全案例教程（微课视频版）

步骤 07 此时效果如图3-146所示。

图 3-145 图 3-146

步骤 08 选中得到的弧线，在控制栏中设置"填充"为无，"描边"为蓝色，"粗细"为7pt，单击控制栏中的"变量宽度配置文件"右侧的三角按钮，在弹出的下拉列表中选择合适的样式，如图3-147所示。

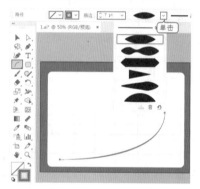

图 3-147

步骤 09 使用"选择工具"将在画板外的文字移至画面中，放在白色圆角矩形上方位置，此时本案例制作完成。效果如图3-148所示。

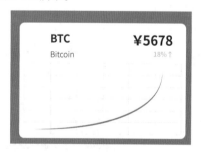

图 3-148

实例：制作运动器材宣传图

文件路径	第3章\制作运动器材宣传图
技术掌握	多边形工具、描边设置

扫一扫，看视频

实例说明

虚线是设计作品中常见的元素，在"描边"下拉面板中勾选"虚线"复选框，即可轻松得到虚线效果。本案例就是通过"虚线"选项制作虚线描边的图形效果。

案例效果

案例效果如图3-149所示。

图 3-149

操作步骤

步骤 01 执行"文件>打开"命令，将素材1.ai打开，如图3-150所示。

图 3-150

步骤 02 将背景素材置入画面。执行"文件>置入"命令，将素材2.jpg置入画面。单击"嵌入"按钮将素材嵌入画面，使其充满整个画板，如图3-151所示。

图 3-151

步骤 03 在画面中绘制三角形。选择工具箱中的"多边形工具",在文档空白位置单击,在弹出的"多边形"窗口中设置"半径"为90mm,"边数"为3。设置完成后单击"确定"按钮,如图3-152所示。

步骤 04 调整三角形在画面中的位置并将其适当地进行旋转,如图3-153所示。

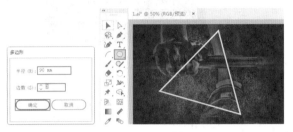

图 3-152   图 3-153

步骤 05 对绘制的图形进行渐变色的描边设置。在三角形选中的状态下,执行"窗口>渐变"命令,单击"描边"按钮使其置于前方,编辑橘色系的线性渐变,"渐变角度"为-90°,如图3-154所示。

步骤 06 将渐变三角形复制一份,同时将复制得到的图形适当地进行旋转。效果如图3-155所示。

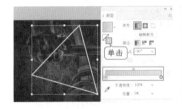

图 3-154   图 3-155

步骤 07 将该图形选中,执行"窗口>描边"命令(快捷键为Ctrl+F10),在弹出的"描边"面板中勾选"虚线"复选框,设置数值大小为20pt和5pt,如图3-156所示。

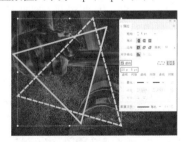

图 3-156

提示:显示"描边"面板选项

如果打开的"描边"面板显示不全,可以在面板菜

单中执行"显示选项"命令,以显示出完整的面板选项,如图3-157所示。

图 3-157

步骤 08 继续使用"多边形工具"绘制其他三角形。效果如图3-158所示。

图 3-158

步骤 09 单击工具箱中的"矩形工具"按钮,设置"填充"为黄色,"描边"为无。设置完成后在画面中绘制矩形,如图3-159所示。

步骤 10 继续使用该工具绘制其他三个黑色的矩形。效果如图3-160所示。

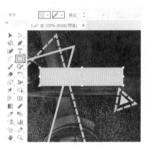

图 3-159   图 3-160

步骤 11 使用"选择工具",将在画板外的文字移至画面中,此时本案例制作完成。效果如图3-161所示。

图 3-161

3.8 为图形添加多个填充和描边

在控制栏中可以设置对象的填充和描边，但是如果要为一个对象添加多个填充和描边属性，则需要使用"外观"面板完成。通过该面板可以为对象添加多个描边，从而制作出多层次的效果。

实例：添加多重描边制作炫彩背景

扫一扫，看视频

文件路径	第3章\添加多重描边制作炫彩背景
技术掌握	矩形工具、椭圆工具、"外观"面板

实例说明

本案例主要使用"外观"面板为绘制的图形添加多重描边制作炫彩背景。

案例效果

案例效果如图3-162所示。

图 3-162

操作步骤

步骤 01 执行"文件>打开"命令，将素材1.ai打开，如图3-163所示。

图 3-163

步骤 02 选择工具箱中的"矩形工具"，绘制一个和画板

等大的矩形，如图3-164所示。

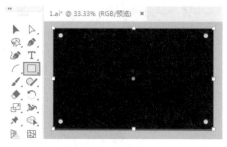

图 3-164

步骤 03 为绘制的图形填充渐变。将图形选中，执行"窗口>渐变"命令，弹出"渐变"面板。单击"填充"按钮使其置于前方，单击渐变色条，设置矩形的填充为渐变。然后编辑两个色标的颜色，设置"渐变角度"为-90°，如图3-165所示。

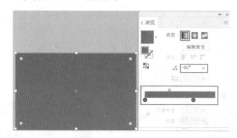

图 3-165

> 💡 **提示：锁定背景**
>
> 为了便于操作，可以选中背景图形，执行"对象>锁定"命令将其锁定，以免操作其他对象时出现误选。

步骤 04 选择工具箱中的"椭圆工具"，设置"填充"为洋红色，"描边"为青色，"粗细"为30pt。设置完成后在画面中间位置按住Shift键的同时按住鼠标左键拖动绘制一个正圆，如图3-166所示。

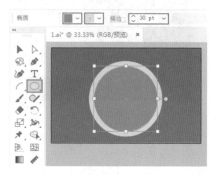

图 3-166

中文版Illustrator 2022完全案例教程（微课视频版）

步骤 05 为绘制的图形添加多重描边。将图形选中，执行"窗口>外观"命令（快捷键为Shift+F6）。在弹出的"外观"面板中，单击左下角的"添加新描边"按钮添加一个新的描边，如图3-167所示。

步骤 06 由于新添加的描边与原有的描边效果相同，看不出描边效果，所以需要对其颜色和粗细进行更改。在"外观"面板中选择该描边，单击颜色后的下拉按钮，在弹出的下拉面板中选择一种合适的颜色，如图3-168所示。

图3-167　　　　　　图3-168

步骤 07 如果色板中没有合适的颜色，则需要在"标准颜色控件"中进行设置，同时对描边的尺寸进行增大。此时第二层描边效果显现了出来，如图3-169所示。

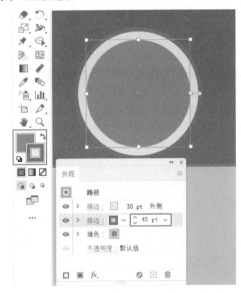

图3-169

步骤 08 使用同样的方法在"外观"面板中添加新的描边，并对其颜色和粗细进行设置。需要注意的是，下一层的描边粗细要大于上一层的描边粗细，才能够显示出效果，如图3-170所示。效果如图3-171所示。

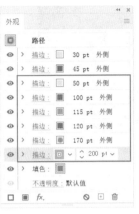

图3-170　　　　　　图3-171

步骤 09 此时，添加的描边效果有超出矩形的部分，需要将其隐藏。选择工具箱中的"矩形工具"，设置"填充"为任意一种颜色，"描边"为无。设置完成后绘制一个和画板等大的矩形，如图3-172所示。

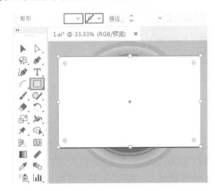

图3-172

步骤 10 选中白色矩形和多重描边的正圆，右击执行"建立剪切蒙版"命令创建剪切蒙版，将超出画面的部分隐藏，如图3-173所示。

图3-173

步骤 11 使用"选择工具"将在画板外的文字移至画面中，此时本案例制作完成。效果如图3-174所示。

图 3-174

3.9 吸管工具

扫一扫，看视频

在Illustrator工具箱中单击"吸管工具"按钮 ✐，通过单击"吸取"矢量对象的属性或颜色并单击另外的图形，即可快速地将"吸取"的属性或颜色赋予到其他矢量对象上。

实例：使用"吸管工具"借鉴优秀配色方案

扫一扫，看视频

文件路径	第3章\使用"吸管工具"借鉴优秀配色方案
技术掌握	吸管工具、矩形工具

实例说明

在进行设计时，配色是一大难题。在没有好的配色灵感时，可以找一张色彩搭配较好的图片，然后使用"吸管工具"吸取参考图片的颜色来完成自己的色彩搭配。本案例主要使用"吸管工具"吸取素材图片中的颜色作为绘制图形的颜色。

案例效果

案例效果如图3-175所示。

图 3-175

操作步骤

步骤 01 执行"文件>打开"命令，将素材1.ai打开，如图3-176所示。

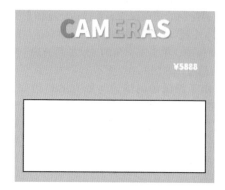

图 3-176

步骤 02 将作为参考的素材图片置入画面。将该素材放置在画板外作为颜色参考，如图3-177所示。

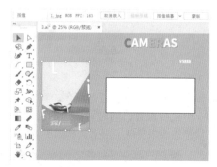

图 3-177

步骤 03 制作背景。选择工具箱中的"吸管工具"，在参考素材的黄色区域单击吸取颜色，此时控制栏中的填充颜色变为黄色，如图3-178所示。

步骤 04 在当前颜色状态下，单击工具箱中的"矩形工具"按钮，绘制一个和画板等大的矩形，如图3-179所示。

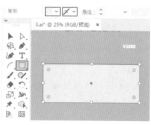

图 3-178   图 3-179

步骤 05 在空白位置单击，在并未选中任何对象的状态下，继续使用"吸管工具"吸取参考素材中的粉色并绘制矩形，如图3-180所示。

中文版Illustrator 2022完全案例教程（微课视频版）

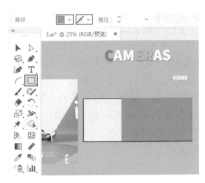

图 3-180

步骤 06 对绘制的粉色矩形的外观进行调整。在该图形选中的状态下，选择工具箱中的"直接选择工具"，单击选择该矩形左上角的锚点，向右水平拖动，如图 3-181 所示。

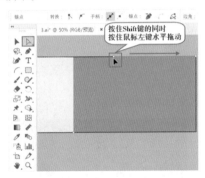

图 3-181

 提示：水平移动

为了保证锚点能够水平移动，可以按住 Shift 键的同时进行移动。

步骤 07 拖至合适的位置释放鼠标完成操作。效果如图 3-182 所示。

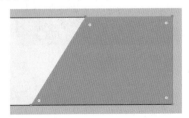

图 3-182

步骤 08 使用同样的方法吸取参考素材上的其他颜色，然后使用"直接选择工具"对矩形的外观进行调整，如图 3-183 和图 3-184 所示。

 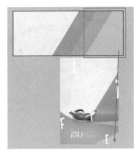

图 3-183　　　　　图 3-184

提示："吸管工具"可"吸取"的内容

"吸管工具"可"吸取"的内容还有很多，双击"吸管工具"按钮，在弹出的"吸管选项"窗口中可以对"吸管工具"采集的属性进行设置，勾选某一项即可在使用"吸管工具"时吸取这一项，如图 3-185 所示。

图 3-185

步骤 09 将相机素材 2.png 置入画面，调整大小与位置，使其充满整个画面。效果如图 3-186 所示。

图 3-186

步骤 10 使用"选择工具"，将在画板外的文字移至画面中，此时本案例制作完成。效果如图 3-187 所示。

图3-187

中文版Illustrator 2022完全案例教程（微课视频版）

提示：使用"吸管工具"吸取文字样式

使用"吸管工具"还能够吸取文字属性。选择文字，然后在带有文字属性的文字上方单击，如图3-188所示。

随即选中的文字被赋予了同样的文字属性，如图3-189所示。

图3-188　　　　　图3-189

提示："吸管工具"的使用技巧

在使用"吸管工具"吸取矢量图形的颜色时，默认会吸取填充色及描边色，如果只需吸取填充色，可以按住Shift键并单击，只吸取填充色，如图3-190和图3-191所示。

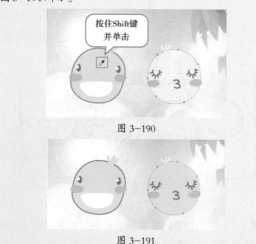

图3-190

图3-191

3.10 网格工具

"网格工具"可以在对象上添加一系列的网格，设置网格点上的颜色，网格点上的颜色与周围的颜色会产生一定的过渡和融合，从而产生一系列丰富的颜色，并且随着网格点位置的移动，图形上的颜色也会产生移动。此外，还可以对图形边缘处的网格线进行移动，从而改变对象的形态。

实例：使用"网格工具"制作绚丽色彩海报

文件路径	第3章\使用"网格工具"制作绚丽色彩海报
技术掌握	网格工具

扫一扫，看视频

实例说明

本案例主要使用"网格工具"对绘制的图形进行不规则的颜色填充，再配合"混合模式"的调整制作出多彩的海报。

案例效果

案例效果如图3-192所示。

图3-192

操作步骤

步骤 01 执行"文件>打开"命令，将素材1.ai打开，如图3-193所示。

步骤 02 将背景素材置入画面。执行"文件>置入"命令，将素材2.jpg置入画面。接着单击控制栏中的"嵌入"按钮将素材嵌入画面。然后调整素材的位置与大小使其充满整个画板，如图3-194所示。

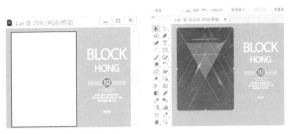

图3-193　　　　　图3-194

步骤 03 选择工具箱中的"矩形工具"，设置"填充"为蓝色，"描边"为无。设置完成后绘制一个和画板等大的矩形，如图3-195所示。

步骤 04 为矩形添加其他颜色。选择工具箱中的"网格工具"，将光标放在矩形中间位置并单击，如图3-196所示。

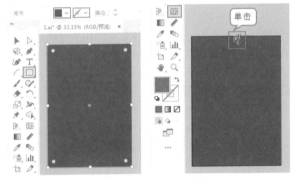

图3-195　　　　　图3-196

步骤 05 此时，单击的位置出现一个可用于颜色设置的网格点，可以在"标准颜色控件"中设置颜色，此时该点的颜色就会发生相应的变化。效果如图3-197所示。

步骤 06 在"网格工具"使用状态下，将矩形左上角的锚点选中，接着将其颜色设置为紫色，如图3-198所示。

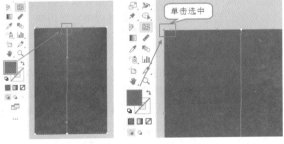

图3-197　　　　　图3-198

步骤 07 使用同样的方法将矩形右上角的锚点更改为相

同的颜色。效果如图3-199所示。

步骤 08 继续使用"网格工具"，在画面中单击添加锚点，并将其填充为黄色，如图3-200所示。

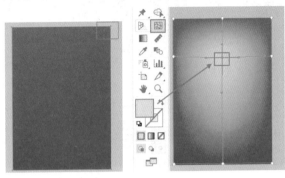

图3-199　　　　　图3-200

步骤 09 选中该锚点，按住鼠标不放将其向下拖动，如图3-201所示。调整锚点位置的同时更改颜色在画面中的位置。

步骤 10 继续使用"网格工具"，在图形上单击添加锚点，并设置锚点的颜色。效果如图3-202所示。

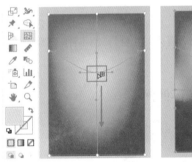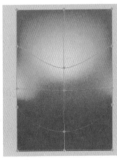

图3-201　　　　　图3-202

步骤 11 选择图形，执行"窗口>透明度"命令，在弹出的"透明度"面板中设置"混合模式"为"强光"，如图3-203所示。

图3-203

步骤 12 此时画面效果如图3-204所示。

步骤 13 使用"选择工具"将在画板外的文字移至画面

中，此时本案例制作完成。效果如图3-205所示。

图 3-204

图 3-205

实例：使用"网格工具"制作圣诞卡片

文件路径	第3章\使用"网格工具"制作圣诞卡片
技术掌握	矩形工具、网格工具

扫一扫，看视频

实例说明

本案例主要使用"网格工具"制作颜色填充不规则的背景，然后再配合置入的素材与文字制作圣诞卡片。

案例效果

案例效果如图3-206所示。

图 3-206

操作步骤

步骤 01 执行"文件>打开"命令，将素材1.ai打开，如图3-207所示。

步骤 02 制作卡片的背景。选择工具箱中的"矩形工具"，在控制栏中设置"填充"为白色，"描边"为无。设置完成后绘制一个和画板等大的矩形，如图3-208所示。

图 3-207

图 3-208

步骤 03 为矩形添加颜色。选择工具箱中的"网格工具"，在矩形中间位置单击添加网格点。然后将锚点填充为浅蓝色，如图3-209所示。

步骤 04 继续使用"网格工具"，将矩形的4个角填充为相同的浅蓝色，如图3-210所示。

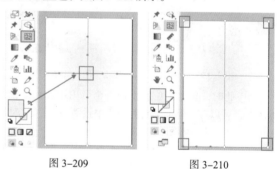
图 3-209   图 3-210

步骤 05 使用同样的方法添加其他点并填充颜色，并对各个点的位置进行调整，使其整体效果更加协调。效果如图3-211所示。

步骤 06 执行"文件>置入"命令，将人物素材2.png置入画面。然后调整素材的位置与大小，将其放置在画面中的上方位置，如图3-212所示。

步骤 07 使用"选择工具"将在画板外的文字移至画面中，同时适当地调整位置。效果如图3-213所示。

步骤 08 在画面中添加光效。将光效素材3.png置入画面，调整大小使其充满整个画面，如图3-214所示。

图 3-211

图 3-212

图 3-213

图 3-214

步骤 09 选中光效对象，在控制栏中单击"不透明度"按钮，设置"混合模式"为"滤色"，此时本案例制作完成。效果如图3-215所示。

图 3-215

💡 **提示："网格工具"的使用技巧**

当要调整图形中某部分颜色所处的位置时，可以通过调整网格点的位置进行调整。选中工具箱中的"网格工具"，将光标移至网格点上方单击即可选中网格点，然后按住鼠标左键拖动，即可调整网格点的位置，从而颜色也会发生变化，如图3-216所示。使用"直接选择"同样可以选中网格点，如图3-217所示。

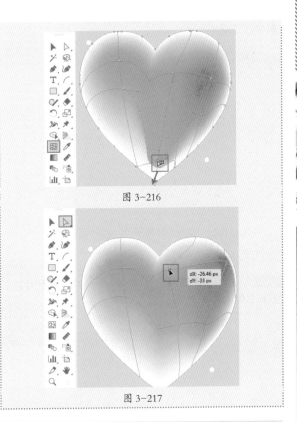

图 3-216

图 3-217

3.11 实时上色

实时上色是一种非常智能的填充方式，传统的填充只能针对一个单独的图形进行，而实时上色则能够对多个对象的交叉区域进行填充。

右击"形状生成器工具"按钮，在弹出的工具组中就能看到"实时上色工具" 和"实时上色选择工具"。

实例：使用"实时上色工具"为标志填色

文件路径	第3章\使用"实时上色工具"为标志填色
技术掌握	实时上色工具

扫一扫，看视频

实例说明

在设计时使用工具箱中的"实时上色工具"可以很方便地为重叠交叉放置的若干个图形进行填色。这种操作不仅可以弥补传统单一填充的局限性，而且也极大地提升了设计的整体效果。本案例主要使用"实时上色工具"为绘制的标志图案进行填色。

案例效果

案例效果如图3-218所示。

图 3-218

操作步骤

步骤 01 执行"文件>打开"命令，将素材1.ai打开，如图3-219所示。

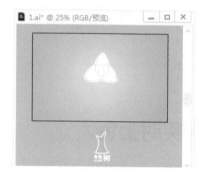

图 3-219

步骤 02 为标志图案填充颜色。按住Shift键依次加选画板中的三个带有黑色描边的图形。选择工具箱中的"实时上色工具"，同时设置"填充"为黄色。将光标放在需要填充的位置上方单击，如图3-220所示。

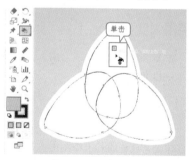

图 3-220

步骤 03 释放鼠标后，该区域即可被填充为设置的颜色。效果如图3-221所示。

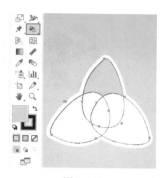

图 3-221

提示：对描边实时上色

也可以对描边进行上色，双击"实时上色工具"按钮，在弹出的"实时上色工具选项"窗口中勾选"描边上色"复选框，如图3-222所示。

图 3-222

接着在使用"实时上色工具"的状态下，在选项栏中重新定义描边的颜色和宽度，然后将光标移到路径上方，光标变为状后单击即可完成描边的上色，如图3-223所示。

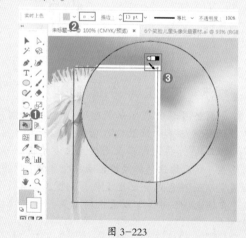

图 3-223

中文版Illustrator 2022完全案例教程（微课视频版）

步骤 04 使用同样的方法为标志的其他位置填充颜色。注意要选择色相相近，但明度略有区别的颜色，如图3-224所示。

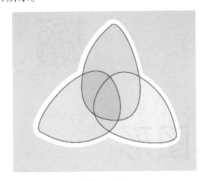

图 3-224

步骤 05 使用"选择工具"选择该图形，将黑色的描边设置为无。效果如图3-225所示。

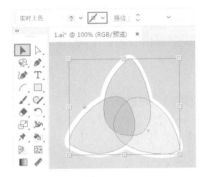

图 3-225

步骤 06 使用"选择工具"将在画板外的其他元素移至画面中，此时本案例制作完成。效果如图3-226所示。

图 3-226

提示：扩展与释放实时上色组

在使用"实时上色工具"填色完成后，要将每种颜色拆分为色块，就可以将实时上色组进行扩展。

使用"选择工具"选择实时上色组，执行"对象>实时上色>扩展"命令，接着选择图形右击执行"取消编组"命令，如图3-227所示。

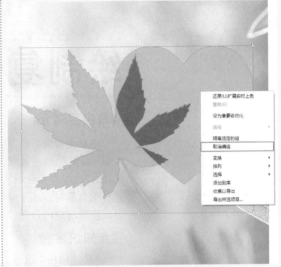

图 3-227

接着每种颜色将成为一个独立、可单独移动编辑的图形，如图3-228所示。

图 3-228

当不需要实时填色时，可以执行"对象>实时上色>释放"命令将其进行释放。

Chapter
4
第4章

扫码看本章介绍

扫码看基础视频

绘制复杂的图形

本章内容简介:

本章主要讲解绘图操作中最常用的一些工具,尤其是"钢笔工具"。使用"钢笔工具"可以绘制绝大部分图形,熟练掌握该工具是进行后续操作的基础。除了"钢笔工具",本章还介绍了其他绘图工具,如"画笔工具""曲率工具""铅笔工具"等,这些工具都可以用于绘制复杂的、不规则的图形,而使用橡皮擦工具组中的工具则可以擦除部分内容。

重点知识掌握:

- 熟练使用"钢笔工具"绘制复杂而精准的图形。
- 掌握调整路径图形形态的方法。
- 熟练掌握"铅笔工具"的使用方法。
- 熟练掌握路径擦除的方法。

通过本章学习,我能做什么?

通过本章的学习,可以掌握多种绘图工具的使用方法。使用这些绘图工具以及前面章节所讲的基本形状和线条绘制工具,能够完成作品中绝大多数内容的绘制。尤其是"钢笔工具",虽然初学时可能会不太容易控制,但是通过一些练习,便能够熟练使用它绘制各种复杂图形。一旦能够完成各种复杂图形的绘制,常见的矢量图形构成的作品基本就都可以尝试制作了。

优秀作品欣赏

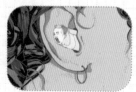

4.1 钢笔工具组

"钢笔工具"是Illustrator的核心工具之一。作为一款非常典型的矢量绘图工具，"钢笔工具"可以随心所欲地绘制各种形状，而且极大限度上可以控制图形的精细程度。

扫一扫，看视频

在钢笔工具组中包含4个工具，通常会使用"钢笔工具"尽可能准确地绘制出路径，而"添加锚点工具""删除锚点工具""锚点工具"则是用于细节形态的调整，如图4-1所示。

图 4-1

在矢量制图的世界中，我们知道图形都是由路径和颜色构成的。那么什么是路径呢？路径是由锚点以及锚点之间的连接线构成的。两个锚点就可以构成一条路径，而三个锚点则可以定义一个面，如图4-2所示。

图 4-2

锚点的位置决定着连接线的动向。因此，可以说矢量图的创作过程就是创作路径和编辑路径的过程，如图4-3所示。

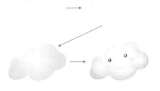

图 4-3

路径上的转角有的是平滑的，有的是尖锐的。转角的平滑或尖锐由转角处的锚点类型决定。锚点包含"平滑锚点"和"尖角锚点"两种类型，如图4-4所示。"平滑锚点"上带有方向线，方向线决定锚点的弧度，同时也决定了锚点两端的线段弯曲度，如图4-5所示。

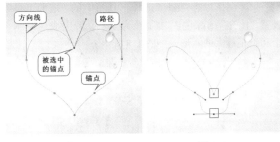

图 4-4　　　　　　　　图 4-5

实例：使用"钢笔工具"绘制标志

文件路径	第4章\使用"钢笔工具"绘制标志
技术掌握	钢笔工具

扫一扫，看视频

实例说明

在进行设计时，使用工具箱中的"钢笔工具"可以方便地绘制任意形状的图形，同时也可以极大限度上控制图形的精细程度。本案例主要使用"钢笔工具"绘制形状来制作标志。

案例效果

案例效果如图4-6所示。

图 4-6

操作步骤

步骤 01 执行"文件>打开"命令，将素材1.ai打开，如图4-7所示。

图 4-7

步骤 02 制作标志背景。选择工具箱中的"矩形工具"，设置"填充"为绿色，"描边"为无。设置完成后绘制一个和画板等大的矩形，如图4-8所示。

图 4-8

步骤 03 绘制标志图形。选择工具箱中的"钢笔工具"，设置"填充"和"描边"均为无。设置完成后在画面中以单击的方式进行绘制，最后回到路径的起点处单击，得到闭合的路径，如图4-9所示（由于标志的主体图形的线条上不存在带有弧度的线条，所以通过在画面中单击即可创建出直线构成的图形）。

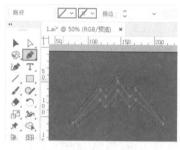

图 4-9

提示：调整绘制图形的形态

绘制完成后，如果对图形不满意，可以选择工具箱中的"直接选择工具"选中锚点，然后按住鼠标左键拖动移动锚点位置，如图4-10所示。

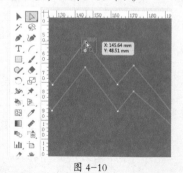

图 4-10

步骤 04 为绘制的形状填充渐变色。将形状选中，执行"窗口>渐变"命令，在弹出的"渐变"面板中编辑一个绿色系的线性渐变，"渐变角度"为0°，如图4-11所示。

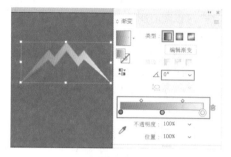

图 4-11

步骤 05 使用"选择工具"将在画板外的文字移至画面中，调整位置将其放置在标志图形下方，此时本案例制作完成。效果如图4-12所示。

图 4-12

选项解读：钢笔工具

选择"钢笔工具"，然后在画面中单击即可绘制出路径上的第一个锚点，接着在控制栏中会显示出"钢笔工具"的设置选项。

控制栏中的选项主要针对已经绘制好的路径上的锚点进行转换、删除或对路径进行断开、连接等操作，如图4-13所示。

图 4-13

● 将所选锚点转换为尖角 ：选中平滑锚点，单击该按钮即可转换为尖角点，如图4-14所示。

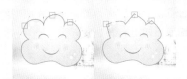

图 4-14

- 将所选锚点转换为平滑 ⌐：选中尖角锚点，单击该按钮即可转换为平滑点，如图 4-15 所示。

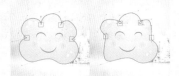

图 4-15

- 显示多个选定锚点的手柄 ⬔：单击该按钮，被选中的多个锚点的手柄都将处于显示状态，如图 4-16 所示。
- 隐藏多个选定锚点的手柄 ■：单击该按钮，被选中的多个锚点的手柄都将处于隐藏状态，如图 4-17 所示。

图 4-16　　　　图 4-17

- 删除所选锚点 ✎：单击该按钮即可删除选中的锚点，如图 4-18 所示。

图 4-18

- 连接所选终点 ⌐：在开放路径中，选中不相连的两个端点，单击该按钮即可在两点之间建立路径进行连接，如图 4-19 所示。

图 4-19

- 在所选锚点处剪切路径 ⊠：选中锚点，单击该按钮即可将所选的锚点分割为两个锚点，并且两个锚点之间不相连，同时路径会断开，如图 4-20 所示。

图 4-20

- 隔离选中对象 ⋈：在包含选中对象的情况下，单击该按钮即可在隔离模式下编辑对象。

实例：添加锚点制作对话框标志

文件路径	第4章\添加锚点制作对话框标志
技术掌握	矩形工具、添加锚点工具、直接选择工具

扫一扫，看视频

实例说明

"添加锚点工具"用于在路径上添加新的锚点。该工具可以在已建立的路径上根据需要添加新的锚点，以便更精确地设置图形的轮廓。本案例主要使用"添加锚点工具"为绘制的矩形添加锚点，然后配合使用"直接选择工具"对锚点进行调整来制作对话框标志。

案例效果

案例效果如图 4-21 所示。

图 4-21

操作步骤

步骤 01 执行"文件>打开"命令，将素材 1.ai 打开，如图 4-22 所示。

图 4-22

步骤 02 制作背景。选择工具箱中的"矩形工具",设置"填充"为红色,"描边"为无。设置完成后绘制一个和画板等大的矩形,如图4-23所示。

图 4-23

步骤 03 制作对话框。从案例效果可以看出,对话框是由一个矩形添加锚点,然后通过对锚点调整制作出来的。所以首先选择工具箱中的"矩形工具",设置"填充"为无,"描边"为白色,"粗细"为20pt。设置完成后在画面中间位置绘制矩形,如图4-24所示。

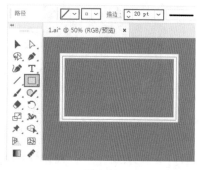

图 4-24

步骤 04 在绘制的图形上方添加锚点。选择钢笔工具组中的"添加锚点工具" ,将光标放在图形的边上单击即可添加锚点,如图4-25所示。

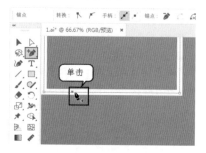

图 4-25

步骤 05 使用该工具继续单击添加其他锚点。效果如图4-26所示。

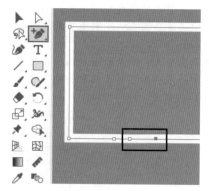

图 4-26

步骤 06 如果要删除锚点,一般有两种方法。第一种方法:使用"直接选择工具"将需要删除的锚点选中,接着在控制栏中单击"删除所选锚点"按钮,即可将锚点删除,如图4-27所示。

图 4-27

步骤 07 第二种方法:选择钢笔工具组中的"删除锚点工具" ,将光标放在需要删除的锚点上单击即可将其删除,如图4-28所示。

中文版Illustrator 2022完全案例教程(微课视频版)

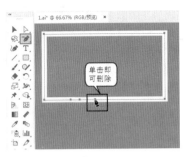

图 4-28

提示：删除锚点不能直接按Delete键

选中锚点，使用"删除锚点工具"可以移除锚点，并保留路径。而按下Delete键，删除锚点后与锚点相连的路径也会被删除，因此不能使用该方式删除锚点。

步骤 08 使用"直接选择工具"，将光标放在中间的锚点位置，按住鼠标左键不放向左下角拖动，此时图形的形态发生了变化，如图4-29所示。

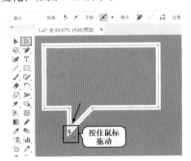

图 4-29

步骤 09 为绘制完成的对话框添加阴影，增加立体感。将图形选中，执行"效果>风格化>投影"命令，在弹出的"投影"窗口中设置"模式"为"正片叠底"，"不透明度"为30%，"X位移""Y位移""模糊"数值均为2mm，"颜色"为黑色。设置完成后单击"确定"按钮，如图4-30所示。效果如图4-31所示。

图 4-30    图 4-31

步骤 10 使用"选择工具"将在画板外的文字移至画面中，并适当地调整位置，此时本案例制作完成。效果如图4-32所示。

图 4-32

案例秘诀：

绘制一个椭圆形，然后添加锚点，如图4-33所示。然后使用"直接选择工具"选中锚点并进行拖动，也可以制作圆形气泡图形。效果如图4-34所示。

图 4-33

图 4-34

实例：使用"钢笔工具"绘制简单图形

文件路径	第4章\使用"钢笔工具"绘制简单图形
技术掌握	钢笔工具、矩形工具、多边形工具

扫一扫，看视频

实例说明

本案例主要使用"钢笔工具"绘制简单的几何图形作为装饰来丰富整体效果。

案例效果

案例效果如图4-35所示。

图4-35

操作步骤

步骤01 执行"文件>打开"命令,将素材1.ai打开,如图4-36所示。

图4-36

步骤02 将背景素材置入画面。执行"文件>置入"命令,将素材2.jpg置入画面。接着在控制栏中单击"嵌入"按钮将其嵌入画面,并调整素材的位置与大小。效果如图4-37所示。

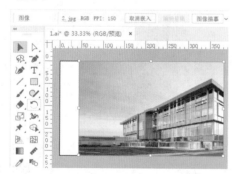

图4-37

步骤03 此时,画面左侧位置空白,需要绘制图形。选择工具箱中的"钢笔工具",设置"填充""描边"均为

无。设置完成后在画面中绘制形状。由于此处形状的每个角都是尖角,所以只需多次单击即可创建出图形,如图4-38所示。

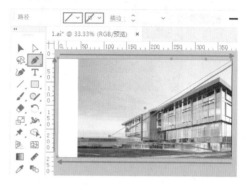

图4-38

步骤04 为绘制的图形填充渐变色。在图形选中状态下,执行"窗口>渐变"命令,在弹出的"渐变"面板中编辑一个蓝色系的线性渐变,设置"渐变角度"为137°,如图4-39所示。

图4-39

步骤05 继续使用"钢笔工具"在画面中绘制其他图形。效果如图4-40所示。

图4-40

步骤06 使用"选择工具"将画面最下方绘制的图形选中,执行"窗口>色板库>图案>基本图形>基本图形_线条"命令,在弹出的"基本图形_线条"窗口中选择一个合适的图案,如图4-41所示。填充效果如图4-42所示。

中文版Illustrator 2022完全案例教程(微课视频版)

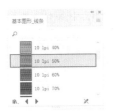

图 4-41　　　　　　　图 4-42

步骤 07 此时添加的图案颜色过重，整体效果不协调。将该图形选中，执行"窗口>透明度"命令，在弹出的"透明度"面板中设置"混合模式"为"滤色"，如图 4-43 所示。

步骤 08 此时画面效果如图 4-44 所示。

图 4-43　　　　　　　图 4-44

步骤 09 选择工具箱中的"矩形工具"，设置"填充"为橘色，"描边"为无。设置完成后在画面中左上角绘制矩形，如图 4-45 所示。

步骤 10 在画面左下角添加其他图形，增加细节效果。选择工具箱中的"多边形工具"，设置"填充"为橘色，"描边"为白色，"粗细"为1pt。设置完成后在画面中单击，在弹出的"多边形"窗口中设置合适的"半径"数值，"边数"为6。设置完成后单击"确定"按钮，如图 4-46 所示。

图 4-45　　　　　　　图 4-46

步骤 11 调整图形的位置与大小，如图 4-47 所示。

步骤 12 选择绘制完成的多边形，将其复制两份。然后对复制得到的图形进行颜色与位置的调整。效果如图 4-48 所示。

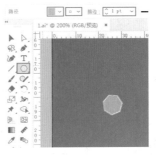
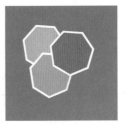

图 4-47　　　　　　　图 4-48

步骤 13 使用"选择工具"将在画板外的文字移至画面中，并适当地调整位置，此时本案例制作完成。效果如图 4-49 所示。

图 4-49

实例：使用"钢笔工具"绘制曲线图

文件路径	第4章\使用"钢笔工具"绘制曲线图
技术掌握	矩形网格工具、钢笔工具、椭圆工具

扫一扫，看视频

实例说明

曲线路径是由平滑的锚点组成的。使用"钢笔工具"直接在画面中单击，创建出的是尖角锚点。如果想绘制出平滑的曲线就需要在单击时按住鼠标左键不放，然后拖动光标绘制曲线图。

案例效果

案例效果如图 4-50 所示。

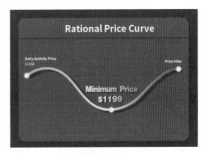

图 4-50

操作步骤

步骤 01 执行"文件>打开"命令，将素材1.ai打开，如图4-51所示。

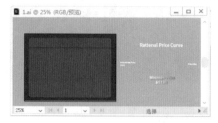

图 4-51

步骤 02 绘制网格。选择工具箱中的"矩形网格工具"，设置"填充"为无，"描边"为浅灰色，"粗细"为1pt。设置完成后在文档空白位置单击，在弹出的"矩形网格工具选项"窗口中设置"宽度"为250mm，"高度"为140mm，"水平分隔线""垂直分隔线"的"数量"均为10，"倾斜"为0%。设置完成后单击"确定"按钮，如图4-52所示。

步骤 03 调整网格在画面中的位置。效果如图4-53所示。

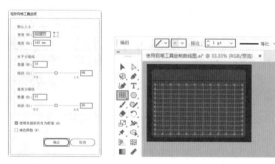

图 4-52   图 4-53

步骤 04 在网格上方绘制曲线。选择工具箱中的"钢笔工具"，在画面中单击确定路径的起点。然后将光标移到第二个点的位置，按住鼠标左键并拖动，此时得到带有路径的线段，如图4-54所示。

图 4-54

步骤 05 继续将光标移到下一个点处并按住鼠标左键拖动，使用同样的方法依次绘制另外几个带有弧度的锚点，最后将光标定位到路径结尾处，绘制完成最后一个点时，按下Esc键完成路径绘制，如图4-55所示（绘制不闭合的线条时，可以按下Esc键结束路径）。

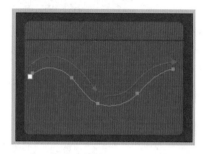

图 4-55

步骤 06 对绘制的曲线进行描边颜色与粗细的设置。将曲线选中，执行"窗口>渐变"命令，在弹出的"渐变"面板中单击"描边"按钮使其置于前方，然后编辑一个多彩的渐变颜色，设置"渐变类型"为"线性渐变"，然后在控制栏中设置"粗细"为10pt，如图4-56所示。

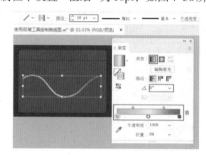

图 4-56

步骤 07 为绘制的曲线添加投影，增加曲线的立体感。将曲线选中，执行"效果>风格化>投影"命令，在弹出的"投影"窗口中设置"模式"为"正片叠底"，"不透明度"为40%，"X位移"为5mm，"Y位移"为3mm，"模糊"为1mm，"颜色"为黑色，如图4-57所示。

图 4-57

中文版Illustrator 2022完全案例教程（微课视频版）

步骤 08 设置完成后单击"确定"按钮。效果如图4-58 所示。

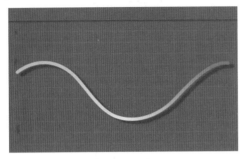

图 4-58

步骤 09 在曲线的端点部位绘制圆形。选中工具箱中的"椭圆工具"，在控制栏中设置"填充"为白色，"描边"为无。设置完成后在曲线左边端点位置按住Shift键的同时按住鼠标左键拖动绘制一个正圆，如图4-59所示。

步骤 10 在正圆选中的状态下，执行"窗口>透明度"命令，在弹出的"透明度"面板中设置"不透明度"为50%，如图4-60所示。效果如图4-61所示。

步骤 11 继续使用"椭圆工具"在该半透明的正圆上方绘制一个稍小一些的白色正圆，如图4-62所示。

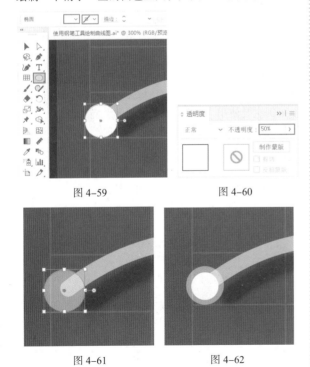

图 4-59   图 4-60

图 4-61   图 4-62

步骤 12 加选这两个图形，使用快捷键Ctrl+G将其编组。然后将编组后的图形组复制两份，放在曲线的最低点和另一个端点位置。效果如图4-63所示。

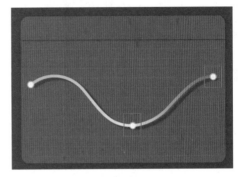

图 4-63

步骤 13 使用"选择工具"将在画板外的文字移至画面中，此时本案例制作完成。效果如图4-64所示。

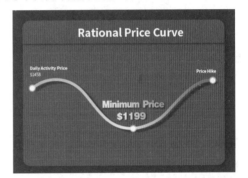

图 4-64

案例秘诀：

在初学阶段，可能会觉得"钢笔工具"很难用。其实熟练掌握之后，"钢笔工具"非常好用，但前提是要摸清该工具的"脾气"。

我们通常会感觉绘制一些尖角的图形很简单，只需"单击""单击""单击"即可，但是一旦要绘制带有弧度的形状时，问题就出现了。

例如，如果想要绘制一个带有一些弧度转角的图形，该怎么做呢？我们知道，在绘制带有弧度的转角时，按住鼠标左键拖动，即可得到一个带有弧度的转角。但是，在按住鼠标左键"拖动"光标的过程中，随着光标拖动方向的不同，转角弧度方向线的方向和长短也都不同。而这些差别会直接影响当前锚点与上一个锚点或下一个锚点之间线条的形态，如图4-65所示。

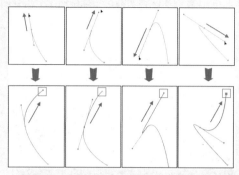

图 4-65

初学者可能由于经验不足，很难在按住鼠标左键拖动的过程中准确地控制锚点方向线的角度与长度，就会造成弧线一侧正确另一侧偏离，绘制出的弧度部分严重扭曲，甚至影响后面路径的绘制，如图 4-66 所示。

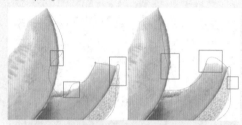

图 4-66

其实有一个非常简单的解决办法，就是在绘制过程中，绘制到弧度的部分时以尖角锚点代替，路径绘制完成后再通过"锚点工具"将尖角锚点转换为平滑锚点，这样不仅可以更好地控制锚点的弧度，并且不会影响到前后的路径形态。

在此仍以绘制"哈密瓜"为例，沿着画面主体物绘制路径。虽然主体物的轮廓有很多弧线部分，但是在初期绘制时不用理会这些弧度。在轮廓大转折的地方单击添加锚点(此时添加的锚点为尖角锚点)，继续绘制，完成整条路径的绘制(不要添加过多的锚点)，此时路径上都是尖角锚点，如图 4-67 所示。

接下来，可以使用"锚点工具"在带有弧度的区域按住鼠标左键拖动，使之变成弧线路径，如图 4-68 所示。

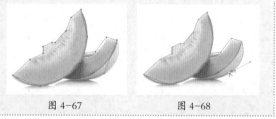

图 4-67   图 4-68

使用同样的方法可以对其他的尖角锚点进行转化并调整位置，如图 4-69 所示。

图 4-69

4.2 曲率工具

相比于"钢笔工具"，"曲率工具"更加人性化，操作起来也更为方便。使用"曲率工具"能够轻松绘制出平滑、精准的曲线。

实例：使用"曲率工具"绘制图形制作网站首页

扫一扫，看视频

文件路径	第4章\使用"曲率工具"绘制图形制作网站首页
技术掌握	矩形工具、曲率工具、钢笔工具、多边形工具

实例说明

使用"曲率工具"不仅可以绘制闭合的路径，也可以绘制开放的路径，为我们的设计带来了极大的便利。本案例主要使用"曲率工具"绘制多个椭圆形，并设置混合模式制作重叠效果。

案例效果

案例效果如图 4-70 所示。

图 4-70

中文版Illustrator 2022完全案例教程（微课视频版）

操作步骤

步骤 01 执行"文件>打开"命令，将素材1.ai打开，如图4-71所示。

步骤 02 制作网站首页的背景。选择工具箱中的"矩形工具"，设置"填充"为浅灰色，"描边"为无。设置完成后绘制一个和画板等大的矩形，如图4-72所示。

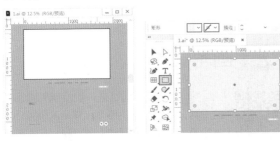

图4-71　　　　　　　　图4-72

步骤 03 继续使用该工具，在浅灰色矩形上方和下方位置绘制颜色稍浅一些的矩形。效果如图4-73所示。

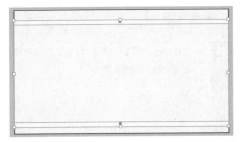

图4-73

步骤 04 在画面中间位置绘制形状。选择工具箱中的"曲率工具"，设置"填充"为黄色，"描边"为无。设置完成后在画面中单击，如图4-74所示。

步骤 05 移至下一个位置继续单击。此时，移动光标位置可以看到画面中出现一段曲线，如图4-75所示。

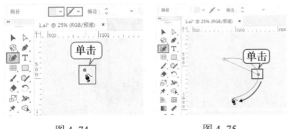

图4-74　　　　　　　　图4-75

步骤 06 继续移动光标到下一点的位置单击调整曲线的弧度。调整完成后回到起点位置再次单击，即可得到一个封闭的图形，如图4-76所示。

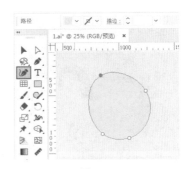

图4-76

> 🤖 **提示：绘制开放路径时如何终止**
>
> 如果要绘制一段开放路径，可以按Esc键终止路径的绘制。

步骤 07 将绘制的图形选中，执行"窗口>透明度"命令，在弹出的"透明度"面板中设置"混合模式"为"正片叠底"，如图4-77所示。效果如图4-78所示。

图4-77　　　　　　　　图4-78

步骤 08 继续使用"曲率工具"绘制另外两个图形，并设置不同的颜色。然后设置黄色图形的"混合模式"为"正片叠底"，将下方的图形显示出来。效果如图4-79所示。

步骤 09 将人物素材置入画面。执行"文件>置入"命令，将素材2.png置入画面，调整大小放置在绘制的形状上方，如图4-80所示。

图4-79　　　　　　　　图4-80

步骤 10 在置入的素材上方绘制一些形状进行装饰，丰富画面效果。选择工具箱中的"钢笔工具"，设置"填充"为黄色，"描边"为无。设置完成后在素材右侧绘制形状，接着设置"不透明度"为80%，如图4-81所示。

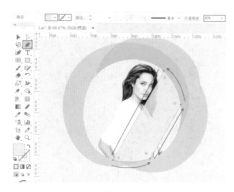

图4-81

步骤 11 选择工具箱中的"多边形工具"，设置"填充"为无，"描边"为白色，"粗细"为5pt。在文档空白位置单击，在弹出的"多边形"窗口中设置合适的"半径"数值，"边数"为3。设置完成后单击"确定"按钮，如图4-82所示。然后适当地调整三角形的大小，将其放在人物素材右上角位置，如图4-83所示。

图4-82   图4-83

步骤 12 继续使用该工具，在白色三角形上方位置绘制一个黑色三角形，如图4-84所示。

图4-84

步骤 13 使用"选择工具"将画板外的文字与图形移至画面中，此时本案例制作完成。效果如图4-85所示。

图4-85

4.3 画笔工具

扫一扫，看视频

"画笔工具" ✎ 也是一款绘制矢量路径的工具，能够轻松按照光标移动的位置创建出路径，适用于绘制随意的路径。

此外，使用"画笔工具"绘图前，先在控制栏中设置"画笔定义"与"变量宽度配置文件"选项，可以直接绘制出带有画笔描边的路径。

实例：使用"画笔工具"制作优惠券

文件路径	第4章\使用"画笔工具"制作优惠券
技术掌握	画笔工具

扫一扫，看视频

实例说明

本案例主要使用"画笔工具"绘制手绘感笔触的线条，制作优惠券。

案例效果

案例效果如图4-86所示。

图4-86

操作步骤

步骤 01 执行"文件>打开"命令，将素材1.ai打开，如

中文版Illustrator 2022完全案例教程（微课视频版）

图4-87所示。

步骤02 执行"窗口>画笔库>矢量包>手绘画笔矢量包"命令，打开"手绘画笔矢量包"面板，然后单击选择合适的笔尖，如图4-88所示。

 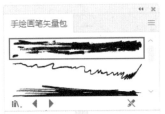

图4-87　　　　　　　图4-88

步骤03 选择工具箱中的"画笔工具"，设置"填充"为无，"描边"为红色，"粗细"为4pt。设置完成后按住Shift键的同时按住鼠标左键自左向右水平拖动，即可得到手绘感线条，如图4-89所示。

图4-89

提示：设置画笔笔尖的方式

设置画笔笔尖有三种方式，第一种是在控制栏中单击"画笔定义"倒三角按钮，在弹出的下拉面板中进行笔尖的选择，如图4-90所示；第二种是执行"窗口>画笔"命令，打开"画笔"面板，在"画笔"面板中选择笔尖；第三种是执行"窗口>画笔库"命令，打开单独的画笔库，进行笔尖的选择。

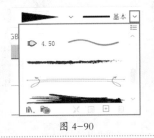

图4-90

步骤04 继续使用该工具，在文字的下、左、右三个位置进行绘制，如图4-91所示。

步骤05 由于此时彩色线条遮挡住了文字，所以需要按住Shift键单击加选绘制的线条，然后执行"对象>排列>置于底层"命令。效果如图4-92所示。

图4-91　　　　　　　图4-92

实例：制作中式风格企业画册封面

文件路径	第4章\制作中式风格企业画册封面
技术掌握	画笔工具

扫一扫，看视频

实例说明

在使用"画笔工具"进行设计时，执行"窗口>色板库"命令可以为画笔定义各种各样的样式，为操作提供了极大的便利。

案例效果

案例效果如图4-93所示。

图4-93

操作步骤

步骤01 执行"文件>打开"命令，将素材1.ai打开，如图4-94所示。

步骤 02 制作画册展示效果的背景。选择工具箱中的"矩形工具"，绘制一个与画板等大的矩形，如图4-95所示。

图 4-94　　　　　　　　图 4-95

步骤 03 为绘制的矩形填充渐变色。将图形选中，执行"窗口>渐变"命令，在弹出的"渐变"面板中编辑一个淡灰色的"径向渐变"，"渐变角度"为-40°，"长宽比"为100%，如图4-96所示。

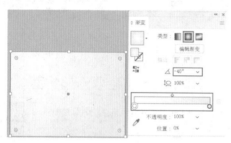

图 4-96

步骤 04 执行"文件>置入"命令，将背景素材2.jpg置入画面，调整大小放置在画面左侧位置，如图4-97所示。

图 4-97

步骤 05 为置入的素材添加投影，增加效果的立体感。将素材选中，执行"效果>风格化>投影"命令，在弹出的"投影"窗口中设置"模式"为"正片叠底"，"不透明度"为50%，"X位移""Y位移"数值均为1mm，"模糊"为0.2mm，"颜色"为黑色。设置完成后单击"确定"按钮，如图4-98所示。

步骤 06 此时，图像素材出现了阴影。效果如图4-99所示。

图 4-98　　　　　　　　图 4-99

步骤 07 使用"画笔工具"在画面中绘制形状。单击工具箱中的"画笔工具"按钮，设置"填充"为无，"描边"为黑色，"粗细"为1.5pt。接着执行"窗口>画笔库>矢量包>颓废画笔矢量包"命令，在弹出的"颓废画笔矢量包"面板中选择一种合适的样式，如图4-100所示。

步骤 08 画笔样式设置完成后在素材中间位置按住Shift键的同时按住鼠标左键垂直向下拖动绘制线条，如图4-101所示。

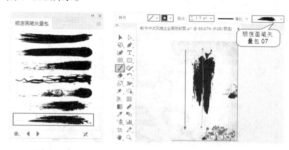

图 4-100　　　　　　　图 4-101

步骤 09 使用"选择工具"将在画板外的文字移至画面中，并调整好摆放的位置。效果如图4-102所示。然后加选构成封面的各个元素，使用快捷键Ctrl+G将其编组。

步骤 10 选择编组对象，使用快捷键Ctrl+C将其复制一份，使用快捷键Ctrl+V将其粘贴。然后将复制得到的图形组向右移动，摆放在画面右侧位置，此时本案例制作完成。效果如图4-103所示。

图 4-102　　　　　　　图 4-103

4.4 斑点画笔工具

"斑点画笔工具"是一种非常有趣的工具，能够绘制出平滑的线条，该线条不是路径，而是一个闭合的图形。

实例：使用"斑点画笔工具"制作儿童品牌标志

文件路径	第4章\使用"斑点画笔工具"制作儿童品牌标志
技术掌握	矩形工具、椭圆工具、钢笔工具、斑点画笔工具

扫一扫，看视频

实例说明

"斑点画笔工具"和"画笔工具"一样，可以绘制任何形状与大小的图形。但使用"斑点画笔工具"绘制出的图形带有填充的形状，这种属性为设计带来了便利。本案例主要使用"斑点画笔工具"绘制图形来制作儿童品牌标志。

案例效果

案例效果如图4-104所示。

图 4-104

操作步骤

步骤 01 执行"文件>打开"命令，将素材1.ai打开，如图4-105所示。

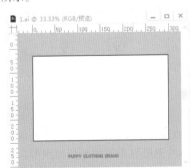

图 4-105

步骤 02 制作标志的背景。选择工具箱中的"矩形工具"，设置"填充"为白色，"描边"为无。设置完成后绘制一个和画板等大的矩形，如图4-106所示。

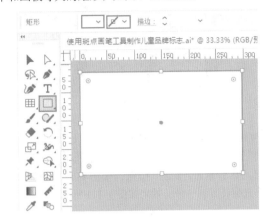

图 4-106

步骤 03 制作案例效果中的小狗图形。首先制作小狗的外轮廓。选择工具箱中的"圆角矩形工具"，设置"填充"为无，"描边"为紫色，"粗细"为25pt。设置完成后在画面中间位置按住Shift键的同时按住鼠标左键拖动绘制一个正的圆角矩形，同时对圆角的弧度进行调整，如图4-107所示。

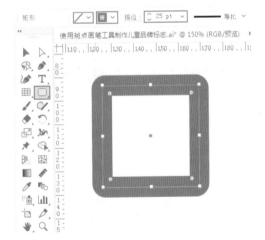

图 4-107

步骤 04 制作小狗的耳朵、眼睛和鼻子。首先制作耳朵，选择工具箱中的"椭圆工具"，设置"填充"为橘色，"描边"为无。设置完成后在紫色圆角矩形左侧绘制椭圆，如图4-108所示。

步骤 05 将光标放在定界框的任意一角，按住鼠标左键将图形适当地进行旋转。效果如图4-109所示。

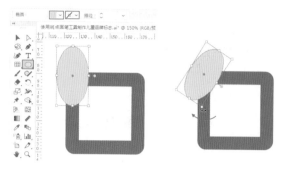

图 4-108　　　　　　　　图 4-109

步骤 06 选择旋转完成的橘色椭圆，执行"对象>变换>镜像"命令，在弹出的"镜像"窗口中选中"垂直"单选按钮，然后单击"复制"按钮，如图4-110所示。将图形垂直翻转复制一份。效果如图4-111所示。

图 4-110　　　　　　　　图 4-111

步骤 07 选择复制得到的图形，将其向右移至紫色圆角矩形右侧边缘位置，如图4-112所示。

步骤 08 继续使用"椭圆工具"绘制椭圆制作小狗的眼睛和鼻子。效果如图4-113所示。

图 4-112　　　　　　　　图 4-113

步骤 09 制作小狗的嘴巴。选择工具箱中的"钢笔工具"，设置"填充"为无，"描边"为紫色，"粗细"为2pt。设置完成后在鼻子和眼睛中间位置绘制弧线，如图4-114所示。

步骤 10 继续使用该工具绘制其他弧线制作小狗的嘴巴。效果如图4-115所示。

图 4-114　　　　　　　　图 4-115

步骤 11 制作图形两侧的字母。首先制作字母D，可以使用"斑点画笔工具"绘制。双击工具箱中的"斑点画笔工具"，在弹出的"斑点画笔工具选项"窗口中设置"大小"为35pt，"角度"为0°，"圆度"为100%。设置完成后单击"确定"按钮，如图4-116所示。

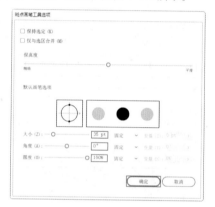

图 4-116

步骤 12 设置"填充"为青色，然后使用该工具在小狗图形左侧按住鼠标左键拖动绘制，如图4-117所示。

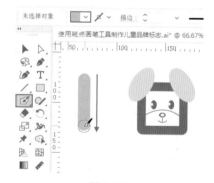

图 4-117

步骤 13 继续按住鼠标左键拖动绘制字母D的右半部分。此时，绘制的图形与步骤12绘制的图形合并为一个图形，如图4-118所示。

中文版Illustrator 2022完全案例教程（微课视频版）

图 4-118

步骤 14 继续使用该工具绘制字母G，更改不同的填充色，如图4-119所示。

图 4-119

步骤 15 在画面中绘制一些小图形作为装饰，丰富画面细节。双击"斑点画笔工具"，将"斑点画笔工具"的"笔触大小"调整为7pt，然后在画面上方位置按住Shift键的同时按住鼠标左键拖动垂直进行绘制，如图4-120所示。

图 4-120

步骤 16 使用同样的方法继续绘制其他图形，如图4-121所示。按住Shift键依次加选4个图形，使用快捷键Ctrl+G将其编组。

步骤 17 选择编组后的图形组，将其复制两份。同时调整复制得到图形大小与颜色，放在画面中的合适位置，如图4-122所示。

图 4-121　　　　　　　图 4-122

步骤 18 将在画板外的文字移至画面中，此时本案例制作完成。效果如图4-123所示。

图 4-123

提示：斑点画笔与画笔的区别

使用"画笔工具"绘制的图形是一个描边的效果，而使用"斑点画笔工具"绘制的路径则是一个填充的效果。另外，当在相邻的两个由"斑点画笔工具"绘制的图形之间进行相连绘制时，可以将两个图形连接为一个图形。

图4-124所示分别为使用"画笔工具"和"斑点画笔工具"绘制的对比效果，可以看出使用"画笔工具"绘制出的是带有描边的路径，而使用"斑点画笔工具"绘制出的是带有填充的形状。

图 4-124

4.5 铅笔工具组

　　铅笔工具组主要用于绘制、擦除、连接、平滑路径等。其中包含5个工具，即"Shaper工具""铅笔工具""平滑工具""路径橡皮擦工具""连接工具"，如图4-125所示。

图 4-125

　　"Shaper工具"主要用于绘制精确的曲线路径；"铅笔工具"主要用于手动绘制随意的路径；"平滑工具"主要用于将路径进行平滑处理；"路径橡皮擦工具"主要用于删除部分路径；"连接工具"主要用于连接两条开放路径。

实例：使用"Shaper工具"制作杂志封面

扫一扫，看视频

文件路径	第4章\使用"Shaper工具"制作杂志封面
技术掌握	多边形工具、Shaper工具

实例说明

　　使用铅笔工具组中的"Shaper工具"进行绘制时，只要将图形的基本轮廓绘制出来，软件就会根据这个轮廓自动生成精准的几何形状。使用起来比常规的绘图工具更加方便、快捷。但同时该工具也存在局限性，它只能绘制几种简单的几何图形。本案例主要使用"Shaper工具"绘制简单的几何图形制作杂志封面。

案例效果

　　案例效果如图4-126所示。

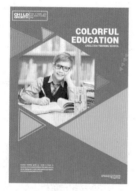

图 4-126

中文版Illustrator 2022完全案例教程（微课视频版）

操作步骤

步骤 01 执行"文件>打开"命令，将素材1.ai打开，如图4-127所示。

图 4-127

步骤 02 制作杂志封面的背景。选择工具箱中的"矩形工具"，设置"填充"为深绿色，"描边"为无。设置完成后绘制一个和画板等大的矩形，如图4-128所示。

步骤 03 将人物素材置入画面。执行"文件>置入"命令，将素材2.jpg置入，然后单击控制栏中的"嵌入"按钮将其嵌入画面，同时调整素材的位置与大小，如图4-129所示。

图 4-128　　　　　　　　图 4-129

步骤 04 选择工具箱中的"多边形工具"，在文档空白位置单击，在弹出的"多边形"窗口中设置合适的"半径"数值，"边数"为6，如图4-130所示。

图 4-130

步骤 05 设置完成后单击"确定"按钮。然后调整多边形的大小将其放置在素材上方，如图4-131所示。

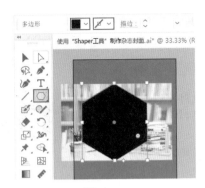

图 4-131

为无，如图 4-136 所示。

步骤 06 按住 Shift 键依次加选多边形和人物素材，右击执行"建立剪切蒙版"命令，如图 4-132 所示。

步骤 07 创建剪切蒙版后，照片位于多边形以外的部分被隐藏了。效果如图 4-133 所示。

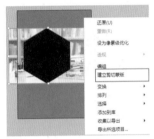 

图 4-132   图 4-133

步骤 08 制作案例效果中的三角形图形。从之前学习的内容来看，要绘制三角形可以使用"多边形工具""钢笔工具"等。但在本案例中将使用一种更简单方便的工具绘制三角形。选择工具箱中的"Shaper 工具"，在人物素材左上角按住鼠标左键绘制一个三角形的基本轮廓，如图 4-134 所示。

步骤 09 绘制完成后释放鼠标即可呈现一个规则的三角形。效果如图 4-135 所示。

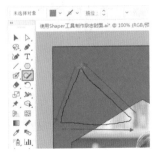 

图 4-134   图 4-135

步骤 10 将三角形选中，设置"填充"为橘色，"描边"

步骤 11 适当地调整其大小并适当地进行旋转。效果如图 4-137 所示。

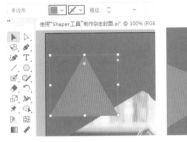 

图 4-136   图 4-137

步骤 12 继续使用"Shaper 工具"绘制其他三角形。效果如图 4-138 所示。

步骤 13 将在画板外的文字移至画面中，此时本案例制作完成。效果如图 4-139 所示。

图 4-138   图 4-139

提示：Shaper 工具

Shaper 的中文翻译为造型者、整形器，也可以称为"造型工具"。通过使用该工具对形状的重叠位置进行涂抹，可以得到一个复合图形。

首先绘制两个图形并将图形重叠摆放，此时无须选中图形，如图 4-140 所示。

图 4-140

接着选择"Shaper 工具"，将光标移至图形上方会显示虚线，每个虚线形成一个区域，接着在某一个区域处按住鼠标左键拖动，如图4-141所示。

松开鼠标左键该区域被删除掉了，如图4-142所示。

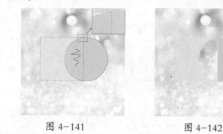

图 4-141　　　　　图 4-142

实例：使用"铅笔工具"制作手绘感文字标志

扫一扫，看视频

文件路径	第4章\使用"铅笔工具"制作手绘感文字标志
技术掌握	铅笔工具、钢笔工具

实例说明

"铅笔工具"和"画笔工具"一样可以随意地绘制图形，但相比较而言，"铅笔工具"的绘制更加随意，所以通常多用于模拟手绘感的插画、标志、海报等设计中。

案例效果

案例效果如图4-143所示。

图 4-143

操作步骤

步骤 01 执行"文件>打开"命令，将素材1.ai打开。为了便于绘制出较为规则合理的手绘感文字，在这里提供了基本文字的形态作为参考，如图4-144所示。

步骤 02 使用"铅笔工具"将文字的轮廓绘制出来。选择工具箱中的"铅笔工具"，为了便于观察，可以先设置"填充"为无，"描边"为红色，"粗细"为1pt。设置完成

后将字母H的外轮廓绘制出来，如图4-145所示。

图 4-144　　　　　图 4-145

步骤 03 继续使用该工具将其他字母的轮廓绘制出来，并将原始文字移至画板外。效果如图4-146所示。

图 4-146

步骤 04 将绘制的文字轮廓填充颜色。按住鼠标左键不放框选所有文字对象，设置"填充"为黄色，"描边"为无。效果如图4-147所示。

图 4-147

步骤 05 此时，字母A、P、P中间绘制的轮廓显示不出来，使其与正常文字效果有差别。按住Shift键依次加选这三个图形，将其颜色更改为棕色，如图4-148所示。然后使用快捷键Ctrl+G将所有对象编组。

图 4-148

步骤 06 选择编组后的文字图形组，使用快捷键Ctrl+C进行复制，使用快捷键Ctrl+F将其粘贴到前面。接着选择下层的文字图形组，将其颜色更改为深棕色。然后向右移动将其显示出来，呈现出立体文字效果，如图4-149所示。

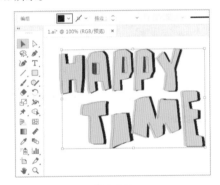

图 4-149

步骤 07 在文字上方绘制小的图形作为装饰，丰富文字效果。选择工具箱中的"矩形工具"，设置"填充"为深棕色，"描边"为无。设置完成后在字母H左上角按住Shift键的同时按住鼠标左键拖动绘制正方形，如图4-150所示。

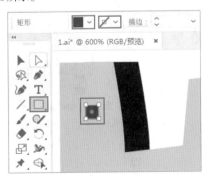

图 4-150

步骤 08 继续使用该工具绘制其他小的正方形，分散放置在字母的各个部分处。效果如图4-151所示。

图 4-151

步骤 09 在文字上方添加光效。选择工具箱中的"钢笔工具"，设置"填充"为黄色，"描边"为无。设置完成后在字母H左侧绘制形状，如图4-152所示。

图 4-152

步骤 10 继续使用该工具在其他字母上方绘制高光。效果如图4-153所示。

图 4-153

步骤 11 制作文字的底纹背景。使用工具箱中的"钢笔工具"，在不选中任何矢量对象的情况下设置"填充"

为棕色，"描边"为更深一些的棕色，设置合适的描边粗细。设置完成后将整体文字的外轮廓绘制出来，如图4-154所示。

图 4-154

步骤（12 带有描边的对象经过缩放后其描边粗细不会发生变化，所以很容易出现描边比例变形的情况，可以执行"对象>扩展"命令，在弹出的"扩展"窗口中勾选"填充""描边"两个复选框，单击"确定"按钮，如图4-155所示，图形的描边部分就变成了带有填充属性的实体。

步骤（13 执行"对象>排列>置于底层"命令，将绘制的形状放置在文字下方，如图4-156所示。

图 4-155   图 4-156

步骤（14 在文字效果中，字母I上方的圆点缺失，需要利用其他元素补全。执行"窗口>符号库>庆祝"命令，在弹出的"庆祝"面板中选择"王冠"符号。接着按住鼠标左键不放将其向画板中拖动，如图4-157所示。

图 4-157

步骤（15 释放鼠标即可将该符号添加到画面中，如图4-158所示。

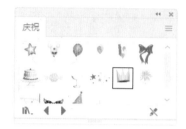

图 4-158

步骤（16 通过操作将符号添加到画面中，但此时该符号处于链接状态。选择该符号，在控制栏中单击"断开链接"按钮，将其链接断开，如图4-159所示。

步骤（17 对该符号进行颜色更改、部分删除等操作。效果如图4-160所示。

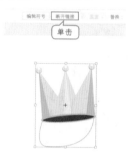
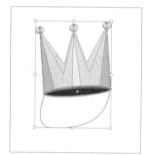

图 4-159   图 4-160

步骤（18 继续选择符号，调整大小将其放置在字母I上方。效果如图4-161所示。

步骤（19 执行"文件>置入"命令，将玉米素材2.png置入。然后单击"嵌入"按钮将其嵌入画面，同时调整大小放在文字右上角位置，如图4-162所示。

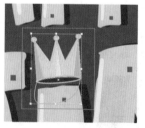

图 4-161   图 4-162

步骤（20 将置入的素材选中，执行"对象>变换>镜像"命令，在弹出的"镜像"窗口中选中"垂直"单选按钮，接着单击"确定"按钮，如图4-163所示。

中文版Illustrator 2022完全案例教程（微课视频版）

步骤 21 将素材进行垂直方向的对称，然后调整大小并将其适当地进行旋转。效果如图4-164所示。按住鼠标左键框选所有对象，使用快捷键Ctrl+G将其编组，同时将其移至画板外。

图 4-163

图 4-164

步骤 22 标志效果制作完成，接着需要将其放置到物品上方。将素材3.jpg置入画面，调整大小使其充满整个画板，如图4-165所示。

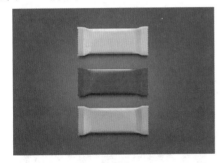

图 4-165

步骤 23 将制作好的标志调整好大小放在素材最上方的物品上，如图4-166所示。

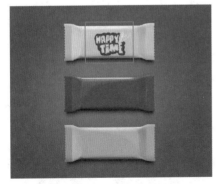

图 4-166

步骤 24 将其复制两份，向下移动放置到其他两个物品上，此时本案例制作完成。效果如图4-167所示。

图 4-167

💡 提示："铅笔工具"的使用技巧

默认情况下，"铅笔工具选项"窗口中会自动启用"编辑所选路径"选项，此时使用"铅笔工具"可以直接更改路径形状，如图4-168所示。

接着将"铅笔工具"定位在要重新绘制的路径上。当鼠标指针由 🖊 变为 🖊 形状时，则表示光标与路径非常接近。按住鼠标左键并拖动鼠标进行绘制即可改变路径的形状，如图4-169所示。

图 4-168　　　　　　图 4-169

使用"铅笔工具"还可以快速地连接两条不相连的路径，如图4-170所示。

图 4-170

首先选择两条路径；其次单击工具箱中的"铅笔工具"，将指针定位到其中一条路径的某一端，按住鼠标左键拖动到另一条路径的端点上，松开鼠标即可将两条路径连接为一条路径，如图4-171所示。

图 4-171

实例：使用"铅笔工具""平滑工具"制作卡通标志

扫一扫，看视频

文件路径	第4章\使用"铅笔工具""平滑工具"制作卡通标志
技术掌握	铅笔工具、平滑工具

实例说明

在使用"铅笔工具"绘制形状时，会存在绘制的形状有不平滑需要处理的地方。此时，便可以借助工具箱中的"平滑工具"，使用该工具在需要平滑处理的地方反复涂抹，在涂抹的过程中可以看到原来不平滑的地方变得平滑了。

案例效果

案例效果如图 4-172 所示。

图 4-172

操作步骤

步骤 01 执行"文件>打开"命令，将素材1.ai打开，如图4-173所示。

图 4-173

步骤 02 制作标志背景。选择工具箱中的"矩形工具"，设置"填充"为青色，"描边"为无。设置完成后绘制一个和画板等大的矩形，如图4-174所示。

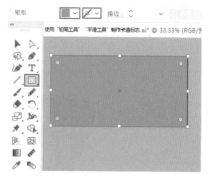

图 4-174

步骤 03 制作卡通标志。选择工具箱中的"铅笔工具"，设置"填充"为无，"描边"为白色，"粗细"为10pt。设置完成后在画面中绘制形状，如图4-175所示。

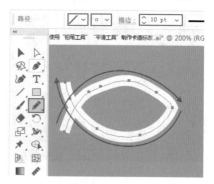

图 4-175

步骤 04 可以看到绘制的形状不是很平滑，需要进一步处理。将形状选中，单击工具箱中的"平滑工具"按钮，接着在需要平滑的路径边缘处按住鼠标左键反复涂抹，如图4-176所示。

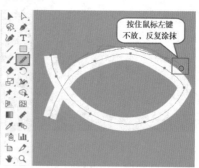

图 4-176

中文版Illustrator 2022完全案例教程（微课视频版）

步骤 05 此时，被涂抹的区域逐渐变得平滑，释放鼠标即可完成操作。效果如图4-177所示。

图 4-177

步骤 06 继续使用"铅笔工具"，在控制栏中设置"填充"为无，"描边"为白色，"粗细"为6pt。设置完成后在小鱼形状上方按住Shift键的同时按住鼠标左键拖动绘制一条垂直的线段，如图4-178所示。

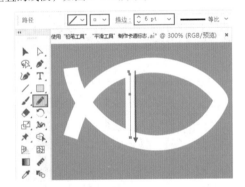

图 4-178

步骤 07 使用同样的方法绘制其他两条线段。效果如图4-179所示。

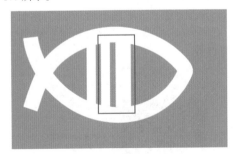

图 4-179

步骤 08 选择工具箱中的"椭圆工具"，设置"填充"为白色，"描边"为无。设置完成后按住Shift键的同时按住鼠标左键拖动绘制一个正圆，作为鱼的眼睛，如图4-180所示。

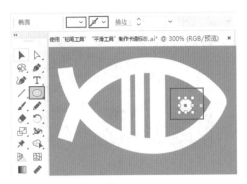

图 4-180

步骤 09 制作小鱼图形下方的水波纹效果。选择工具箱中的"铅笔工具"，设置"填充"为无，"描边"为白色，"粗细"为10pt。设置完成后在小鱼图形下方绘制形状，如图4-181所示。

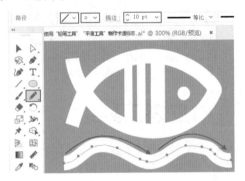

图 4-181

步骤 10 使用"平滑工具"将其进行平滑处理，让效果更加自然。效果如图4-182所示。

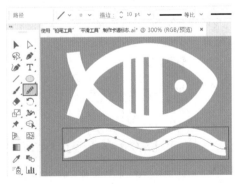

图 4-182

步骤 11 选择水波纹形状，将其复制两份。接着将复制得到的图形向下移动。然后依次加选这三个形状，在控制栏中单击"左对齐""垂直居中分布"按钮，如图4-183所示。

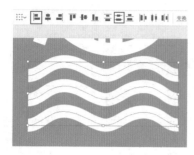

图 4-183

步骤 12 使用"选择工具"将在画板外的文字移至画面中，放在标志右侧位置，此时本案例制作完成。效果如图 4-184 所示。

图 4-184

4.6 橡皮擦工具组

扫一扫，看视频

橡皮擦工具组主要用于擦除、切断、断开路径。其中包含三种工具，即"橡皮擦工具""剪刀工具""美工刀"，如图 4-185 所示。"橡皮擦工具"可以擦除图形的局部；"剪刀工具"可以将一条路径、图形框架或空文本框架修剪为两条或多条路径；"美工刀"可以将一个对象以任意的分割线划分为各个构成部分的表面，其分割的方式可以非常随意，以光标移动的位置进行切割。

图 4-185

实例：使用"橡皮擦工具"制作App图标

扫一扫，看视频

文件路径	第4章\使用"橡皮擦工具"制作App图标
技术掌握	矩形工具、圆角矩形工具、橡皮擦工具、椭圆工具

实例说明

"橡皮擦工具" ◆ 可以快速地擦除图形的局部，而

且可以同时对多个图形进行操作。本案例使用"橡皮擦工具"将绘制好的图形中部分区域进行擦除制作出特殊的图形。

案例效果

案例效果如图 4-186 所示。

图 4-186

操作步骤

步骤 01 新建一个A4大小的空白文档。制作App图标的背景。选择工具箱中的"矩形工具"，绘制一个和画板等大的矩形，如图 4-187 所示。

图 4-187

步骤 02 为绘制的矩形填充渐变色。将图形选中，执行"窗口>渐变"命令，在弹出的"渐变"面板中编辑一个蓝色系的线性渐变，"渐变角度"为-90°，如图 4-188 所示。

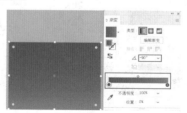

图 4-188

步骤 03 制作App图标。选择工具箱中的"圆角矩形工具"，设置"填充"为白色，"描边"为无。设置完成后在画面中间位置绘制一个正的圆角矩形，同时调整圆角的

中文版Illustrator 2022完全案例教程（微课视频版）

弧度，如图4-189所示。

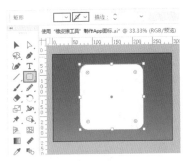

图4-189

步骤 04 为绘制的圆角矩形添加投影，增加立体效果。将图形选中，执行"效果>风格化>投影"命令，在弹出的"投影"窗口中设置"模式"为"正片叠底"，"不透明度"为30%，"X位移""Y位移"数值均为7mm，"模糊"为4mm。设置完成后单击"确定"按钮，如图4-190所示。此时效果如图4-191所示。

图4-190　　　　　　　图4-191

步骤 05 制作图标。选择工具箱中的"圆角矩形工具"，设置"填充"为白色，"描边"为无。设置完成后在画板外绘制一个圆角矩形并调整圆角的弧度，如图4-192所示。

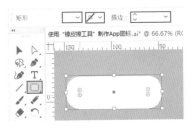

图4-192

步骤 06 将图形选中，执行"对象>封套扭曲>用变形建立"命令，在弹出的"变形选项"窗口中设置"样式"为"弧形"，"弯曲"为50%。设置完成后单击"确定"按钮，如图4-193所示。

步骤 07 此时，图形效果如图4-194所示。然后选择该

图形，将其复制一份以备后面操作使用。

图4-193　　　　　　　图4-194

步骤 08 对该图形的部分区域进行擦除。选择复制得到的图形，执行"对象>封套扭曲>扩展"命令将图形进行扩展，使该变形效果直接应用到图形上，如图4-195所示。

图4-195

步骤 09 选择该图形，双击工具箱中的"橡皮擦工具"按钮，在弹出的"橡皮擦工具选项"窗口中设置"角度"为100°，"圆度"为100%，"大小"为110pt。设置完成后单击"确定"按钮，如图4-196所示。

步骤 10 在图形左侧单击，将该区域的图形擦除，如图4-197所示。

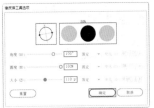
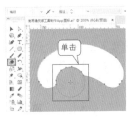

图4-196　　　　　　　图4-197

选项解读：橡皮擦工具

● 角度：用于设置橡皮擦的角度，当圆度数值为100%时，调整角度没有效果。而当设置了一定的圆度数值后，橡皮擦变为了椭圆形，则可以通过调整角度数值得到倾斜的擦除效果。
● 圆度：圆度数值用于控制橡皮擦笔尖的压扁程度，数值越大越接近正圆形，数值越小则越接近椭圆形。
● 大小：用于设置橡皮擦直径的大小，数值越大擦除的范围越大。

步骤 11 在 步骤 10 的操作基础上，继续在图形的右侧单击将该区域的图形擦除，如图4-198所示。

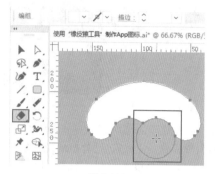

图 4-198

步骤 12 为制作完成的图形填充渐变色。选择该图形，将其移至白色圆角矩形上方，然后执行"窗口>渐变"命令，在弹出的"渐变"面板中编辑一个从橘色到洋红色的线性渐变，"渐变角度"为-33°，如图4-199所示。

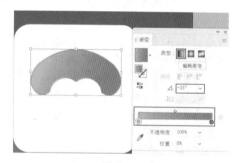

图 4-199

步骤 13 选择工具箱中的"椭圆工具"，设置"填充"为任意一种颜色，"描边"为无。设置完成后在渐变图形下方绘制一个正圆，如图4-200所示。

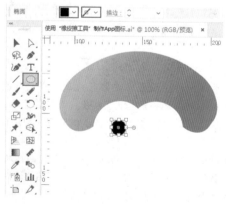

图 4-200

步骤 14 在"渐变"面板中将其填充为相同的渐变色，设置"渐变角度"为-90°，如图4-201所示。

图 4-201

步骤 15 将正圆复制一份，将复制得到的正圆向右移动，如图4-202所示。

步骤 16 继续使用"椭圆工具"绘制正圆，在"渐变"面板中将其填充为和背景色相同的蓝色系渐变，"渐变角度"为0°，效果如图4-203所示。

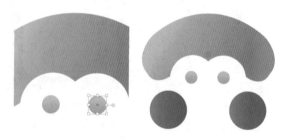

图 4-202   图 4-203

步骤 17 将之前复制的圆角矩形调整好大小放在画面中，并将其填充为洋红色渐变，如图4-204所示。

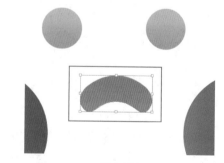

图 4-204

步骤 18 在该图形选中的状态下，执行"对象>变换>镜像"命令，在弹出的"镜像"窗口中选中"水平"单选按钮，然后单击"确定"按钮，如图4-205所示，此时本案例制作完成。效果如图4-206所示。

图 4-205　　　　　　　　图 4-206

提示："橡皮擦工具"的使用技巧

使用"橡皮擦工具"时按住Shift键可以沿水平、垂直或斜45°进行擦除，如图4-207所示。

使用"橡皮擦工具"时按住Alt键可以以矩形的方式进行擦除，如图4-208所示。

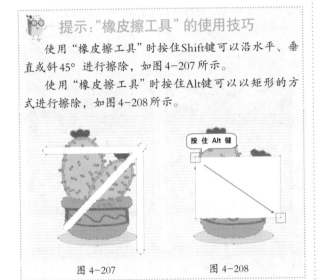

图 4-207　　　　　　　　图 4-208

实例：使用"剪刀工具"制作几何感背景

文件路径	第4章\使用"剪刀工具"制作几何感背景
技术掌握	矩形工具、剪刀工具、星形工具

扫一扫，看视频

实例说明

"剪刀工具"主要用于断开路径或将图形变为断开的路径，同时也可以将图形切断为多个部分，并且每部分都具有独立的填充和描边属性。本案例主要使用"剪刀工具"将完整的图形进行分割，然后再将其重新拼接制作几何感背景。

案例效果

案例效果如图4-209所示。

图 4-209

操作步骤

步骤 01 执行"文件>打开"命令，将素材1.ai打开，如图4-210所示。

图 4-210

步骤 02 制作最底部的背景。选择工具箱中的"矩形工具"，设置"填充"为深红色，"描边"为无。设置完成后按住Shift键的同时按住鼠标左键拖动绘制一个和画板等大的正方形，如图4-211所示。

步骤 03 将素材置入画面，丰富背景效果。执行"文件>置入"命令，将素材2.jpg置入画面。然后在控制栏中单击"嵌入"按钮，将素材嵌入画面，同时调整大小使其充满整个画板，如图4-212所示。

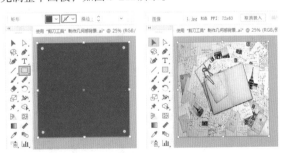

图 4-211　　　　　　　　图 4-212

步骤 04 此时，置入的素材将下方的矩形遮挡住了，需要将底部色彩显示出来。将素材选中，执行"窗口>透明度"命令，在弹出的"透明度"面板中设置"混合模式"为"正片叠底"，如图4-213所示。效果如图4-214所示。

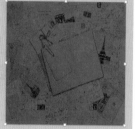

图4-213　　　　　　　　图4-214

步骤 05 制作几何感背景。首先使用"矩形工具"在素材上方绘制一个淡红色的正方形，如图4-215所示。然后将该红色正方形复制一份，将复制得到的图形放在画板外。

步骤 06 将在画板外的图形选中，将其"填充"设置为颜色稍深一些的红色。接着单击工具箱中的"剪刀工具"按钮，在图形上方边缘处单击，如图4-216所示。

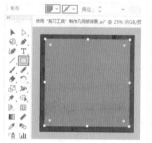

图4-215　　　　　　　　图4-216

步骤 07 在左侧边缘处继续单击，如图4-217所示。

步骤 08 在 步骤 07 的操作状态下，在图形的底部边缘处接着单击，此时三个点之间构成的区域形成了镂空，如图4-218所示。

图4-217　　　　　　　　图4-218

步骤 09 刚才的操作将一个完整的图形切分为三个具有

独立填充属性的图形，如图4-219所示。

步骤 10 使用同样的方法制作另外两种颜色的切分矩形。效果如图4-220所示。

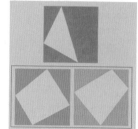

图4-219　　　　　　　　图4-220

步骤 11 将切分好的矩形移至画面中。将红色矩形的其中两个图形移至画面中，如图4-221所示。

步骤 12 将两个橘色矩形的部分图形交叉摆放在画面中，如图4-222所示。

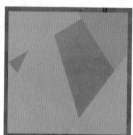

图4-221　　　　　　　　图4-222

步骤 13 继续使用该工具，将其他图形摆放在画面中。效果如图4-223所示。

步骤 14 通过操作，几何感背景制作完成，接着需要将人物素材置入画面。执行"文件>置入"命令，将人物素材置入画面，如图4-224所示。

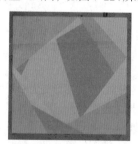

图4-223　　　　　　　　图4-224

步骤 15 在画面中绘制其他图形，丰富画面图形。选择工具箱中的"星形工具"，设置"填充"为黑色，"描边"为无。设置完成后在文档空白位置单击，在弹出

中文版Illustrator 2022完全案例教程（微课视频版）

的"星形"窗口中设置"半径1"为180px，"半径2"为150px，"角点数"为15。设置完成后单击"确定"按钮，如图4-225所示。效果如图4-226所示。

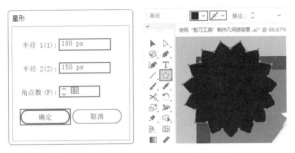

图 4-225   图 4-226

步骤 16 此时，绘制的图形有超出画板的部分，需要将其隐藏。使用"矩形工具"在星形图形上方绘制一个矩形，如图4-227所示。

步骤 17 加选矩形和星形，使用快捷键Ctrl+7创建剪切蒙版，将星形不需要的部分隐藏，如图4-228所示。

图 4-227   图 4-228

步骤 18 继续使用"矩形工具"在画面中下方位置绘制一个黑色的矩形，如图4-229所示。

图 4-229

步骤 19 对矩形的形状进行调整。使用"直接选择工具"将矩形右下角的锚点选中，按住鼠标左键向左水平拖动，

如图4-230所示。

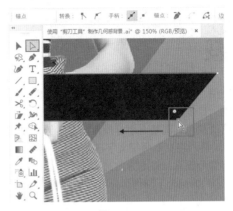

图 4-230

步骤 20 使用同样的方法对矩形的左下角进行相同的操作，如图4-231所示。

步骤 21 使用"选择工具"将该矩形进行旋转并适当地调整位置。效果如图4-232所示。

图 4-231   图 4-232

步骤 22 将在画板外的文字移至画面中，此时本案例制作完成。效果如图4-233所示。

图 4-233

实例：制作切分感海报

文件路径	第4章\制作切分感海报
技术掌握	矩形工具、"美工刀"工具

扫一扫,看视频

实例说明

使用"美工刀"工具可以将一个完整的图形进行任意切割,且每一个切分的对象都是独立的,可以进行删除、更改颜色、调整大小等操作。本案例主要使用"美工刀"工具,将上下两层文字进行切割,然后再将切分的文字部分删除,将下方的文字显示出来。同时在"直线段工具"的配合下制作切分感文字海报。

案例效果

案例效果如图4-234所示。

图 4-234

操作步骤

步骤 01 执行"文件>打开"命令,将素材1.ai打开,如图4-235所示。

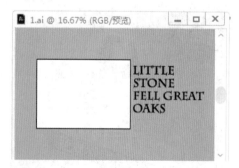

图 4-235

步骤 02 制作海报背景。选择工具箱中的"矩形工具",设置"填充"为淡灰色,"描边"为无。设置完成后绘制一个和画板等大的矩形,如图4-236所示。

图 4-236

步骤 03 使用"选择工具"将文字移至画面中,放在淡灰色矩形上方。在文字选中状态下使用快捷键Ctrl+C进行复制,然后使用快捷键Ctrl+F将其粘贴在前面,同时更改复制得到文字的填充色为粉色,如图4-237所示。

图 4-237

步骤 04 制作切分感文字。首先选择第一排文字,接着单击工具箱中的"美工刀"工具按钮,在文字外一侧按住Alt键并按住鼠标左键拖动至文字另外一侧,用直线进行切分,如图4-238所示。

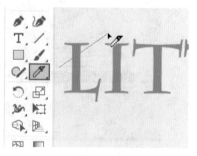

图 4-238

步骤 05 通过操作将文字分为两部分,如图4-239所示。接着单击工具箱中的"选择工具"按钮,选择切割出的

中文版Illustrator 2022完全案例教程（微课视频版）

小部分，按Delete键进行删除，将下方的黑色文字显示出来，如图4-240所示。

图4-239

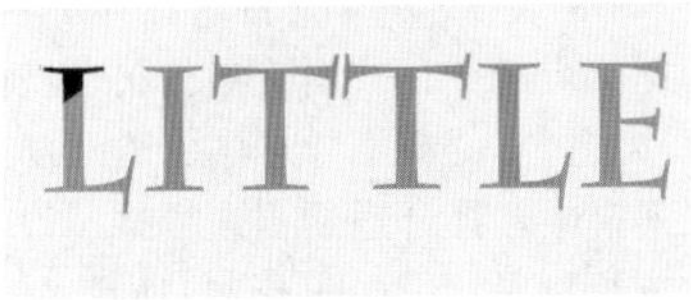

图4-240

步骤 06 继续处理第三个字母。加选这两种颜色的文字，使用"美工刀"工具在文字外一侧按住鼠标左键并拖动至文字另外一侧，将文字分为两部分，如图4-241所示。

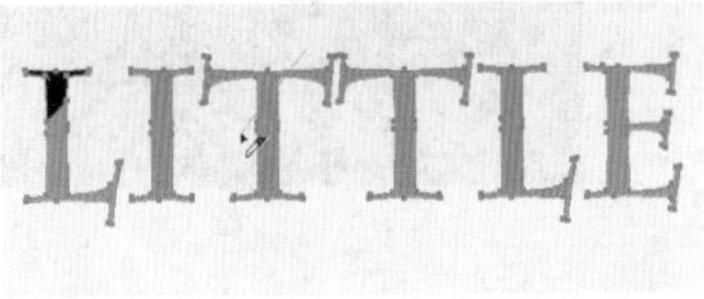

图4-241

步骤 07 使用"直接选择工具"依次选择被切割的部分，按Delete键先删除粉色部分，再删除黑色部分，如图4-242所示。

图4-242

步骤 08 继续使用同样的方法对第5个字母和第6个字母进行切分。效果如图4-243所示。

图4-243

步骤 09 使用同样的方法切割其他文字。效果如图4-244所示。

图4-244

步骤 10 在文字切割位置绘制直线，增强文字的切割效果。选择工具箱中的"直线段工具"，设置"填充"为无，"描边"为黑色，"粗细"为1pt。设置完成后在第一排文字左上角绘制一条路径，如图4-245所示。

图4-245

步骤 11 继续使用该工具在相应位置添加其他直线段路径，此时本案例制作完成。效果如图4-246所示。

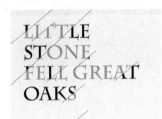

图4-246

4.7 透视图工具

利用Illustrator提供的透视图工具组，可以营造三维透视感，从而创建出带有真实透视感的对象。

在Illustrator中右击透视图工具组按钮，在弹出的工具组中可以看到"透视网格工具"和"透视选区工具"两个工具，如图4-247所示。

图4-247

使用"透视网格工具"可以在文档中定义或编辑一点透视、两点透视和三点透视空间关系的实用工具；使用"透视选区工具"能够在透视网格中加入对象、文本和符号以及在透视空间中移动、缩放和复制对象。

实例：使用透视网格制作立体标志

文件路径	第4章\使用透视网格制作立体标志
技术掌握	矩形工具、透视网格工具

扫一扫，看视频 **实例说明**

透视网格工具组可以营造出三维透视感，从而创造出带有真实透视感的对象。本案例主要使用该工具制作立体文字效果。

案例效果

案例效果如图4-248所示。

图4-248

操作步骤

步骤 01 执行"文件>打开"命令，将素材1.ai打开，如图4-249所示。

图4-249

步骤 02 制作标志背景。选择工具箱中的"矩形工具"，设置"填充"为黑色，"描边"为无。设置完成后绘制一个和画板等大的矩形，如图4-250所示。

步骤 03 使用"选择工具"将画板外的标志图形和白色

文字移至画面中，如图4-251所示。

图4-250　　　　　　　图4-251

步骤 04 选择工具箱中的"钢笔工具"，设置"填充"为无，"描边"为白色，"粗细"为4pt，在"变量宽度配置文件"下拉菜单中选择合适的描边样式。设置完成后在标志图形下方绘制形状，如图4-252所示。

图4-252

步骤 05 制作立体文字。单击工具箱中的"透视网格工具"按钮，将透视网格在画面中显示出来。从案例效果可以看出，只有红色的文字具有透视效果，而此时的透视网格充满整个画面，需要对其进行大小与位置的调整。将光标放在透视网格上方边缘的白色控制点上，按住鼠标左键向下拖动。然后使用同样的方法对下、左、右方向的控制点进行调整，如图4-253所示。

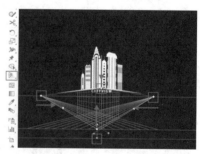

图4-253

步骤 06 加选两个红色文字，执行"对象>排列>置于顶层"命令将其移到画面的顶部。接着需要将画板外的文字放置到透视网格中。首先选择工具箱中的"透视选区工具"，接着在平面切换构件中单击"左侧网格平面"，

中文版Illustrator 2022完全案例教程（微课视频版）

然后在红色文字上方单击，此时按住鼠标左键将其向网格中拖动，如图4-254所示。

图4-254

步骤 07 释放鼠标后，文字自动产生透视效果，如图4-255所示。

图4-255

> **提示：释放透视对象**
>
> 执行"对象>透视>通过透视释放"命令，所选对象将从相关的透视平面中释放，透视效果将被去除，并可作为正常图稿再次加入到其他透视平面中。

步骤 08 继续使用"透视选区工具"在平面切换构件中单击"右侧网格平面"按钮，然后将第二组文字向网格中拖动，如图4-256所示。

图4-256

步骤 09 此时，立体文字制作完成，需要将透视网格关闭。选择工具箱中的"透视网格工具"或"透视选区工具"，单击平面切换构件左上角的叉号将透视网格关闭，如图4-257所示。效果如图4-258所示。

图4-257　　　　　　　图4-258

> **提示：如何关闭透视网格**
>
> 在单击了"透视网格工具"按钮后，画面中会出现透视网格。此时如果切换了其他工具，则无法通过单击平面切换构件左上角的"关闭"按钮隐藏网格。此时需要重新单击"透视网格工具"按钮，在使用"透视网格工具"的状态下可以单击平面切换构件左上角的"关闭"按钮隐藏透视网格，如图4-259所示。
>
>
>
> 图4-259

步骤 10 对立体文字的大小进行调整。首先依次加选两个立体文字；其次将光标放在定界框一角按住鼠标左键向外拖动适当地进行放大，如图4-260所示，此时本案例制作完成。效果如图4-261所示。

图4-260　　　　　　　图4-261

> **选项解读：透视网格**
>
> 单击工具箱中的"透视网格工具"按钮（快捷键为Shift+P），可以在画布中显示出透视网格，在网格上可以看到各个平面的网格控制点，调整控制点可以调整网格的形态，如图4-262所示。

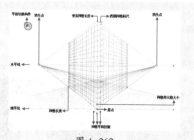

图 4-262

一旦进入使用"透视网格工具"进行编辑的状态，就相当于进入了一个"三维"空间。此时，在画面左上角将会出现平面切换构件，如图 4-263 所示。其中分为左侧网格平面、右侧网格平面、水平网格平面和无活动的网格平面 4 部分。在平面切换控件中单击每个平面，即可切换到相应的可操作的网格平面，如图 4-264 所示为选中左侧网格平面。

图 4-263　　　　图 4-264

4.8 形状生成器工具

"形状生成器工具"可以在多个重叠的图形之间快速得到新的图形。首先使用"选择工具"选中多个重叠的图形，如图 4-265 所示。

然后单击工具箱中的"形状生成器工具" 按钮（默认情况下，该工具处于合并模式），将光标移到图形上，光标显示为 ，如图 4-266 所示。

图 4-265　　　　图 4-266

单击即可得到这部分图形，如图 4-267 所示。

图 4-267

实例：使用"形状生成器工具"快速制作按钮图形

文件路径	第 4 章\使用"形状生成器工具"快速制作按钮图形
技术掌握	矩形工具、形状生成器工具

扫一扫，看视频

实例说明

"形状生成器工具"可以很方便地将若干个图形合并为一个图形。本案例使用该工具将两个图形合并为一个图形制作按钮图形。

案例效果

案例效果如图 4-268 所示。

图 4-268

操作步骤

步骤 01 新建一个 A4 大小的空白文档。首先制作背景，选择工具箱中的"矩形工具"，设置"填充"为绿色，"描边"为无。设置完成后绘制一个和画板等大的矩形，如图 4-269 所示。

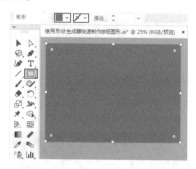

图 4-269

步骤 02 从案例效果可以看出，按钮由一个椭圆和一个不规则的形状组合而成。首先绘制椭圆，选择工具箱中的"椭圆工具"，设置"填充"为白色，"描边"为黑色，"粗细"为 5pt。设置完成后在画板外绘制椭圆，如图 4-270 所示。

步骤 03 选择工具箱中的"钢笔工具"，设置"填充"为白色，"描边"为黑色，"粗细"为 5pt。设置完成后绘制

中文版 Illustrator 2022 完全案例教程（微课视频版）

形状，如图4-271所示。

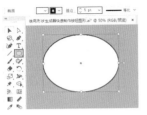

图4-270　　　　　　图4-271

步骤 04 此时，这两个图形处于分离状态，需要将其合并为一个图形。按住Shift键将两个图形选中，然后选择工具箱中的"形状生成器工具"，将光标放在椭圆上方按住鼠标左键向左下角拖动，如图4-272所示。

步骤 05 释放鼠标即可将这两个图形合并为一个图形。效果如图4-273所示。

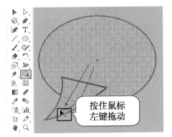

图4-272　　　　　　图4-273

步骤 06 继续使用"椭圆工具"在合并图形上方绘制一个正圆，如图4-274所示。

步骤 07 将该正圆复制三份，放在已有正圆右边位置。然后加选这4个正圆，在控制栏中单击"顶对齐""水平居中分布"按钮，设置对齐方式，如图4-275所示。

图4-274　　　　　　图4-275

步骤 08 将绘制的4个正圆从合并图形中减去，制作镂空效果。框选所有图形，执行"窗口>路径查找器"命令，在弹出的"路径查找器"面板中单击"减去顶层"按钮，如图4-276所示，将顶层图形从底部图形中减去。效果如图4-277所示。

图4-276　　　　　　图4-277

步骤 09 通过操作，按钮图形制作完成，接下来需要为其填充颜色。使用"选择工具"将该图形移至画面中，并将"填充"设置为深灰色，"描边"为无，如图4-278所示。

图4-278

步骤 10 选择该图形，使用快捷键Ctrl+C将其复制一份，使用快捷键Ctrl+F将其粘贴到前面。接着选择复制得到的图形，执行"窗口>渐变"命令，在弹出的"渐变"面板中编辑一个从白色到浅灰色的线性渐变，"渐变角度"为0°，如图4-279所示。

图4-279

步骤 11 在渐变矩形选中的状态下，将其向左上角移动一些，将下方的图形显示出来，呈现出立体效果，此时本案例制作完成。效果如图4-280所示。

图4-280

扫码看本章介绍　　扫码看基础视频

对象变换

本章内容简介：

　　本章主要讲解三部分内容：选择、变换与封套扭曲。对于图形的选择，除了使用"选择工具"选中对象整体、使用"直接选择工具"选中对象局部锚点，还能够使用"编组'选择工具'""魔棒工具""套索工具"进行选择。图形的变换同样有多种方式。例如，可以使用工具进行变换，可以执行相应命令进行变换，还可以通过"变换"面板进行精确的变换，操作方法也很灵活。其中，对图形的移动、旋转、缩放是变换操作，对图形的扭曲、斜切、封套扭曲是变形操作。

重点知识掌握：

- 掌握多种选择方式。
- 掌握多种变换操作的方法。
- 学会封套扭曲的创建与编辑方法。

通过本章学习，我能做什么？

　　通过本章的学习，能够掌握图形对象的选择与变换方法。在对图形进行移动、旋转、缩放等多种变换操作的同时，还可以进行复制操作。此外，还能够以一个变换操作作为规律进行再次变换。这样一来，在制作一些平铺纹理时就比较方便了。

优秀作品欣赏

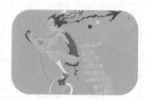

5.1 方便、快捷的选择方式

在前面的章节中讲解了"选择工具"与"直接选择工具"的使用方法，这两个工具可以用于选择对象或路径上的锚点。除此之外，Illustrator中还提供了另外几种"选择工具"，可以方便、快捷地选择文档中的对象。

扫一扫，看视频

实例：快速地选择部分图形并更改颜色

文件路径	第5章\快速地选择部分图形并更改颜色
技术掌握	选择工具、编组"选择工具"、魔棒工具

扫一扫，看视频

实例说明

如果是编组的对象，使用"选择工具"单击进行选择，选中的会是这个图形组。在不解除编组的情况下，可以使用"编组'选择工具'"进行操作。"魔棒工具"可以快速地将整个文档中属性相近的对象同时选中。"套索工具"也是一种"选择工具"，它不仅能够选择图形对象，而且能够选择锚点或路径。

案例效果

案例效果如图5-1所示。

图 5-1

操作步骤

步骤 01 执行"文件>打开"命令，将素材1.ai打开，如果想要更改画面中箭头的颜色，首先需要选中该对象。使用"选择工具"单击该对象，会发现当前箭头图形位于一个图层组中，无法直接进行选择，如图5-2所示。

图 5-2

步骤 02 但"编组'选择工具'"可以在不解除编组的状态下选择编组中的某个对象。单击工具箱中的"编组'选择工具'"，接着在画面中单击该图形，即可选中该图形，如图5-3所示。

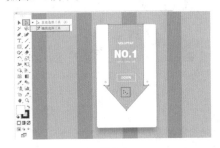

图 5-3

步骤 03 为所选的图形更改填充，执行"窗口>渐变"命令，打开"渐变"面板，设置一种紫色系的渐变，如图5-4所示。效果如图5-5所示。

图 5-4　　　　　　图 5-5

步骤 04 更改背景中的灰色图形的颜色。由于背景中有多个相同颜色的图形，使用"魔棒工具"可以通过单击其中一个图形后，快速选中相同颜色的几个图形，如图5-6所示。

图 5-6

步骤 05 更改填充颜色，可以看到被选中的图形颜色发生了更改，此时本案例制作完成。效果如图5-7所示。

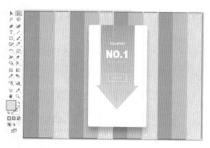

图 5-7

图 5-8

选项解读：常用的"选择"命令

- 选择全部对象：执行"选择>全部"命令（快捷键为Ctrl+A），可以选择文档中所有未被锁定的对象。
- 取消选择：执行"选择>取消选择"命令（快捷键为Shift+Ctrl+A）。此外，可以取消选择所有对象，也可以在画面没有对象的空白区域中单击取消。
- 重新选择：执行"选择>重新选择"命令（快捷键为Ctrl+6），可以恢复选择上次所选的对象。
- 选择所有未选中的对象：执行"选择>反向"命令，当前被选中的对象将被取消选中，未被选中的对象将会被选中。
- 选择层叠对象：要选择所选对象上方或下方距离最近的对象，可以执行"选择>上方的下一个对象"或"选择>下方的下一个对象"命令。
- 选择具有相同属性的对象：若要选择具有相同属性的所有对象，选择一个具有所需属性的对象，然后执行"选择>相同"命令，在弹出的子菜单中选择一种属性，如"外观""外观属性""混合模式""填色和描边""填充颜色""不透明度""描边颜色""描边粗细""图形样式""形状""符号实例""链接块系列"。

5.2 使用工具变换对象

在制图过程中，经常需要对画面中的部分元素进行移动、旋转、缩放、倾斜、镜像等操作。Illustrator提供了多种用于变换的工具，如图5-8所示。使用这些工具时，不仅能够通过按住鼠标左键拖动的方式进行变换，而且能够打开相应的变换窗口，通过设置精确的数值进行变换。

实例：精准移动位置制作详情页

文件路径	第5章\精准移动位置制作详情页
技术掌握	矩形工具、选择工具

扫一扫，看视频

实例说明

工具箱中的"选择工具"能够选择、移动对象，是一个常用的工具，但是在正常的操作过程中一般只是粗略地调整位置。如果要精准移动对象的位置，可以在"移动"窗口中进行相应数值的设置，从而实现精准地移动对象。本案例主要是通过在"移动"窗口中设置具体的数值对绘制对象的位置进行精准移动制作详情页。

案例效果

案例效果如图5-9所示。

图 5-9

操作步骤

步骤 01 执行"文件>打开"命令，将素材1.ai打开，如图5-10所示。

步骤 02 制作背景。选择工具箱中的"矩形工具"，设置"填充"为淡灰色，"描边"为无。设置完成后绘制一个和画板等大的矩形，如图5-11所示。

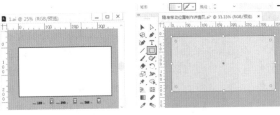

图5-10　　　　　　　　图5-11

步骤03 使用该工具绘制一个白色矩形，如图5-12所示。

步骤04 对矩形精准地进行移动。首先将白色矩形选中，双击工具箱中的"选择工具"按钮，在弹出的"移动"窗口中设置"水平"为90mm，"垂直"为0mm，"距离"为90mm，"角度"为0°。设置完成后单击"复制"按钮，如图5-13所示。

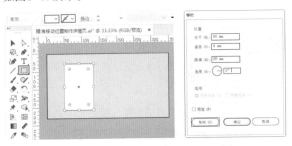

图5-12　　　　　　　　图5-13

步骤05 此时，即可将白色矩形精准地移动并复制。效果如图5-14所示。

步骤06 在**步骤05**的操作基础上，执行"对象>再次变换"命令（快捷键为Ctrl+D），将矩形按照之前设置的数值再次移动并复制一份。效果如图5-15所示。

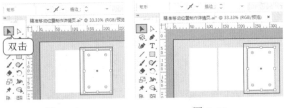

图5-14　　　　　　　　图5-15

步骤07 将素材置入画面。执行"文件>置入"命令，将素材2.jpg置入画面。调整大小放在画面中最左边的白色矩形上方，如图5-16所示。

步骤08 继续置入素材，将其放在另外两个白色矩形上方。效果如图5-17所示。

图5-16　　　　　　　　图5-17

步骤09 使用"选择工具"将在画板外的文字移至画面中，放在白色矩形下方位置，此时本案例制作完成。效果如图5-18所示。

图5-18

实例：使用"旋转工具"制作标志

文件路径	第5章\使用"旋转工具"制作标志
技术掌握	直接选择工具、旋转工具

扫一扫，看视频

实例说明

使用工具箱中的"旋转工具"能够将一个对象以一个中心点进行任意角度的旋转。本案例需要先制作一个基础图形，然后使用"旋转工具"以一个指定的中心点进行旋转并复制，最后组合成一个花朵图形。

案例效果

案例效果如图5-19所示。

图5-19

操作步骤

步骤01 执行"文件>打开"命令，将素材1.ai打开，如图5-20所示。

图 5-20

步骤 02 制作标志的背景。选择工具箱中的"矩形工具"，设置"填充"为浅绿色，"描边"为无。设置完成后绘制一个和画板等大的矩形，如图 5-21 所示。

步骤 03 制作标志。花瓣的叶片是在椭圆形基础上变形得到的。选择工具箱中的"椭圆工具"，设置"填充"为洋红色，"描边"为无。设置完成后在画面中绘制椭圆，如图 5-22 所示。

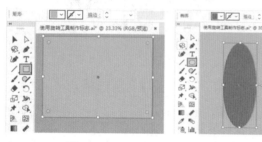

图 5-21   图 5-22

步骤 04 使用"直接选择工具"将椭圆底部的锚点选中，然后在控制栏中单击"将所选锚点转换为尖角"按钮，即可将椭圆的圆角转换为尖角，如图 5-23 所示。

步骤 05 在旋转操作中，中心点是一个很重要的概念，中心点是指旋转中心。选中图形，单击工具箱中的"旋转工具"，图形中间位置出现一个青色图标，这便是中心点，如图 5-24 所示。

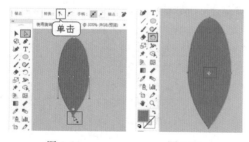

图 5-23   图 5-24

> **提示：更改旋转中心点**
>
> 在使用"旋转工具"的状态下单击，即可更改中心

点位置，如图 5-25 所示。

如果不更改中心点的位置，此时在图形上方按住鼠标左键拖动即可进行旋转，如图 5-26 所示。

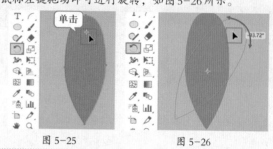

图 5-25   图 5-26

步骤 06 因为要以图形底部为中心点进行旋转，所以需要更改中心点的位置。选中图形，然后选择"旋转工具"。按住 Alt 键在图形底部位置单击，将中心点定位在图形的底部，如图 5-27 所示。

步骤 07 此时，会弹出"旋转"窗口，接着设置旋转"角度"为 30°。设置完成后单击"复制"按钮，如图 5-28 所示。

图 5-27   图 5-28

步骤 08 即可将图形以中心点进行旋转并复制。效果如图 5-29 所示。

步骤 09 在当前旋转状态下，执行"对象>变换>再次变换"命令（快捷键为 Ctrl+D），将图形再次进行旋转并复制，如图 5-30 所示。

图 5-29   图 5-30

中文版 Illustrator 2022 完全案例教程（微课视频版）

步骤 10 多次使用快捷键Ctrl+D，不断重复**步骤** 09 在的操作。效果如图5-31所示。

步骤 11 对旋转得到的各个图形进行填充色的更改。效果如图5-32所示。

图 5-31　　　　　　图 5-32

步骤 12 标志图形制作完成，接着使用"选择工具"将在画板外的文字移至画面中，放在图形下方位置，此时本案例制作完成。效果如图5-33所示。

图 5-33

提示：以45°为增量进行旋转

在旋转过程中按住Shift键进行拖动，可以锁定旋转的角度为45°的倍值。例如，旋转90°、旋转135°、旋转180°等。

实例：使用镜像功能制作倒影

文件路径	第5章使用镜像功能制作倒影
技术掌握	镜像工具、"透明度"面板

扫一扫，看视频

实例说明

"镜像工具" ▷◁ 能够以一个不可见轴翻转对象。使用"镜像工具"能够制作对称的图形，或者将对象进行垂直或水平方向的翻转。使用镜像功能制作倒影是非常经典的案例。本案例首先使用"镜像工具"将按钮进行上下翻转并复制；然后通过"透明度"蒙版制作倒影的渐隐效果。

案例效果

案例效果如图5-34所示。

图 5-34

操作步骤

步骤 01 新建一个大小合适的空白文档。制作背景，选择工具箱中的"矩形工具"，设置"填充"为任意一种颜色，"描边"为无。设置完成后绘制一个和画板等大的矩形，如图5-35所示。

图 5-35

步骤 02 为绘制的矩形填充渐变色。将矩形选中，执行"窗口>渐变"命令，在弹出的"渐变"面板中单击"填充"按钮使其置于前方，然后编辑一个从白色到浅灰色的径向渐变，"渐变角度"为0°，"长宽比"为100%，如图5-36所示。

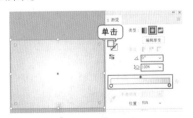

图 5-36

步骤 03 执行"文件>打开"命令，将素材1.ai打开，然后选择按钮素材，使用快捷键Ctrl+C进行复制，然后回到操作的文档中，使用快捷键Ctrl+V进行粘贴，然后将按钮移动到画面中心位置，如图5-37所示。

139

步骤 04 制作按钮的倒影。将按钮选中，执行"对象>变换>镜像"命令，在弹出的"镜像"窗口中选中"水平"单选按钮，然后单击"复制"按钮，如图5-38所示。

图 5-37　　　　　　　图 5-38

步骤 05 此时，图形效果如图5-39所示。

步骤 06 在复制得到的按钮选中的状态下，将其向下移动，如图5-40所示。

图 5-39　　　　　　　图 5-40

步骤 07 在实际的倒影中，距离物体越近倒影显示越清晰，越远则越透明。在Illustrator中进行倒影的制作就需要借助"透明度"蒙版的遮挡关系，黑色可以将物体全部遮盖，灰色处于半透明状态，白色则为全显示。所以本案例中要制作逐渐隐藏的倒影就需要有一个上白下黑的渐变图形放置在倒影按钮上方。使用"矩形工具"在倒置的按钮上方绘制图形，然后在"渐变"面板中编辑一个从白色到黑色的线性渐变，"渐变角度"为-90°，如图5-41所示。

图 5-41

步骤 08 按住Shift键依次加选倒置的按钮和渐变矩形，接着执行"窗口>透明度"命令，在弹出的"透明度"面板中单击"制作蒙版"按钮，如图5-42所示。

步骤 09 为按钮添加蒙版后，按钮出现了逐渐隐藏的效果，此时本案例制作完成。效果如图5-43所示。

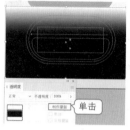

图 5-42　　　　　　　图 5-43

实例：使用"镜像工具"制作星星树

文件路径	第5章\使用"镜像工具"制作星星树
技术掌握	星形工具、镜像工具

扫一扫，看视频

实例说明

在平面设计中，对称构图非常常见。对称构图能给人一种平衡、协调的美感。本案例就是将星形图形进行对称并复制，制作出对称构图的标志设计。

案例效果

案例效果如图5-44所示。

图 5-44

操作步骤

步骤 01 新建一个大小合适的空白文档。选择工具箱中的"矩形工具"，设置"填充"为深蓝色，"描边"为无。设置完成后绘制一个和画板等大的矩形，如图5-45所示。

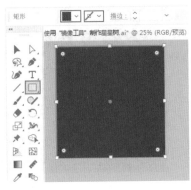

图 5-45

步骤 02 制作星星树。首先制作树桩，选择工具箱中的"钢笔工具"，设置"填充"为蓝色，"描边"为无。设置完成后在画面中绘制形状，如图5-46所示。

图 5-46

步骤 03 制作星星。选择工具箱中的"星形工具"，设置"填充"为蓝色，"描边"为无。设置完成后在树桩形状上方按住Shift键的同时按住鼠标左键拖动绘制一个正的五角星，如图5-47所示。

图 5-47

步骤 04 使用该工具继续绘制星形，如图5-48所示。

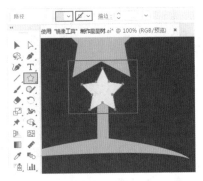

图 5-48

步骤 05 从案例效果可以看出，星星树左右两侧的星形是对称的，所以只要将一侧的星形绘制出来再通过对称的方式就可以制作出另一侧的图形。继续使用"星形工具"，在画面的左侧绘制一些大小不一的星形。效果如图5-49所示。

步骤 06 将左侧绘制的星形选中，使用"编组"快捷键Ctrl+G进行编组。然后执行"对象>变换>镜像"命令，在弹出的"镜像"窗口中选中"垂直"单选按钮，然后单击"复制"按钮，如图5-50所示。

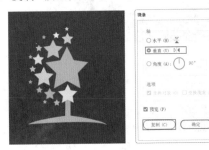

图 5-49   图 5-50

步骤 07 将复制的图形平移到星星树的右侧，如图5-51所示。

步骤 08 将素材1打开，然后将文字复制后粘贴到操作文档中，移动到星星树下方。案例完成效果如图5-52所示。

图 5-51   图 5-52

实例：制作倾斜的版面

文件路径	第5章\制作倾斜的版面
技术掌握	倾斜工具

扫一扫，看视频

实例说明

使用"倾斜工具"可以将所选对象沿水平方向或垂直方向进行倾斜处理，也可以按照特定角度的轴向进行倾斜操作。本案例是将矩形进行倾斜操作，制作出相同倾斜角度的平行四边形。

案例效果

案例效果如图5-53所示。

图 5-53

操作步骤

步骤 01 新建一个大小合适的空白文档。选择工具箱中的"矩形工具"，设置"填充"为黄色，"描边"为无。设置完成后绘制一个和画板等大的矩形，如图5-54所示。

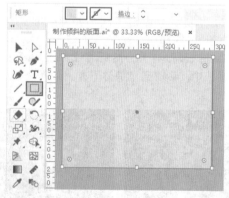

图 5-54

步骤 02 继续使用该工具绘制其他颜色的矩形。效果如图5-55所示。

图 5-55

步骤 03 在黑色和白色矩形选中的状态下，双击工具箱中的"倾斜工具"，在弹出的"倾斜"窗口中设置"倾斜角度"为30°。设置完成后单击"确定"按钮，如图5-56所示。此时画面效果如图5-57所示。

图 5-56　　　　　　　图 5-57

步骤 04 选择工具箱中的"椭圆工具"，设置"填充"为土黄色，"描边"为无。设置完成后在画面左侧按住Shift键的同时按住鼠标左键拖动绘制一个正圆，如图5-58所示。

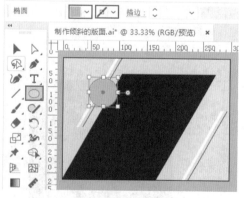

图 5-58

步骤 05 继续使用该工具绘制另外两个小的白色正圆。效果如图5-59所示。

中文版Illustrator 2022完全案例教程（微课视频版）

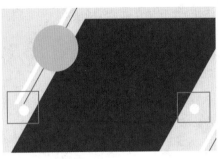

图 5-59

步骤 06 在白色正圆上方绘制形状。选择工具箱中的"钢笔工具"，在控制栏中设置"填充"为无，"描边"为土黄色，"粗细"为1pt。设置完成后绘制形状，如图 5-60 所示。

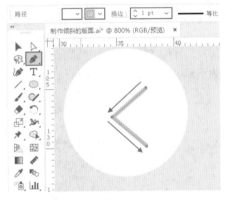

图 5-60

步骤 07 选择绘制的形状，执行"对象>变换>镜像"命令，在弹出的"镜像"窗口中选中"垂直"单选按钮，接着单击"复制"按钮，如图 5-61 所示。

步骤 08 将复制得到的图形向右移动，放置在另外一个白色正圆上方，如图 5-62 所示。

图 5-61   图 5-62

步骤 09 使用"选择工具"将画板外的文字移至画面中，并适当地调整位置。效果如图 5-63 所示。

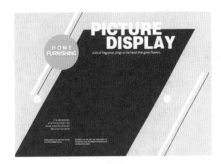

图 5-63

步骤 10 将素材置入画面。执行"文件>置入"命令，将素材2.jpg置入画面，如图 5-64 所示。

图 5-64

步骤 11 使用"矩形工具"，在家居素材图片的顶部位置绘制一个灰色的矩形条，此时本案例制作完成。效果如图 5-65 所示。

图 5-65

案例秘诀：

　　在制作多个倾斜角度相同的平行四边形时，如果使用"钢笔工具"进行绘制，那么很难保证其倾斜角度是相同的。在本案例中，首先绘制多个矩形；然后将矩形加选后同时进行倾斜，这样制作出来的平行四边形倾斜角度相同，并且省时省力。

实例：使用"自由变换工具"制作三折页展示效果

扫一扫，看视频

文件路径	第5章\使用"自由变换工具"制作三折页展示效果
技术掌握	自由变换工具、"投影"命令

实例说明

使用"自由变换工具"可以很方便地将制作好的平面图制作成带有透视感的立体展示效果。常用于画册、包装、名片等设计作品的展示效果的制作。

案例效果

案例效果如图5-66所示。

图5-66

操作步骤

步骤 01 执行"文件>打开"命令，将素材1.ai打开，如图5-67所示。

步骤 02 将制作折页的模型素材置入画面。执行"文件>置入"命令，将素材2.jpg置入画面，调整大小使其充满整个画板。然后选择该素材，执行"对象>排列>置于底层"命令将其置于整个画面的最下方，如图5-68所示。

图5-67　　　　　　　　图5-68

步骤 03 制作折页的立体展示效果。选择平面图的其中

一页，将其向上移动，如图5-69所示。

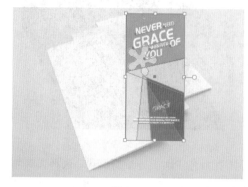

图5-69

步骤 04 对该平面图进行自由变换，使其与素材中的折页模型外观相吻合制作立体展示效果。将平面图选中，执行"对象>扩展外观"命令，接着执行"对象>扩展"命令，在弹出的"扩展"窗口中单击"确定"按钮，如图5-70所示。将效果图中未创建轮廓的文字及描边全部转化为图形。效果如图5-71所示。

图5-70　　　　　　　　图5-71

提示：哪些对象不能使用"自由变换工具"进行扭曲

在使用"自由变换工具"进行扭曲变形时，有一些特殊对象是无法正常进行透视扭曲和自由变换的，比如，未创建轮廓的文字和像素图片。因此，在对一组对象进行自由变换时，要注意组中是否有未被正确变换的对象。

步骤 05 在当前状态下，选择工具箱中的"自由变换工具"，在弹出的工具组中单击"自由变换"按钮，接着将光标放在定界框一角，按住鼠标左键将平面图进行旋转，如图5-72所示。

中文版Illustrator 2022完全案例教程（微课视频版）

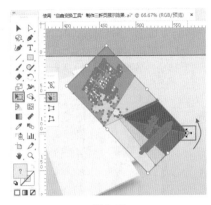

图 5-72

步骤 06 单击"自由扭曲"按钮，将光标放在定界框一角，按住鼠标左键向右下角拖动，使其与素材中折页模型的边缘顶点对齐，如图 5-73 所示。

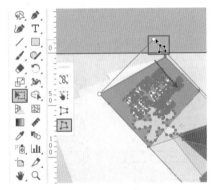

图 5-73

步骤 07 在当前状态下，继续对其他的顶点进行调整，使平面图与折页模型的边缘相吻合，如图 5-74 所示。

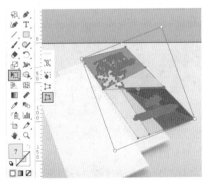

图 5-74

步骤 08 为变换完成的平面图添加投影，增加效果的立体感。将平面图选中，执行"效果风格化>投影"命令，在弹出的"投影"窗口中设置"模式"为"正片叠底"，

"X位移""Y位移"数值均为2.5mm，"模糊"为2mm，"颜色"为黑色，如图 5-75 所示。

步骤 09 设置完成后单击"确定"按钮。效果如图 5-76 所示。

图 5-75　　　　　　　　图 5-76

步骤 10 选择制作好的第一个部分，使用快捷键Ctrl+C进行复制，使用快捷键Ctrl+V进行粘贴，然后向左下移动，如图 5-77 所示。

步骤 11 再次使用"自由变换工具"对其进行变换，使其符合透视规律，如图 5-78 所示。

图 5-77　　　　　　　　图 5-78

步骤 12 使用同样的方法制作最后一个封面展示效果。案例完成效果如图 5-79 所示。

图 5-79

5.3 变换对象

　　使用"变换"面板可以直接对图形进行精准的移动、缩放、旋转、倾斜和翻转等变换操作。对图形进行过一次变换后，会形成一个变换"规律"，根据这个"规律"

可以使用"再次变换"命令重复执行上一次的变换操作。这对于制作大量相同图形规律变换的效果非常便利。

实例：使用变换制作花纹图案

扫一扫，看视频

文件路径	第5章\使用变换制作花纹图案
技术掌握	变换、移动复制、对齐与分布

实例说明

在进行设计的过程中，使用"变换"命令可以很方便地对图形进行对称、旋转等操作，本案例就是使用该命令对单个图形进行对称与旋转，制作出一个完整的花纹，并通过多次复制制作出平铺花纹效果。

案例效果

案例效果如图5-80所示。

图5-80

操作步骤

步骤 01 执行"文件>打开"命令，将素材1.ai打开，如图5-81所示。

步骤 02 制作背景。选择工具箱中的"矩形工具"，设置"填充"为青色，"描边"为无。设置完成后绘制一个和画板等大的矩形，如图5-82所示。选择该图形，右击执行"排列>置于底层"命令。

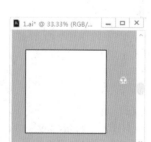

图5-81

图5-82

步骤 03 选择在画板外的花纹，执行"对象>变换>镜像"命令，在弹出的"镜像"窗口中选中"水平"单选按钮，然后单击"复制"按钮，如图5-83所示。然后将复制得到的图形向上移动。效果如图5-84所示。

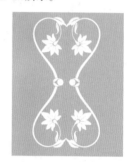

图5-83　　　　　　　　图5-84

步骤 04 框选这两个花纹，执行"对象>变换>旋转"命令，在弹出的"旋转"窗口中设置"角度"为90°，然后单击"复制"按钮，如图5-85所示。效果如图5-86所示。框选4个花纹，使用快捷键Ctrl+G将其编组。

图5-85　　　　　　　　图5-86

步骤 05 选择编组后的图形组，将其放置在青色矩形的左上角位置。然后将光标放在图形上，按住Alt键的同时向右拖动，如图5-87所示。

步骤 06 释放鼠标即可完成图形的复制，如图5-88所示。

图5-87　　　　　　　　图5-88

步骤 07 使用同样的方法继续进行图形的复制。然后按住Shift键依次加选各个图形，单击"顶对齐""水平居中分布"按钮，使图形均匀地排列在一行，如图5-89所示。

步骤 08 继续复制5个图形，将其放在第一排下方位置，并设置相应的对齐方式。效果如图5-90所示。

中文版Illustrator 2022完全案例教程（微课视频版）

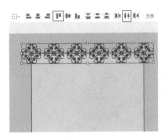

图 5-89　　　　　　　　　　图 5-90

步骤 09 加选两排所有的图形，可以按住快捷键Alt+Shift向下拖动，进行垂直方向的平移并复制。效果如图5-91所示。

步骤 10 继续将花纹进行复制，复制完成后加选图形使用快捷键Ctrl+G进行编组，如图5-92所示。

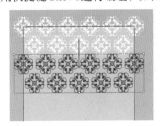

图 5-91　　　　　　　　　　图 5-92

步骤 11 此时，花纹制作完成，但有超出画板的部分，需要将其隐藏。使用"矩形工具"在画面最上方绘制一个和画板等大的矩形，如图5-93所示。

步骤 12 加选花纹和白色矩形，使用快捷键Ctrl+7创建剪切蒙版，将花纹不需要的部分隐藏。此时本案例制作完成。效果如图5-94所示。

图 5-93　　　　　　　　　　图 5-94

实例：巧用变换制作旋涡彩点视觉效果

文件路径	第5章\巧用变换制作旋涡彩点视觉效果
技术掌握	旋转工具、"分别变换"命令

扫一扫，看视频

实例说明

本案例首先使用"椭圆工具"绘制正圆；其次使用"旋转工具"将绘制的图形进行旋转使其呈现出一个圆环效果；最后执行"分别变换"命令，对图形进行分别变换制作出旋涡彩点视觉效果。

案例效果

案例效果如图5-95所示。

图 5-95

操作步骤

步骤 01 执行"文件>打开"命令，将素材1.ai打开，如图5-96所示。案例效果中标志图形呈现一个旋涡状态，看起来很复杂，但其实是由若干个不同颜色的小正圆通过变换得到的，首先需要将原始的小正圆绘制出来。

步骤 02 选择工具箱中的"椭圆工具"，设置"填充"为粉红色，"描边"为无。设置完成后按住Shift键的同时按住鼠标左键拖动绘制正圆，如图5-97所示。

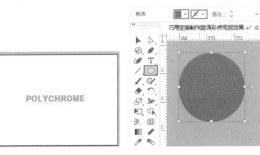

图 5-96　　　　　　　　　　图 5-97

步骤 03 将绘制的正圆进行旋转，使其呈现出一个圆环的效果。将正圆选中，选择工具箱中的"旋转工具"，按住Alt键在下方空白位置单击定位中心点，如图5-98所示。

步骤 04 在弹出的"旋转"窗口中设置"角度"为10°。设置完成后单击"复制"按钮，如图5-99所示。

图 5-98 图 5-99

步骤 05 此时会复制得到一个正圆，如图 5-100 所示。

步骤 06 在选择第二个正圆的状态下，多次按快捷键 Ctrl+D 将正圆进行多次复制并旋转，使其呈现出一个大的圆环效果，如图 5-101 所示。

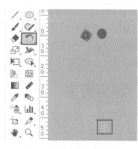
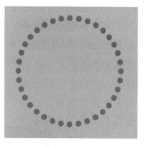

图 5-100 图 5-101

步骤 07 再对各个小的正圆设置不同的颜色。效果如图 5-102 所示。框选所有的正圆，使用快捷键 Ctrl+G 将其编组。

步骤 08 选择编组后的图形组，执行"对象>变换>分别变换"命令，在弹出的"分别变换"窗口中设置"水平""垂直"缩放为90%，旋转"角度"为12°。设置完成后单击"复制"按钮，如图 5-103 所示。

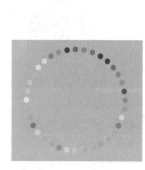

图 5-102 图 5-103

步骤 09 此时图形效果如图 5-104 所示。

步骤 10 多次使用快捷键 Ctrl+D 重复之前的操作，就会

得到旋涡彩点视觉效果，如图 5-105 所示。

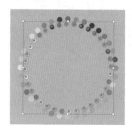
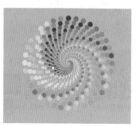

图 5-104 图 5-105

步骤 11 使用"选择工具"将其移至画面中，调整图形与文字的位置，此时本案例制作完成。效果如图 5-106 所示。

图 5-106

实例：使用再次变换制作重复构成的标志

文件路径	第5章\使用再次变换制作重复构成的标志
技术掌握	旋转工具、再次变换

扫一扫，看视频

实例说明

使用 AI 软件进行操作时，每次进行的移动、缩放、旋转等变换操作，软件都会自动记录最新一次的变换操作。接着执行"再次变换"命令时，就能够以最新一次的变换操作方式作为规律进行再次变换。这就给操作带来了极大的便利，同时执行该命令可以制作出丰富多彩的效果。

本案例首先使用"文字工具"在画面中单击输入一个字母作为变换对象；其次使用"旋转工具"将文字以固定的中心点进行45°的旋转，然后多次执行"再次变换"命令，重复上一步的操作制作重复构成的标志。

案例效果

案例效果如图 5-107 所示。

中文版Illustrator 2022完全案例教程（微课视频版）

图 5-107

操作步骤

步骤 01 执行"文件>打开"命令，将素材1.ai打开，如图5-108所示。

图 5-108

步骤 02 制作背景。选择工具箱中的"矩形工具"，设置"填充"为黑色，"描边"为无。设置完成后绘制一个和画板等大的矩形，如图5-109所示。

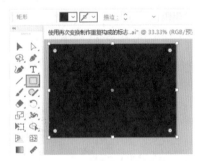

图 5-109

步骤 03 制作标志图形。首先将字母A移到画面中，如图5-110所示。

图 5-110

步骤 04 执行"对象>变换>镜像"命令，选中"水平"单选按钮，单击"确定"按钮，如图5-111所示。并将该文字适当地向上移动。

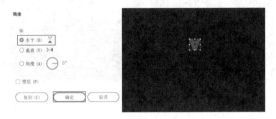

图 5-111

步骤 05 在文字选中的状态下，选择工具箱中的"旋转工具"，按住Alt键的同时将中心点向下拖动，如图5-112所示。

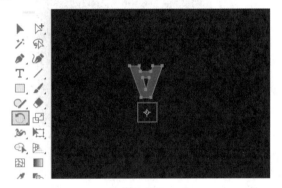

图 5-112

步骤 06 释放鼠标后在弹出的"旋转"窗口中设置旋转"角度"为45°。设置完成后单击"复制"按钮，如图5-113所示。

步骤 07 此时得到第二个字母，如图5-114所示。

图 5-113　　　　　　图 5-114

步骤 08 在选中第二个字母的状态下，执行"对象>变换>再次变换"命令（快捷键为Ctrl+D）重复上一步的操作，如图5-115所示。

步骤 09 多次执行该命令或使用快捷键Ctrl+D进行图形的旋转复制。效果如图5-116所示。

中文版Illustrator 2022完全案例教程（微课视频版）

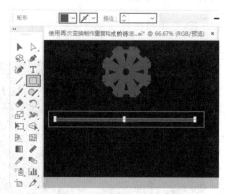

图 5-115　　　　　图 5-116

步骤 10 标志图形制作完成。接着使用"矩形工具"在图形下方绘制一个红色的矩形条，如图5-117所示。

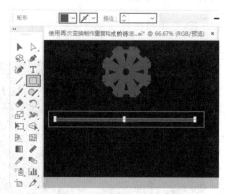

图 5-117

步骤 11 使用"选择工具"将在画板外的文字移至画面中，同时注意调整顺序将文字放置在红色矩形条上方位置，此时本案例制作完成。效果如图5-118所示。

图 5-118

5.4 封套扭曲

扫一扫，看视频

所谓"封套"功能，就像饼干的"模具"，图形就像"面团"，把面团放在模具中，面团就有了模具的形状。在Illustrator中，将图形放在特定的封套中并对封套进行变形，

图形展现出来的外观也会发生变化；而一旦去除了封套，对象本身的形态还会恢复到之前的效果。

在Illustrator中建立封套主要有三种方式：第一种是用变形建立；第二种是用网格建立；第三种是用顶层对象建立，如图5-119所示。

图 5-119

实例：使用封套变形功能制作弯曲文字

文件路径	第5章\使用封套变形功能制作弯曲文字
技术掌握	"用变形建立"命令

扫一扫，看视频

实例说明

在平面设计语言中，弯曲的对象代表活泼、优美、灵动，在制图的过程中，如果觉得画面效果太呆板，那么不妨让它有一些弧度。通过"对象>封套扭曲>用变形建立"命令，能够设置不同的封套扭曲的样式，同时还可以对弯曲和扭曲的程度进行调整，操作起来非常方便。本案例主要利用"用变形建立"命令制作弯曲文字。

案例效果

案例效果如图5-120所示。

图 5-120

操作步骤

步骤 01 新建一个大小合适的空白文档，然后绘制一个与画板等大的矩形，接着为绘制的矩形填充渐变色。将矩形选中，执行"窗口>渐变"命令，在弹出的"渐变"面板中编辑一个从粉色到橘色的径向渐变，"渐变角度"为0°，"长宽比"为100%，如图5-121所示。

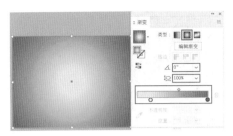

图 5-121

步骤 02 执行"文件>打开"命令,将素材1.ai打开,选择卡通素材,使用快捷键Ctrl+C进行复制,然后回到操作的文档中使用快捷键Ctrl+V进行粘贴,适当地调整素材的位置,如图5-122所示。

步骤 03 将主题文字复制并放在人物上方位置,如图5-123所示。

图 5-122

图 5-123

步骤 04 制作弯曲文字。在文字选中的状态下,执行"对象>封套扭曲>用变形建立"命令,在弹出的"变形选项"窗口中设置"样式"为"弧形","弯曲"数值为45%。设置完成后单击"确定"按钮,如图5-124所示。效果如图5-125所示。

图 5-124

图 5-125

 选项解读:变形

● 样式:下拉列表中包含多种变形样式,选择不同选项,可以看到对象产生不同的变形效果。原图以及各种变形效果如图5-126所示。

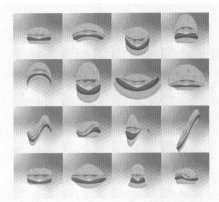
图 5-126

● 水平/垂直:选中"水平"单选按钮时,对象扭曲的方向为水平方向,如图5-127所示;选中"垂直"单选按钮时,对象扭曲的方向为垂直方向,如图5-128所示。

水平

垂直

图 5-127   图 5-128

● 弯曲:用来设置对象的弯曲程度,图5-129和图5-130所示分别为"弯曲"20%和80%时的效果。

弯曲: 20%

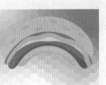
弯曲: 80%

图 5-129   图 5-130

● 水平扭曲:用来设置对象水平方向的透视扭曲变形的程度,图5-131和图5-132所示分别为"水平扭曲"-100%和100%时的扭曲效果。

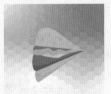
水平扭曲: -100%

水平扭曲: 100%

图 5-131   图 5-132

● 垂直扭曲：用来设置对象垂直方向的透视扭曲变形的程度，图5-133和图5-134所示分别为"垂直扭曲"-100%和100%时的扭曲效果。

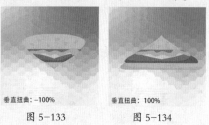

垂直扭曲：-100%　　　　垂直扭曲：100%

图5-133　　　　　　　图5-134

步骤 05 同样将副标题文字复制到文档中，然后将其移到人物的下方，如图5-135所示。

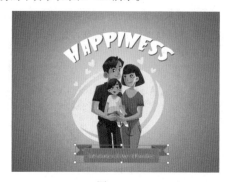

图5-135

步骤 06 执行"对象>封套扭曲>用变形建立"命令，设置"样式"为"弧形"，"弯曲"数值为-20%。设置完成后单击"确定"按钮，如图5-136所示，此时本案例制作完成。效果如图5-137所示。

图5-136 　　　　　　　图5-137

提示：编辑封套与编辑封套中的内容

● 编辑封套：选中封套扭曲的对象，单击选项栏中的按钮 ，此时进行编辑的是封套对象，而不是内部的内容。在控制栏中可以对封套参数进行设置，如图5-138所示。还可以直接使用"直接选择工具"对封套锚点进行调整。

图5-138

● 编辑封套中的内容：单击控制栏中的"编辑内容"按钮 ，即可显示封套扭曲的对象，接着可以对图形进行编辑，如图5-139所示。

图5-139

● 释放封套："释放"封套命令可以取消封套效果，使图形恢复到原始效果。选择封套对象，然后执行"对象>封套扭曲>释放"命令，此时不仅会将封套对象恢复到操作之前的效果，还会保留封套的部分，如图5-140所示。

图5-140

实例：使用封套扭曲制作立体书籍

文件路径	第5章\使用封套扭曲制作立体书籍
技术掌握	"用顶层对象建立"命令

扫一扫，看视频

实例说明

"用顶层对象建立"命令是利用顶层对象的外形调整底层对象的形态，使之发生变化。如果要执行该命令，至少需要两部分对象，一部分是需要进行变形的对象；另一部分是作为顶层对象的矢量图形。

案例效果

案例效果如图5-141所示。

中文版Illustrator 2022完全案例教程（微课视频版）

图 5-141

操作步骤

步骤 01 新建一个A4大小的空白文档。接着执行"文件>置入"命令，将素材1.jpg置入。然后单击"嵌入"按钮将其嵌入画面，同时调整大小使其充满整个画面，如图5-142所示。

图 5-142

步骤 02 绘制作为顶层对象的矢量图形。选择工具箱中的"钢笔工具"，设置"填充"为灰色，"描边"为无。设置完成后将背景素材中立体书籍封面的轮廓绘制出来，如图5-143所示。

步骤 03 将书籍封面素材2.jpg置入画面，同时调整大小放在背景素材立体书籍模型上方，如图5-144所示。

图 5-143

图 5-144

步骤 04 在该素材选中的状态下，执行"对象>排列>后移一层"命令，调整图层顺序将其放置在灰色图形后方，如图5-145所示。

步骤 05 按住Shift键依次加选封面素材和灰色图形，执行"对象>封套扭曲>用顶层对象建立"命令制作立体书籍的封面效果，如图5-146所示。

图 5-145

图 5-146

步骤 06 使用同样的方法制作书脊的展示效果，此时本案例制作完成。效果如图5-147所示。

图 5-147

实例：使用封套网格制作不规则图形背景

文件路径	第5章\使用封套网格制作不规则图形背景
技术掌握	"用网格建立"命令

扫一扫，看视频

实例说明

执行"用网格建立"命令，可以在对象表面添加一些网格，通过调整网格点的位置改变网格形态，从而实现对于对象形态的更改。

案例效果

案例效果如图5-148所示。

图 5-148

操作步骤

步骤 01 制作背景。选择工具箱中的"矩形工具",设置"填充"为白色,"描边"为无。设置完成后绘制一个和画板等大的矩形,如图5-149所示。

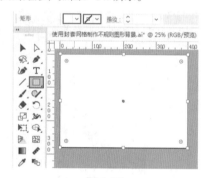

图 5-149

步骤 02 使用封套网格制作不规则的图形。首先使用"矩形工具"在白色矩形左下角位置绘制一个蓝色的小矩形,如图5-150所示。

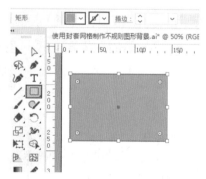

图 5-150

步骤 03 将矩形选中,执行"对象>封套扭曲>用网格建立"命令,在弹出的"封套网格"窗口中设置网格

的"行数""列数"均为3。设置完成后单击"确定"按钮,如图5-151所示,此时矩形上出现网格。效果如图5-152所示。

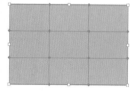

图 5-151   图 5-152

步骤 04 使用"直接选择工具",将一个锚点选中,按住鼠标左键进行拖动,如图5-153所示。然后继续对其他锚点进行调整。效果如图5-154所示。

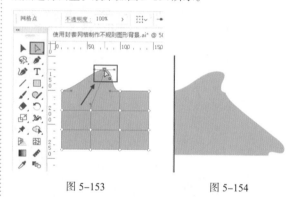

图 5-153   图 5-154

步骤 05 继续使用"矩形工具"绘制不同颜色的矩形,然后执行"用网格建立"命令,建立网格对绘制的图形形状进行调整。效果如图5-155所示。

图 5-155

步骤 06 将素材置入画面。执行"文件>置入"命令,将素材2.png置入,调整大小放在画面左边位置,如图5-156所示。

中文版Illustrator 2022完全案例教程(微课视频版)

图 5-156

步骤 07 选择工具箱中的"圆角矩形工具"，设置"填充"为蓝色，"描边"为无。设置完成后在画面右侧绘制圆角矩形，并对圆角的弧度进行调整，如图5-157所示。

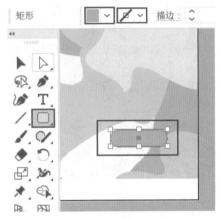

图 5-157

步骤 08 为绘制的圆角矩形添加投影，增加立体效果。将图形选中，执行"效果>风格化>投影"命令，在弹出的"投影"窗口中设置"模式"为"正片叠底"，"不透明度"为30%，"X位移"为0mm，"Y位移"为2mm，"模糊"为1mm，"颜色"为黑色。设置完成后单击"确定"按钮，如图5-158所示。效果如图5-159所示。

图 5-158　　　　　　　　图 5-159

步骤 09 选择工具箱中的"直线段工具"，设置"填充"为无，"描边"为浅灰色，"粗细"为2pt。设置完成后在

画面上方位置按住Shift键的同时按住鼠标左键拖动绘制一条水平的直线，如图5-160所示。

步骤 10 继续使用该工具，在画面的左上角绘制三条蓝色的直线段。效果如图5-161所示。

图 5-160　　　　　　　　图 5-161

步骤 11 打开素材1.ai，将文字复制后粘贴到操作的文档中，并调整好摆放的位置，此时本案例制作完成。效果如图5-162所示。

图 5-162

实例：使用"用顶层对象建立"命令制作文字标志

文件路径	第5章\使用"用顶层对象建立"命令制作文字标志
技术掌握	"用顶层对象建立"命令、直线段工具

扫一扫，看视频

实例说明

使用"用顶层对象建立"命令建立封套，可以很方便地对文字或图形进行变形。本案例主要通过执行"用顶层对象建立"命令为文字建立封套，然后再结合"建立剪切蒙版"命令将文字和图形不需要的部分隐藏制作文字标志。

案例效果

案例效果如图5-163所示。

图 5-163

操作步骤

中文版Illustrator 2022完全案例教程（微课视频版）

步骤 01 制作背景。选择工具箱中的"矩形工具"，设置"填充"为青色，"描边"为无。设置完成后绘制一个和画板等大的矩形，如图5-164所示。

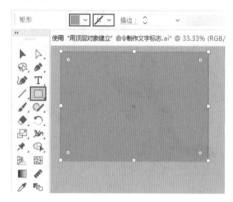

图 5-164

步骤 02 在青色矩形上方绘制图形。选择工具箱中的"钢笔工具"，设置"填充"为青色，"描边"为白色，"粗细"为13pt。设置完成后在画面中绘制形状，如图5-165所示。

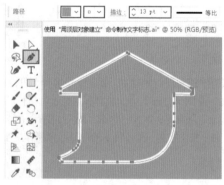

图 5-165

步骤 03 将素材1.ai打开，将文字全选后使用快捷键Ctrl+C进行复制，然后回到操作的文档中使用快捷键Ctrl+V进行粘贴，然后放置在画面以外。接着选中顶部的小文字，复制一份移到画面中相应位置，如图5-166所示。

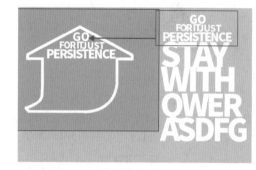

图 5-166

步骤 04 将中间的大文字复制一份移到画面中，如图5-167所示。

步骤 05 选择工具箱中的"钢笔工具"绘制一个四边形，如图5-168所示。

图 5-167　　　　　　图 5-168

步骤 06 按住Shift键单击加选文字和四边形，执行"对象>封套扭曲>用顶层对象建立"命令，为文字添加封套。效果如图5-169所示。

步骤 07 使用同样的方法制作底部的文字，如图5-170所示。加选两组大文字，使用快捷键Ctrl+G将其编组。

图 5-169　　　　　　图 5-170

步骤 08 制作文字分割的效果。选择编组后的对象，使用快捷键Ctrl+C进行复制，然后使用快捷键Ctrl+F将其粘贴到前方。接着使用"矩形工具"绘制一个矩形，然后将其进行旋转，如图5-171所示。接着按住Shift键加选矩形和文字，然后使用快捷键Ctrl+7创建剪切蒙版。

步骤 09 因为有两层文字，创建剪切蒙版后看不出效果，此时可以移动文字查看效果，如图5-172所示。

图 5-171　　　　　　　图 5-172

步骤 10 再次使用"矩形工具"绘制矩形，并进行旋转，如图5-173所示。

步骤 11 加选下方文字及旋转的矩形，使用快捷键Ctrl+7创建剪切蒙版，然后适当调整文字位置。效果如图5-174所示。

图 5-173　　　　　　　图 5-174

步骤 12 制作文字的底色。绘制一个矩形并填充为黄绿色，接着选择该矩形，多次执行"对象>排列>后移一层"命令，将绿色矩形移到文字的后方，如图5-175所示。

步骤 13 再次绘制一个矩形并填充为橘黄色，然后将矩形进行旋转，旋转的角度要与文字分割的角度相同。接着将该矩形移至文字的后方，如图5-176所示。

图 5-175　　　　　　　图 5-176

步骤 14 通过操作，文字与图形均有超出底部形状的区域，需要将其隐藏。使用"钢笔工具"绘制一个比底部形状稍小一些的图形，如图5-177所示。

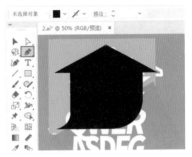

图 5-177

步骤 15 加选各个文字和图形，使用快捷键Ctrl+7创建剪切蒙版，将不需要的部分隐藏，此时本案例制作完成。效果如图5-178所示。

图 5-178

扫码看本章介绍　　扫码看基础视频

文字

本章内容简介：

　　Illustrator的文字工具组中包含"文字工具""区域文字工具""路径文字工具""直排文字工具""直排区域文字工具""直排路径文字工具""修饰文字工具"，使用这些工具可以创建出不同类型的文字。输入文字后，可以配合"字符"面板和"段落"面板进行文本属性的调整。Illustrator的文字编辑功能非常强大，能够轻松应对制作海报、折页、企业画册这类工作。

重点知识掌握：

- 熟练掌握"文字工具""区域文字工具""路径文字工具"的使用方法。
- 掌握"字符"面板、"段落"面板的使用方法。
- 掌握文本串联的创建与编辑方法。

通过本章学习，我能做什么？

　　文字是重要的信息表达方式，在海报设计、网页设计、杂志排版等领域都是不可或缺的。通过文字工具组可以输入点文字、段落文字以及制作文本绕排、区域文字等。本章所学知识非常重要，也非常实用。利用本章所学知识，可以在设计作品中添加文字元素或进行复杂的文字版面的编排。

优秀作品欣赏

6.1 创建文字

文字是平面设计作品中最常用的元素之一。在Illustrator中添加文字元素可以通过文字工具组实现。右击"文字工具组"按钮，在弹出的工具组中可以看到7个工具，如图6-1所示。

扫一扫，看视频

图 6-1

其中，前6个工具都是两两对应的，"文字工具"与"直排文字工具"、"区域文字工具"与"直排区域文字工具"、"路径文字工具"与"直排路径文字工具"。每一对工具的使用方法相同，区别在于文字方向是横向还是纵向的，如图6-2所示。

图 6-2

"文字工具"用于制作少量的点文字和大段正文类的段落文字；"区域文字工具"用于制作特殊区域范围内的文字；"路径文字工具"用于制作沿特定路径排列的文字，如图6-3所示。

图 6-3

实例：创建点文字制作简约标志

文件路径	第6章\创建点文字制作简约标志
技术掌握	文字工具

扫一扫，看视频

实例说明

"文字工具"是该软件中最常用的创建文字工具，使用该工具可以按照横排的方式，由左至右进行文字的输入。本案例以制作简约标志讲解"文字工具"的使用方法。

案例效果

案例效果如图6-4所示。

图 6-4

操作步骤

步骤 01 执行"文件>新建"命令，新建一个大小合适的空白文档。接着选择工具箱中的"矩形工具"，设置"描边"为无。绘制一个和画板等大的矩形，如图6-5所示。

图 6-5

步骤 02 将绘制的矩形选中，执行"窗口>渐变"命令，在弹出的"渐变"面板中编辑一个从白色到浅灰色的径向渐变。设置"渐变角度"为0°，"长宽比"为100%，如图6-6所示。效果如图6-7所示。

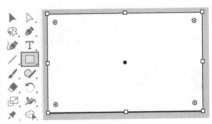

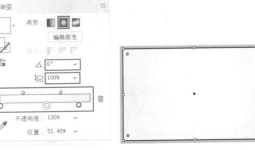

图 6-6   图 6-7

步骤 03 继续使用"矩形工具"，在控制栏中设置"填充"为青色，"描边"为无。设置完成后在画面左侧按住Shift键的同时按住鼠标左键拖动绘制一个正方形，如图6-8所示。

步骤 04 选中青色矩形，按住快捷键Alt+Shift向右拖动，进行水平方向的移动和复制操作，如图6-9所示。

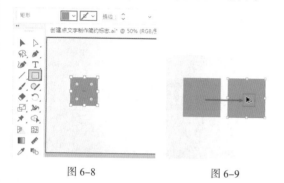

图 6-8　　　　　　　　图 6-9

步骤 05 选中复制得到的矩形，将其更改为褐色。效果如图6-10所示。

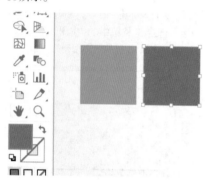

图 6-10

步骤 06 使用相同的方法继续复制一份矩形并更改为紫色，如图6-11所示。

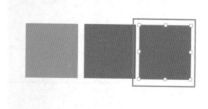

图 6-11

步骤 07 加选三个矩形，单击选项栏中的"垂直居中对齐""水平居中分布"按钮，进行对齐与分布操作。效果如图6-12所示。

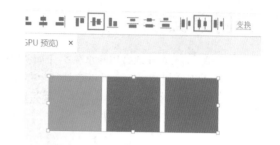

图 6-12

步骤 08 选择工具箱中的"文字工具"，在画面中单击插入光标，此时会显示占位符，如图6-13所示。

图 6-13

步骤 09 删除占位符可以按Delete键。接着在控制栏中设置合适的字体、字号和颜色，然后输入文字。文字输入完成后按Esc键完成操作，如图6-14所示。

图 6-14

步骤 10 继续使用"文字工具"单击输入其他文字，此时本案例制作完成。效果如图6-15所示。

中文版Illustrator 2022完全案例教程（微课视频版）

图 6-15

 提示：如何关闭自动出现文字填充的功能

执行"编辑>首选项>文字"命令，在弹出的"文字"窗口中取消"用占位符文字填充新文字对象"选项即可。下次使用"文字工具"输入文字时就不会出现其他字符了。

实例：调整文字颜色制作书籍内页

文件路径	第6章\调整文字颜色制作书籍内页
技术掌握	文字工具

扫一扫，看视频

实例说明

如果要制作多彩的文字，可以在文字输入完成后选中部分文字然后进行颜色的更改。在本案例中，就是通过更改文字颜色制作多彩的标题文字。

案例效果

案例效果如图6-16所示。

图 6-16

操作步骤

步骤 01 新建一个大小合适的竖排空白文档。接着使用工具箱中的"矩形工具"，设置"填充"为深灰色，"描边"为无。设置完成后绘制一个和画板等大的矩形，如图6-17所示。

图 6-17

步骤 02 在画面中添加文字。选择工具箱中的"文字工具"，在画面中单击插入光标，然后删除占位符。接着在控制栏中设置合适的字体、字号和颜色。设置完成后输入文字，如图6-18所示。文字输入完成后按Esc键结束操作。

图 6-18

步骤 03 对输入的文字更改颜色。在使用"文字工具"的状态下，将光标放在字母S和U之间单击插入光标，如图6-19所示。

步骤 04 按住鼠标左键不放向右拖动，将字母U选中，然后在控制栏中将其颜色更改为浅绿色，如图6-20所示。

图 6-19 图 6-20

步骤 05 使用同样的方法对其他字母的颜色进行更改。效果如图 6-21 所示。

步骤 06 继续使用"文字工具",在主体文字下方单击输入文字,并对文字的颜色进行更改,如图 6-22 所示。

图 6-21 图 6-22

步骤 07 在画面右侧继续单击输入文字,此时本案例制作完成。效果如图 6-23 所示。

图 6-23

实例:使用"直排文字工具"制作中式版面

扫一扫,看视频

文件路径	第6章\使用"直排文字工具"制作中式版面
技术掌握	文字工具、直排文字工具

实例说明

"直排文字工具"与"文字工具"的使用方法相同,区别在于"直排文字工具"输入的文字是由右向左垂直排列的。本案例主要使用"直排文字工具"在画面中单击输入文字制作中式版面。

案例效果

案例效果如图 6-24 所示。

图 6-24

操作步骤

步骤 01 执行"文件>打开"命令,将素材 1.ai 打开,如图 6-25 所示。

步骤 02 选择工具箱中的"矩形工具",设置"填充"为白色,"描边"为无。设置完成后绘制一个和画板等大的矩形,如图 6-26 所示。

图 6-25 图 6-26

步骤 03 继续使用该工具绘制一个稍小一些的青色矩形,如图 6-27 所示。

步骤 04 选择工具箱中的"椭圆工具",设置"填充"为淡青色,"描边"为无。设置完成后在画面左侧按

中文版 Illustrator 2022 完全案例教程(微课视频版)

住Shift键的同时按住鼠标左键拖动绘制一个正圆，如图6-28所示。

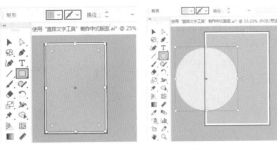

图6-27　　　　　　　图6-28

步骤 05 将光标放在定界框右侧中间位置，按住鼠标左键不放逆时针旋转180°，如图6-29所示。

步骤 06 释放鼠标即得到一个半圆，如图6-30所示。

图6-29　　　　　　　图6-30

步骤 07 将半圆选中，执行"对象>变换>旋转"命令，在弹出的"旋转"窗口中设置"角度"为90°。设置完成后单击"确定"按钮，如图6-31所示。

步骤 08 同时适当地移动半圆的位置，将其与青色矩形的左侧边缘对齐。效果如图6-32所示。

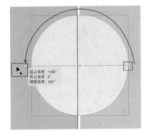

图6-31　　　　　　　图6-32

步骤 09 继续使用"椭圆工具"绘制正圆，使用同样的方法制作1/4圆，放在画面的右下角位置，如图6-33所示。

步骤 10 执行"文件>置入"命令，将花朵素材2.png置入画面，如图6-34所示。

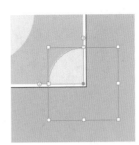

图6-33　　　　　　　图6-34

步骤 11 在画面中添加文字。选择工具箱中的"文字工具"，在画面中单击插入光标，然后删除占位符。接着在控制栏中设置合适的字体、字号和颜色。设置完成后输入文字，如图6-35所示。文字输入完成后按Esc键结束操作。

图6-35

步骤 12 继续输入其他文字。效果如图6-36所示。按住Shift键依次加选4个文字，使用快捷键Ctrl+G将其编组。

图6-36

步骤 13 选择编组后的图层组，执行"效果>风格化>投影"命令，在弹出的"投影"窗口中设置"模式"为"正片叠底"，"不透明度"为20%，"X位移""Y位移"数值均为2mm，"模糊"为1mm，"颜色"为黑色。设置完成后单击"确定"按钮,如图6-37所示。

步骤 14 设置完成后效果如图6-38所示。

图 6-37

图 6-38

步骤 15 在画面中添加竖排文字。选择工具箱中的"直排文字工具",在画面中单击插入光标,然后删除占位符。接着在控制栏中设置"填充"为绿色,"描边"为无,同时设置合适的字体、字号。设置完成后输入竖排文字,如图6-39所示。

图 6-39

步骤 16 继续使用该工具输入其他文字,在输入多行文字时需要按Enter键进行换行。效果如图6-40所示。

步骤 17 选择工具箱中的"直线段工具",在控制栏中设置"填充"为无,"描边"为绿色,"粗细"为0.5pt。设置完成后在竖排文字最右侧按住Shift键的同时按住鼠标左键拖动绘制一条垂直的直线段,如图6-41所示。

图 6-40

图 6-41

步骤 18 继续使用该工具绘制其他直线段。效果如图6-42所示。

步骤 19 使用"选择工具",将在画板外的文字移至画面中,调整好摆放的位置,此时本案例制作完成。效果如图6-43所示。

图 6-42

图 6-43

实例:创建段落文字制作男装画册内页

文件路径	第6章\创建段落文字制作男装画册内页
技术掌握	文字工具

扫一扫,看视频

实例说明

在文字较多的情况下,可以使用段落文字创建段落文字后进行统一管理。本案例通过创建段落文字制作男装画册内页。

案例效果

案例效果如图6-44所示。

图 6-44

中文版Illustrator 2022完全案例教程(微课视频版)

操作步骤

步骤 01 新建一个大小合适的横版文档。接着执行"文件>置入"命令，将素材1.jpg置入画面，调整大小使其充满整个画板，如图6-45所示。

图 6-45

步骤 02 在画面中添加点文字和段落文字。选择工具箱中的"文字工具"，在画面中单击插入光标，然后删除占位符。接着在控制栏中设置合适的字体、字号和颜色。设置完成后输入文字，如图6-46所示。文字输入完成后按Esc键结束操作。

图 6-46

步骤 03 继续使用该工具在已有黑色文字下方单击输入其他点文字。效果如图6-47所示。

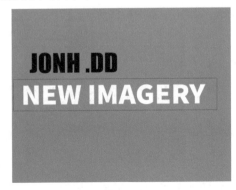

图 6-47

步骤 04 输入段落文字。选中工具箱中的"文字工具"，在已有点文字的下方位置按住鼠标左键拖动绘制文本框，如图6-48所示。

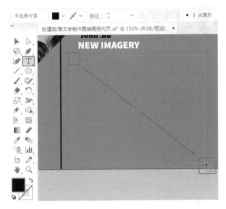

图 6-48

步骤 05 删除占位符，然后在控制栏中设置合适的字体、字号和颜色，最后输入文字。文字输入完成后按Esc键完成操作。效果如图6-49所示。

图 6-49

步骤 06 此时，如果将光标定位到文本框处，按住鼠标左键拖动可以调整文本框大小，文本排列方式会随之发生变化，如图6-50所示。

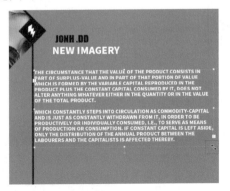

图 6-50

中文版Illustrator 2022完全案例教程（微课视频版）

步骤 07 将光标放到文本框以外时，光标会变为带有弧度的双箭头，此时按住鼠标左键拖动可以旋转文本框，如图 6-51 所示。

图 6-51

步骤 08 如果文本框上显示了红色的加号 ⊞，则表示该段文字没有显示完整，需要将文本框调大一些，或者将文字调小一些，此时本案例制作完成。效果如图 6-52 所示。

图 6-52

实例：使用"路径文字工具"制作标志

文件路径	第6章\使用"路径文字工具"制作标志
技术掌握	路径文字工具

扫一扫，看视频

实例说明

在进行设计的过程中，有时需要一些排列不规则的文字效果。例如，使文字围绕在某个对象周围，或者使文字像波浪线一样排布。这时就要使用"路径文字工具"，使用该工具可以将绘制的普通路径转换为文字路径，然后在文字路径上输入文字，文字将沿着路径进行排列。本案例首先使用"钢笔工具"绘制路径；然后使用"路径文字工具"在绘制的路径上方单击输入文字，创建出路径文字。

案例效果

案例效果如图 6-53 所示。

图 6-53

操作步骤

步骤 01 新建一个大小合适的横版文档。接着选择工具箱中的"矩形工具"，在控制栏中设置"填充"为青色，"描边"为无。设置完成后绘制一个和画板等大的矩形，如图 6-54 所示。

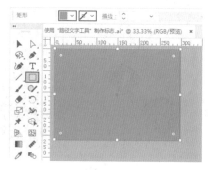

图 6-54

步骤 02 选择工具箱中的"钢笔工具"，设置"填充"为无，"描边"为白色，"粗细"为20pt。设置完成后在画面中绘制一段路径，如图 6-55 所示。

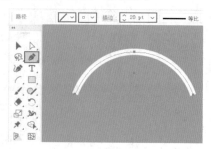

图 6-55

步骤 03 在绘制的路径被选中的状态下，执行"窗口>描边"命令，在弹出的"描边"面板中设置"端点"为"圆头端点"，如图6-56所示。效果如图6-57所示。

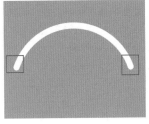

图 6-56　　　　　图 6-57

步骤 04 复制该图形并镜像，摆放在下方。效果如图6-58所示。

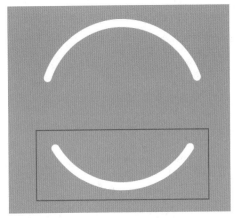

图 6-58

步骤 05 绘制路径制作路径文字。使用"钢笔工具"在已有路径下方绘制一条路径，如图6-59所示。

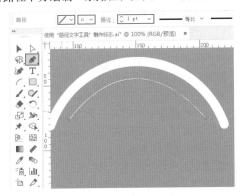

图 6-59

步骤 06 在路径被选中的状态下，选择工具箱中的"路径文字工具"，将光标放在路径左端位置单击插入光标，如图6-60所示。

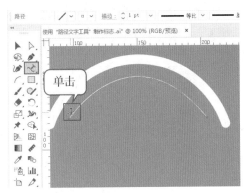

图 6-60

步骤 07 在控制栏中设置合适的字体、字号和颜色。设置完成后输入文字，如图6-61所示。此时，文字沿路径排列，文字输入完成后按Esc键完成操作。

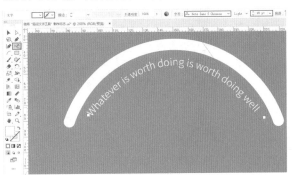

图 6-61

提示：调整路径文字的起点与终点

选择工具箱中的"直接选择工具"将光标移至路径文字的起点位置，光标变为▶状后按住鼠标左键拖动可以调整路径文字的起点位置，如图6-62所示。

将光标移至路径文字的终点位置，光标变为▶状后按住鼠标左键拖动可以调整路径文字的终点位置，如图6-63所示。

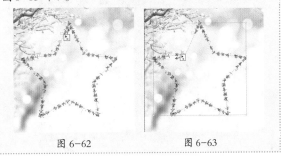

图 6-62　　　　图 6-63

步骤 08 在画面中继续绘制下半部分的弧线路径，并使用"路径文字工具"在路径上单击输入文字。文字输入完成后按Esc键完成操作。效果如图6-64所示。

图 6-64

提示：直排路径文字工具

如果单击工具箱中的"直排路径文字工具"按钮，将光标移到路径上方单击。文字会以竖向的方式在路径上排列，其文字效果如图6-65所示。

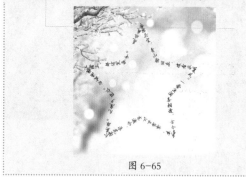

图 6-65

步骤 09 使用工具箱中的"文字工具"，在控制栏中设置"填充"为白色，"描边"为无，同时设置合适的字体和字号。设置完成后在画面上下路径的中间位置单击输入较大的点文字，此时本案例制作完成。效果如图6-66所示。

图 6-66

选项解读：路径文字选项

选择路径文字对象，执行"文字>路径文字>路径文字选项"命令，在"效果"下拉列表框中可以选择路径文字的样式，如图6-67所示。各种路径文字的效果如图6-68所示。

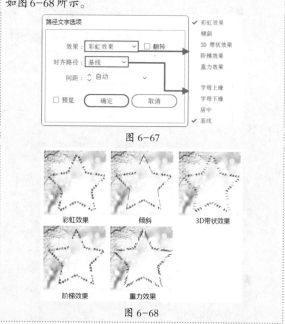

图 6-67

图 6-68

实例：使用"区域文字工具"制作倾斜版式

扫一扫，看视频

文件路径	第6章\使用"区域文字工具"制作倾斜版式
技术掌握	区域文字工具

实例说明

在日常阅读中，经常能够看到一些"异形"的文字排版。例如，将文字排列成心形、星形等。这种文字排版的类型称为"区域文字"。"区域文字"与"段落文字"较为相似，二者都是被限定在一个特定的区域内。但区别在于"段落文字"被限定在一个矩形框中，而"区域文字"的外框可以是任何图形。

本案例首先使用"钢笔工具"绘制图形；然后使用"区域文字工具"在绘制好的图形内部单击输入文字创建区域文字制作倾斜版式。

案例效果

案例效果如图6-69所示。

中文版Illustrator 2022完全案例教程（微课视频版）

图 6-69

操作步骤

步骤 01 执行"文件>打开"命令,将素材1.ai打开,如图6-70所示。

图 6-70

步骤 02 选择工具箱中的"钢笔工具"绘制一个平行四边形,如图6-71所示。

步骤 03 在绘制的图形内部输入文字。选择工具箱中的"区域文字工具",接着将光标移至路径内部,此时光标变为 ，如图6-72所示。

图 6-71   图 6-72

步骤 04 单击就可以看到图形变成了文本框,如图6-73所示。

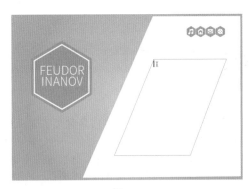

图 6-73

步骤 05 在控制栏中设置合适的字体、字号和颜色。设置完成后输入文字,如图6-74所示。

图 6-74

步骤 06 文字输入完成后按Esc键,此时本案例制作完成,如图6-75所示。

图 6-75

提示:选择"文字工具"创建区域文字

在选择"文字工具"时也能够创建区域文字。绘制一个闭合路径,然后选择"文字工具",将光标移至路径上方,光标也会变为 ，单击并输入文字即可创建区域文字。

实例：变形艺术字

扫一扫，看视频

文件路径	第6章\变形艺术字
技术掌握	文字工具、制作封套、偏移路径

实例说明

　　在制作艺术字效果时，经常需要对文字进行变形。在该软件中提供了对文字进行变形的功能。首先使用"文字工具"在画面中单击输入文字；其次单击控制栏中的"制作封套"按钮，打开"变形选项"窗口。在该窗口"样式"下拉列表中有各种各样的变形样式，根据需要可以从中进行选择。本案例主要通过对"变形选项"窗口中输入的文字进行变形制作变形艺术字。

案例效果

　　案例效果如图6-76所示。

图6-76

操作步骤

步骤 01 新建一个大小合适的横版文档。接着执行"文件>置入"命令，将背景素材1.jpg置入画面，调整大小使其充满整个画板，如图6-77所示。

图6-77

步骤 02 在画面中输入文字。选择工具箱中的"文字工具"，在画面中单击插入光标，然后设置合适的字体、字号，将填充色设置为白色，设置完成后输入文字。然后将文字复制一份，为后面操作使用，如图6-78所示。

图6-78

步骤 03 选择复制得到的文字，在"文字工具"使用状态下，单击控制栏中的"制作封套"按钮，在弹出的"变形选项"窗口中设置"样式"为"弧形"，"弯曲"为15%。设置完成后单击"确定"按钮，如图6-79所示。

图6-79

步骤 04 将 **步骤 01** 中的原始文字选中，颜色更改为粉色。接着执行"效果>路径>偏移路径"命令，在弹出的"偏移路径"窗口中设置"位移"为9mm，"连接"为"圆角"，"斜接限制"为4。设置完成后单击"确定"按钮，如图6-80所示。效果如图6-81所示。

图6-80

图6-81

步骤 05 使用同样的方法对文字进行变形。效果如图6-82所示。

中文版Illustrator 2022完全案例教程（微课视频版）

步骤 06 将白色文字移至该文字上方。效果如图6-83所示。

图 6-82   图 6-83

步骤 07 为粉色文字添加投影效果。执行"效果>风格化>投影"命令，在弹出的"投影"窗口中设置"模式"为"正常"，"不透明度"为50%，"X位移"为–3mm，"Y位移"为–2mm，"模糊"为2mm，"颜色"为黑色。设置完成后单击"确定"按钮，如图6-84所示。效果如图6-85所示。

图 6-84   图 6-85

步骤 08 使用同样的方法制作另外两组文字。效果如图6-86所示。也可以将第一组文字复制并调整大小和位置，然后更改文字内容。

图 6-86

步骤 09 为文字制作背景。将所有的白色文字选中，使用快捷键Ctrl+C进行复制，使用快捷键Ctrl+F将其粘贴到前面。然后选择复制得到的文字，执行"效果>路径>偏

移路径"命令，在弹出的"偏移路径"窗口中设置"位移"为30mm，"连接"为"圆角"，"斜接限制"为4。设置完成后单击"确定"按钮，如图6-87所示。

步骤 10 同时将其颜色更改为洋红色，使用快捷键Ctrl+G进行编组。效果如图6-88所示。

图 6-87   图 6-88

提示：更改封套里的内容

因为文字在封套内，所以需要选中文字单击控制栏中的"编辑内容"按钮，然后选中文字将其更改为洋红色，如图6-89所示。

图 6-89

步骤 11 将编组的文字选中，多次执行"对象>排列>后移一层"命令，将其放置在粉色文字下方位置。同时框选所有文字对象，使用"选择工具"将其移至画面中间位置。效果如图6-90所示。

图 6-90

步骤 12 将装饰素材2.png置入，调整大小放在文字上方位置，此时本案例制作完成。效果如图6-91所示。

图 6-91

实例：创意名片设计

文件路径	第6章\创意名片设计
技术掌握	文字工具、制作封套、高斯模糊

扫一扫，看视频

实例说明

本案例是将文字进行变形，让文字的形状和苹果图形的形状相匹配，这样制作出来的标志活泼、可爱、非常适合用于以儿童、欢乐为主题的标志中。标志制作完成后，放置在卡片上制作其展示效果。

案例效果

案例效果如图6-92所示。

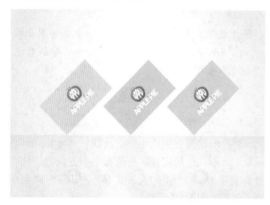

图6-92

操作步骤

步骤 01 执行"文件>打开"命令，将素材1.ai打开。然后将画面中的素材移至画板外，如图6-93所示。

步骤 02 制作背景。选择工具箱中的"矩形工具"，绘制一个和画板等大的矩形，如图6-94所示。

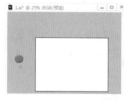

图6-93　　　　　图6-94

步骤 03 为绘制的矩形添加渐变色。将矩形选中，执行"窗口>渐变"命令，在弹出的"渐变"面板中编辑一个从白色到灰色的径向渐变，设置"渐变角度"为40°，"长宽比"为100%，如图6-95所示。

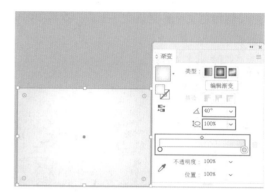

图6-95

步骤 04 制作名片的平面效果。首先使用"矩形工具"设置"填充"为黄色，"描边"为无。设置完成后在画板外绘制一个矩形，如图6-96所示。

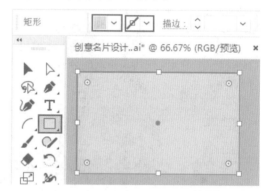

图6-96

步骤 05 使用"选择工具"将画板外的苹果素材移至背景上方，并适当地调整大小，如图6-97所示。

图6-97

步骤 06 在画面中添加文字。选择工具箱中的"文字工具"，在画面中单击插入光标，然后删除占位符。接着在控制栏中设置合适的字体、字号和颜色。设置完成后输入文字，如图6-98所示。文字输入完成后按Esc键结束操作。

图 6-98

步骤 07 在"文字工具"使用状态下，单击控制栏中的"制作封套"按钮，在弹出的"变形选项"窗口中设置"样式"为"凸出"，"弯曲"为87%。设置完成后单击"确定"按钮，如图 6-99 所示。效果如图 6-100 所示。

图 6-99   图 6-100

步骤 08 继续使用"文字工具"，在苹果下方位置单击输入文字，如图 6-101 所示。

步骤 09 将画板外的苹果叶素材移至字母P下方，并将其复制一份放在另一个字母P下方，此时名片的平面效果图制作完成。效果如图 6-102 所示。

图 6-101   图 6-102

步骤 10 框选名片平面图的所有对象，使用快捷键Ctrl+C进行复制，使用快捷键Ctrl+V进行粘贴，然后调整位置，如图 6-103 所示。

步骤 11 选中复制的名片作为背景的矩形，然后将填充色更改为绿色，如图 6-104 所示。

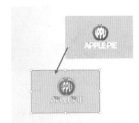

图 6-103   图 6-104

步骤 12 再复制一份名片，并更改为青蓝色，如图 6-105 所示。

步骤 13 制作立体展示效果。选择背景为黄色的名片，使用"选择工具"将其移至画面中，并适当地进行旋转，如图 6-106 所示。

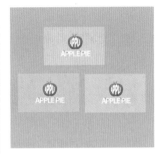

图 6-105   图 6-106

步骤 14 使用同样的方法对其他名片进行旋转。效果如图 6-107 所示。

步骤 15 为名片制作倒影。依次加选三张旋转的名片，执行"对象>变换>镜像"命令，在弹出的"镜像"窗口中选中"水平"单选按钮。设置完成后单击"复制"按钮，将图形进行水平翻转的同时复制一份，如图 6-108 所示。

图 6-107   图 6-108

步骤 16 将复制得到的图形向下移动，使上下图形的底部对齐。效果如图 6-109 所示。

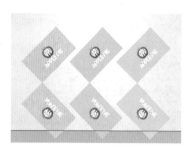

图 6-109

步骤 17 将倒置的三张名片选中，执行"效果>模糊>高斯模糊"命令，在弹出的"高斯模糊"窗口中设置"半径"为"10像素"。设置完成后单击"确定"按钮，如图6-110所示。效果如图6-111所示。

图 6-110

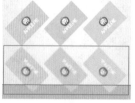

图 6-111

步骤 18 继续选择三张名片，执行"窗口>透明度"命令，在弹出的"透明度"面板中设置"不透明度"为10%，如图6-112所示。效果如图6-113所示。

图 6-112

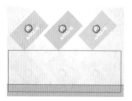

图 6-113

步骤 19 使用"矩形工具"在画面下方绘制一个矩形，如图6-114所示。

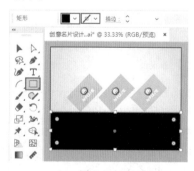

图 6-114

步骤 20 为矩形添加渐变。将矩形选中，在"渐变"面板中编辑一个从黑色到透明的径向渐变，设置"渐变角度"为90°，如图6-115所示。

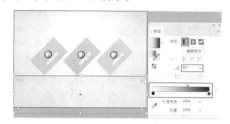

图 6-115

步骤 21 调整图层顺序，将渐变矩形放在三个倒影图形下方位置，此时本案例制作完成。效果如图6-116所示。

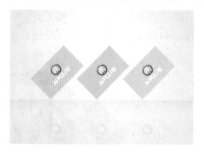

图 6-116

6.2 "字符"面板：编辑字符属性

扫一扫，看视频

执行"窗口>文字>字符"命令或按快捷键Ctrl+T，打开"字符"面板。该面板专门用来定义页面中字符的属性，如图6-117所示。

图 6-117

默认情况下该面板仅显示部分选项；在面板菜单中执行"显示选项"命令，即可显示全部的选项，如图6-118所示。

中文版Illustrator 2022完全案例教程（微课视频版）

图 6-118

实例：调整字符间距制作详情页

文件路径	第6章\调整字符间距制作详情页
技术掌握	文字工具、"字符"面板

扫一扫，看视频

实例说明

字符间距是指一组字符之间相互间隔的距离。字符间距影响一行或一段文字的密度。字符间距数值越小，两个字符之间的距离越近，视觉效果越紧凑；字符间距数值越大，两个字符之间的距离越远，视觉效果越松散。本案例是通过调整字符间距来制作详情页的文字排版。

案例效果

案例效果如图6-119所示。

图 6-119

操作步骤

步骤 01 新建一个大小合适的空白文档。接着将背景素材1.jpg置入，调整大小使其充满整个画面，如图6-120所示。

图 6-120

步骤 02 将背景素材适当地进行模糊。将素材选中，执行"效果>模糊>高斯模糊"命令，在弹出的"高斯模糊"窗口中设置"半径"为"10像素"。设置完成后单击"确定"按钮，如图6-121所示。效果如图6-122所示。

图 6-121   图 6-122

步骤 03 继续将素材2.jpg、3.jpg、4.jpg置入画面。然后加选三个素材，在控制栏中单击"顶对齐""水平居中分布"按钮，设置相应的对齐方式，如图6-123所示。

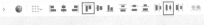

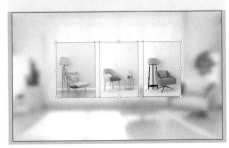

图 6-123

步骤 04 选择工具箱中的"矩形工具"，在控制栏中设置"填充"为黑色，"描边"为无。设置完成后在第一个小图素材下方绘制矩形，如图6-124所示。

图 6-124

步骤 05 将其复制两份，分别放在每一个小图素材下方位置。效果如图6-125所示。

图 6-125

步骤 06 在画面中添加文字。选择工具箱中的"文字工具"，在画面中单击插入光标，接着在控制栏中设置合适的字体、字号和颜色，然后删除占位符。设置完成后输入文字，如图6-126所示。文字输入完成后按Esc键结束操作。

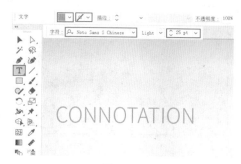

图 6-126

步骤 07 在文字选中状态下，执行"窗口>文字>字符"命令，在弹出的"字符"面板中设置"字符间距"为300，单击底部的"全部大写字母"按钮，将字母全部设置为大写，如图6-127所示。效果如图6-128所示。

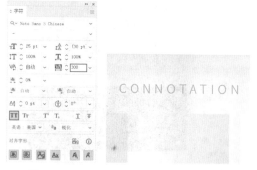

图 6-127　　　　　　图 6-128

步骤 08 继续使用"文字工具"，在黑色矩形上添加文字，然后在"字符"面板中设置合适的字符间距。效果如图6-129所示。

图 6-129

步骤 09 选择工具箱中的"直线段工具"，在控制栏中设置"填充"为无，"描边"为棕色，"粗细"为1pt。设置完成后在文字中间位置按住Shift键的同时按住鼠标左键拖动绘制一条直线，如图6-130所示。

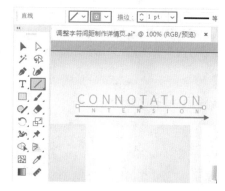

图 6-130

步骤 10 将直线复制并移到另外两组文字中。效果如图6-131所示。

图 6-131

步骤 11 继续使用"文字工具"，在控制栏中设置合适的字体、字号和颜色，单击"居中对齐"按钮。设置完成后在画面下方位置按住鼠标左键拖动绘制文本框，并在文本框中输入段落文字，如图6-132所示。此时本案例制作完成。效果如图6-133所示。

中文版Illustrator 2022完全案例教程（微课视频版）

图 6-132

图 6-133

6.3 "段落"面板

"段落"面板用于设置文本段落的属性。例如，文字的对齐方式、缩进方式、避头尾设置、标点挤压设置、连字等属性。单击控制栏中的"段落"按钮或执行"窗口>文字>段落"命令，打开"段落"面板，如图6-134所示（默认情况下，"段落"面板中只显示最常用的选项。要显示所有选项，在面板菜单中执行"显示选项"命令即可）。

扫一扫，看视频

图 6-134

实例：设置文本的缩进制作杂志排版

文件路径	第6章\设置文本的缩进制作杂志排版
技术掌握	文字工具、"段落"面板

扫一扫，看视频

实例说明

缩进是指文字和段落文本边界间的间距量。缩进只

影响选中的段落，因此可以方便地为多个段落设置不同的缩进数值。在中文排版中，每个自然段前都需要预留两个字符的距离。本案例中就是使用"段落"面板设置文字的首行左缩进数值。

案例效果

案例效果如图6-135所示。

图 6-135

操作步骤

步骤 01 新建一个大小合适的横版文档。接着使用工具箱中的"矩形工具"，在控制栏中设置"填充"为黑色，"描边"为无。设置完成后绘制一个和画板等大的矩形，如图6-136所示。

步骤 02 继续使用该工具绘制一个稍小一些的白色矩形，如图6-137所示。

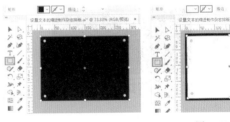

图 6-136   图 6-137

步骤 03 将素材1.jpg置入，调整大小放在画面中，并进行嵌入，如图6-138所示。

图 6-138

步骤 04 使用"矩形工具"在素材上方绘制一个矩形，

如图6-139所示。

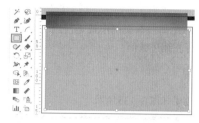

图 6-139

步骤 05 依次加选矩形和素材,使用快捷键Ctrl+7创建剪切蒙版,将素材不需要的部分隐藏,如图6-140所示。

图 6-140

步骤 06 在画面中添加文字。选择工具箱中的"文字工具",在控制栏中设置合适的字体、字号和颜色。设置完成后在素材下方单击输入文字,如图6-141所示。

图 6-141

步骤 07 继续使用该工具,在画面的其他位置输入文字。效果如图6-142所示。

图 6-142

步骤 08 使用"矩形工具"在主体文字下方绘制一个黑色的矩形条,如图6-143所示。

步骤 09 使用"文字工具"在该矩形上方输入一行小的白色文字。效果如图6-144所示。

图 6-143　　　　　　　图 6-144

步骤 10 继续使用"文字工具"在画面下方空白位置绘制文本框,并在文本框中输入段落文字,如图6-145所示。

图 6-145

步骤 11 在段落文字选中的状态下,执行"窗口>文字>段落"命令,在弹出的"段落"面板中设置"首行左缩进"为17pt,如图6-146所示。

步骤 12 段首文字后移了两个文字的位置。效果如图6-147所示。

图 6-146　　　　　　　图 6-147

步骤 13 此时本案例制作完成。最终效果如图6-148所示。

中文版Illustrator 2022完全案例教程(微课视频版)

图 6-148

6.4 串接文本

串接文本是指将多个文本框相互连接，形成一连串的文本框。通过在第一个文本框中输入文字，多余的文字会自动显示在第二个文本框中。串接后的文本可以轻松调整文字布局，也便于统一管理。例如，调整字间距、文字大小等属性。杂志或书籍中大量的文字排版大多都是通过串接文本制作而成的。

实例：串接文本制作杂志版式

文件路径	第6章\串接文本制作杂志版式
技术掌握	文字工具、串接文本

扫一扫，看视频

实例说明

在输入段落文字过程中，当文本框的右下角出现带有红色加号 的形状时，表示该段文字中有未显示的字符，称为"文本溢出"。如果想显示隐藏的字符可以扩大文本框，或者再绘制一个文本框然后进行文本串接。串接后的文本可以统一进行管理，非常适合管理大段文字的排版。本案例就来讲解如何进行文本串接。

案例效果

案例效果如图6-149所示。

图 6-149

操作步骤

步骤 01 新建一个大小合适的空白文档。接着选择工具箱中的"矩形工具"，在控制栏中设置"填充"为灰色，"描边"为无。设置完成后绘制一个和画板等大的矩形，如图6-150所示。

步骤 02 将素材1.jpg置入，调整大小放在画面中，如图6-151所示。

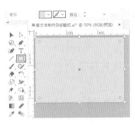

图 6-150　　　　　　　图 6-151

步骤 03 使用"矩形工具"，在画面左侧绘制一个橘色的矩形条，如图6-152所示。

步骤 04 继续使用该工具，在画面右侧绘制一个白色的矩形，如图6-153所示。

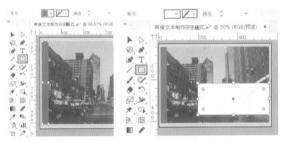

图 6-152　　　　　　　图 6-153

步骤 05 选择工具箱中的"椭圆工具"，在控制栏中设置"填充"为白色，"描边"为无。设置完成后在白色矩形左侧绘制正圆，如图6-154所示。在该正圆选中的状态下，将其复制一份放在画板外，以备后面操作使用。

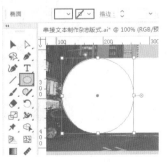

图 6-154

中文版Illustrator 2022完全案例教程（微课视频版）

步骤 06 按住Shift键单击加选白色正圆和矩形，执行"窗口>路径查找器"命令，在弹出的"路径查找器"面板中单击"减去顶层"按钮，将顶层的对象减去，如图6-155所示。效果如图6-156所示。

图 6-155

图 6-156

步骤 07 选择复制得到的正圆，将其移至白色矩形左侧位置，如图6-157所示。

步骤 08 使用快捷键Ctrl+C进行复制，使用快捷键Ctrl+F将其粘贴到前面。选择复制得到的正圆，将光标放在定界框一角，按住快捷键Alt+Shift的同时按住鼠标左键将图形进行等比例中心缩小，如图6-158所示。

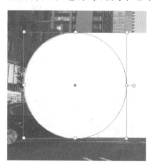

图 6-157

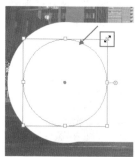

图 6-158

步骤 09 按住Shift键依次加选两个正圆，在"路径查找器"面板中单击"减去顶层"按钮，将顶层的图形减去，如图6-159所示。

步骤 10 复制该圆环，并更改颜色为橘色，适当缩小并移到画面左侧。效果如图6-160所示。

图 6-159

图 6-160

步骤 11 将素材2.jpg置入，调整大小放在白色圆环上方，如图6-161所示。

图 6-161

步骤 12 在素材上方绘制一个稍小一些的白色正圆，如图6-162所示。

步骤 13 加选素材和白色正圆，使用快捷键Ctrl+7创建剪切蒙版，将素材不需要的部分隐藏，如图6-163所示。

图 6-162

图 6-163

步骤 14 使用同样的方法在橘色圆环内部置入素材并创建剪切蒙版。效果如图6-164所示。

图 6-164

步骤 15 在画面中添加文字。选择工具箱中的"文字工具"，在控制栏中设置合适的字体、字号和颜色。设置完成后在画面上方单击添加文字，如图6-165所示。文字输入完成后按Esc键结束操作。

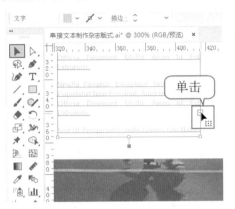

图 6-165

步骤 16 继续使用该工具在画面中添加其他文字，并对文字的颜色进行更改。效果如图 6-166 所示。

步骤 17 使用"矩形工具"，在画面左下角绘制一个橘色的矩形。然后调整图层顺序将其放置在输入的文字下方。效果如图 6-167 所示。

图 6-166

图 6-167

步骤 18 在白色矩形上方建立串接文本。选择工具箱中的"文字工具"，在控制栏中设置合适的字体、字号和颜色。设置完成后按住鼠标左键拖动绘制文本框，接着在文本框中输入文字，如图 6-168 所示。

图 6-168

步骤 19 此时，可以看到在文本框右下角有个红色加号，表示该段中有未显示的字符。接着在使用"选择工具"状态下将鼠标放在该红色加号的位置单击，如图 6-169 所示。

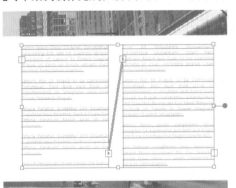
图 6-169

步骤 20 此时，光标变为 形状，然后在画面中按住鼠标左键拖动绘制文本框，释放鼠标即可看到隐藏的文字，而这两个文本框之间也自动建立了串接，如图 6-170 所示，此时本案例制作完成。效果如图 6-171 所示。

图 6-170

中文版Illustrator 2022完全案例教程（微课视频版）

> **提示：串接文本的编辑操作**
>
> ● 串接独立的文本框：将这两个文本框加选，接着执行"文字>串联>建立"命令，即可将两段文本进行串联。第一个文本框空着的区域会自动被第二个文本框中的文字向前填补。
>
> ● 释放文本串接：释放文本串接就是解除串联关系，使文字集中到一个文本框内。在文本串接的状态下，选择一个需要释放的文本框，执行"文字>串接文本>释放所选文字"命令，选中的文本框将释放文本串接。直接按Delete键即可删除文本框。
>
> ● 移去文本串接：移去文本串接是解除文本框之间的串联关系，使之成为独立的文本框，而且每个文本框中的文本位置不会产生变换。选择串接的文本，执行"文字>串接文本>移去串接文字"命令，文本框就能解除链接关系。

6.5 创建文本绕排

扫一扫，看视频

"文本绕排"是将区域文本绕排在任何对象的周围，使文本和图形之间不产生相互遮挡的问题。环绕的对象可以是文字对象、导入的图像以及在 Illustrator 中绘制的矢量图形。文本绕排能够增加文字与绕排对象之间的关联，是版式设计中常用的手法，常应用在杂志排版和折页排版中。

实例：使用文本绕排制作杂志版式

扫一扫，看视频

文件路径	第6章\使用文本绕排制作杂志版式
技术掌握	文字工具、文本绕排

实例说明

为了让版式具有吸引力，通常会采用图文结合的方式进行排版。文本绕排是一种排版方式，它能够让文字围绕图片，但不覆盖图片。本案例首先使用"文字工具"在画面中输入段落文字，同时建立文本的串接；其次将在画板外的图片放在文字上方，然后将二者选中，执行"对象>文本绕排>建立"命令，建立文本绕排制作杂志版式。需要注意的是，创建文本绕排前，图片要在文字上方。

案例效果

案例效果如图6-172所示。

图 6-172

操作步骤

步骤 01 执行"文件>打开"命令，将素材1.ai打开，如图6-173所示。

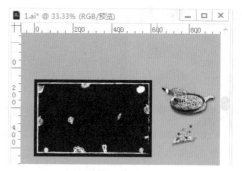

图 6-173

步骤 02 在画面中添加点文字。选择工具箱中的"文字工具"，在画面中单击插入光标，然后删除占位符。接着在控制栏中设置合适的字体、字号和颜色。设置完成后输入文字，如图6-174所示。

图 6-174

步骤 03 文字输入完成后按Esc键结束操作。然后继续使用该工具添加其他文字。效果如图6-175所示。

图 6-175

步骤 04 在画面中输入段落文字。使用"文字工具"，在画面点文字下方按住鼠标左键拖动绘制文本框并输入文字。此时，输入的文字在文本框右下角有溢出，需要将隐藏的文字显示出来。使用"选择工具"在红色加号位置单击，如图6-176所示。

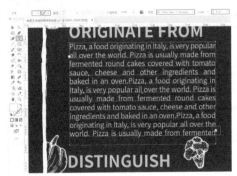

图 6-176

步骤 05 在画面中的其他位置绘制文本框将隐藏的文字显示出来，如图6-177所示。

图 6-177

步骤 06 将在画板外的图片放置在文字中间。使用"选择工具"将图片移至画面上方，并右击执行"排列>置

于顶层"命令。选中图片，执行"对象>文本绕排>建立"命令，此时被图片遮挡的文字位置发生了变化，如图6-178所示。

图 6-178

步骤 07 将另外一张图片移至画面右下角位置，使用同样的方法建立文本绕排，如图6-179所示，此时本案例制作完成。效果如图6-180所示。

图 6-179

图 6-180

实例：使用文本绕排制作首字下沉效果

文件路径	第6章\使用文本绕排制作首字下沉效果
技术掌握	矩形工具、文字工具、文本绕排

扫一扫，看视频

实例说明

执行"文本绕排"命令，可以很方便地制作首字下沉效果，同时还可以对绕排对象与文字中间的间距进行调整。

案例效果

案例效果如图6-181所示。

图 6-181

操作步骤

步骤 01 新建一个大小合适的横版文档。接着选中工具箱中的"矩形工具"，在控制栏中设置"填充"为黑色，"描边"为无。设置完成后绘制一个和画板等大的矩形，如图6-182所示。

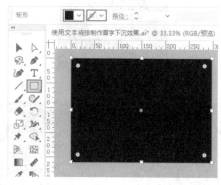

图 6-182

步骤 02 继续使用该工具，绘制一个稍小一些的白色矩形。效果如图6-183所示。

图 6-183

步骤 03 继续使用"矩形工具"，在画面中绘制其他矩形。效果如图6-184所示。

步骤 04 将素材1.jpg置入，调整大小放在画面左上角位置，如图6-185所示。

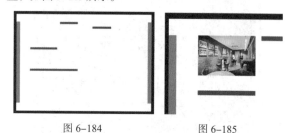

图 6-184　　　　　　图 6-185

步骤 05 使用同样的方法将其他素材也置入，放在画面右侧位置，如图6-186所示。

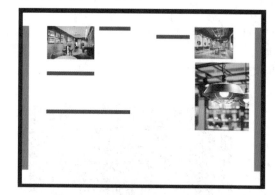

图 6-186

步骤 06 在画面中添加文字。选择工具箱中的"文字工具"，在画面中单击插入光标，接着在控制栏中设置合适的字体、字号和颜色，然后删除占位符。设置完成后输入文字，如图6-187所示。文字输入完成后按Esc键结束操作。

图 6-187

步骤 07 继续使用该工具输入其他点文字。效果如图6-188所示。

中文版Illustrator 2022完全案例教程（微课视频版）

图 6-188

步骤 08 创建段落文字。使用"文字工具"在画面中绘制文本框，并在文本框中输入文字，如图6-189所示。

图 6-189

步骤 09 继续使用该工具创建其他段落文字。效果如图6-190所示。

图 6-190

步骤 10 制作首字下沉效果。使用"文字工具"在画面中单击创建大段文字的首字母，调整大小放在段落文字上方。同时将段落文字的首字母删除，如图6-191所示。

步骤 11 选择字母M，执行"对象>文本绕排>建立"命令，在弹出的"建立"窗口中单击"确定"按钮，此时被字母遮挡的文字显示出来，如图6-192所示。

图 6-191

图 6-192

步骤 12 此时，建立的绕排间距不是特别合适，需要进行调整。将文本绕排的对象选中，执行"对象>文本绕排>文本绕排选项"命令，在弹出的"文本绕排选项"窗口中设置"位移"为2pt。设置完成后单击"确定"按钮，如图6-193所示。效果如图6-194所示。

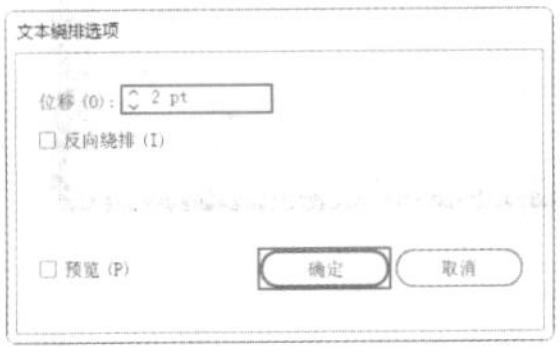

图 6-193

图 6-194

步骤 13 使用同样的方法制作其他段落的首字下沉效果，如图6-195所示。

步骤 14 制作页码。选择工具箱中的"椭圆工具"，在控制栏中设置"填充"为棕色，"描边"为无。设置完成后在画面左下角按住Shift键的同时按住鼠标左键拖动绘制正圆，如图6-196所示。

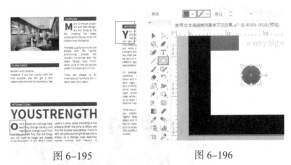

图 6-195

图 6-196

步骤 15 使用"文字工具"在正圆上方单击输入文字，如图6-197所示。

步骤 16 依次加选正圆和其上方的文字，将其复制一份。然后将复制得到的图形放置在画面右下角位置，并将文字进行更改，如图6-198所示。

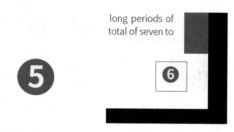

long periods of
total of seven to

图 6-197 　　　　图 6-198

步骤 17 此时本案例制作完成。效果如图6-199所示。

图 6-199

提示：取消文本绕排

执行"对象>文本绕排>释放"命令，即可取消文本绕排。

6.6　导入与导出文本

在编排版面的过程中，经常需要用到文字对象，而很多时候又需要将已有的文字内容添加到当前的版面中，如果重新手动输入又太麻烦，此时可以将文字置入Illustrator文档。同时，Illustrator中的文字也可以被导出为独立的文本文件，以便于在其他程序中应用，如图6-200所示。

图 6-200

实例：置入文本制作清新版面

文件路径	第6章\置入文本制作清新版面
技术掌握	文字工具、置入文本

扫一扫，看视频

实例说明

在制作画册或书籍排版时，客户通常会提供文案，当有大段文字时，可以将文本文件直接置入文档。本案例就是通过"置入"命令将大段的文字置入文档。

案例效果

案例效果如图6-201所示。

图 6-201

操作步骤

步骤 01 新建一个大小合适的横版文档。接着选择工具箱中的"矩形工具"，在控制栏中设置"填充"为白色，"描边"为无。设置完成后绘制一个和画板等大的矩形，如图6-202所示。

步骤 02 继续使用该工具在画面中绘制其他浅灰色的矩形，如图6-203所示。

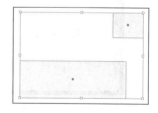

图 6-202 　　　　图 6-203

步骤 03 将素材1.jpg置入，调整大小放在两个小矩形上方位置，如图6-204所示。

步骤 04 继续使用"矩形工具"，在控制栏中设置"填充"为无，"描边"为淡蓝色，"粗细"为5pt。设置完成后在画面中绘制一个描边矩形，如图6-205所示。

图 6-204　　　　　　　　　图 6-205

第6章 文字

步骤 05 在画面中添加文字。选择工具箱中的"文字工具"，在画面中单击插入光标，接着在控制栏中设置合适的字体、字号和颜色，然后删除占位符。设置完成后输入文字，如图6-206所示。文字输入完成后按Esc键结束操作。

图 6-206

步骤 06 在使用"文字工具"状态下，将字母F选中，在控制栏中设置"字号"为100pt，如图6-207所示。操作完成后按Esc键结束操作。

步骤 07 使用该工具在画面中添加其他文字，如图6-208所示。

图 6-207　　　　　　　　图 6-208

步骤 08 将文本置入画面。执行"文件>置入"命令，在弹出的"置入"窗口中选择要置入的文件"文字.doc"，接着单击"置入"按钮，在弹出的"Microsoft Word选项"窗口中单击"确定"按钮，如图6-209所示。

图 6-209

步骤 09 将光标放在主体文字下方位置按住鼠标左键拖动，绘制一个文本框，如图6-210所示。释放鼠标即可看到文字，如图6-211所示。

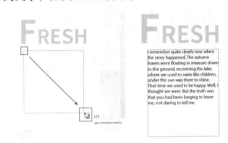

图 6-210　　　　　　　图 6-211

步骤 10 将该文字选中，在使用"文字工具"状态下，在控制栏中对该文字进行字体、字号和颜色的更改，此时本案例制作完成。效果如图6-212所示。

图 6-212

6.7 文字的编辑操作

对于文字对象，不仅可以进行字体、字号、颜色、对齐、缩进等基本属性的设置，还可以进行更改英文字符的大小写、更改文字方向、查找替换文本、使用复合字体，以及转换为图形对象等操作。

实例：制作文字标志

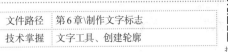

文件路径	第6章\制作文字标志
技术掌握	文字工具、创建轮廓

扫一扫，看视频

187

中文版Illustrator 2022完全案例教程（微课视频版）

实例说明

本案例主要使用"创建轮廓"命令，将文字对象转换为可以进行形态编辑的图形对象。并借助"路径查找器"面板对文字的局部进行删减操作，制作出拼接感的文字标志。

案例效果

案例效果如图6-213所示。

图 6-213

操作步骤

步骤 01 新建一个大小合适的横版文档。接着选择工具箱中的"矩形工具"，绘制一个和画板等大的矩形，如图6-214所示。

图 6-214

步骤 02 为绘制的矩形填充渐变。将矩形选中，执行"窗口>渐变"命令，在弹出的"渐变"面板中编辑一个绿色的径向渐变，设置"渐变角度"为0°，"长宽比"为100%，如图6-215所示。

图 6-215

步骤 03 在画面中添加文字。选择工具箱中的"文字工具"，在画面中单击插入光标，接着在控制栏中设置合适的字体、字号和颜色，然后删除占位符。设置完成后输入文字，如图6-216所示。文字输入完成后按Esc键结束操作。

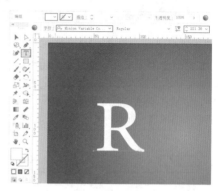

图 6-216

步骤 04 继续使用该工具，单击添加其他文字，如图6-217所示。

图 6-217

步骤 05 复制这4个字母，放在上层，并更改为黑色，选择一种较粗的字体。效果如图6-218所示。

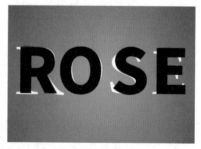

图 6-218

步骤 06 按住Shift键依次加选各个黑色字母，右击执行"创建轮廓"命令，如图6-219所示。

图 6-219

步骤 07 将文字转换为带有路径的可进行形态编辑的矢量图形，如图6-220所示。

步骤 08 对黑色文字的局部进行删减操作。选择工具箱中的"钢笔工具"，在字母R的下方绘制一个需要删除区域的图形，如图6-221所示。

图 6-220

图 6-221

步骤 09 执行"窗口>路径查找器"命令，依次加选钢笔绘制的图形和黑色字母R。在弹出的"路径查找器"面板中单击"减去顶层"按钮，如图6-222所示。

步骤 10 将顶层的对象减去后，黑色字母R只剩下上半部分，下方的白色字母显示出来，如图6-223所示。

图 6-222

图 6-223

步骤 11 使用同样的方法对其他字母进行图形局部的删减。效果如图6-224所示。

步骤 12 将花朵素材1.png置入，调整大小放在画面中字母O上方，如图6-225所示。

图 6-224

图 6-225

步骤 13 此时本案例制作完成。最终效果如图6-226所示。

图 6-226

实例：使用"创建轮廓"命令制作变形艺术字

文件路径	第6章\使用"创建轮廓"命令制作变形艺术字
技术掌握	创建轮廓、"符号"面板、符号喷枪工具、"美工刀"工具

扫一扫，看视频

实例说明

在保持文字属性时，可以对文字的字体、字号、对齐方式等进行更改。而一旦将文字创建为轮廓，那么文字就会变成普通的图形对象，不再具有字体、字号等文字属性，但可以对其进行锚点、路径级别的编辑和处理。"创建轮廓"命令常用于制作艺术字，本案例就是使用该命令制作变形艺术字。

案例效果

案例效果如图6-227所示。

图 6-227

操作步骤

中文版Illustrator 2022完全案例教程（微课视频版）

步骤 01 执行"文件>新建"命令或使用快捷键Ctrl+N创建新文档。执行"文件>置入"命令，置入素材1.jpg。调整到与画板等大，然后单击控制栏中的"嵌入"按钮，将其嵌入画板，如图6-228所示。

步骤 02 执行"窗口>符号库>庆祝"命令，在弹出的"庆祝"面板中选择"星形"符号，如图6-229所示。

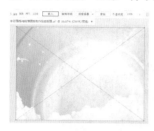 

图 6-228 图 6-229

步骤 03 单击工具箱中的"符号喷枪工具"按钮 ，然后在画板上按住鼠标左键拖动，快速绘制出大量的星形，如图6-230所示。

图 6-230

步骤 04 选择工具箱中的"钢笔工具"，设置"填充"为粉红色，"描边"为无。设置完成后绘制一个不规则的图形，如图6-231所示。

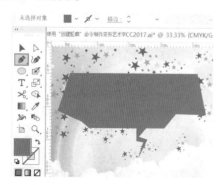

图 6-231

步骤 05 选中红色图形，使用快捷键Ctrl+C进行复制，使用快捷键Ctrl+B将其粘贴于后方，然后多次按"向下"键和"向左"键进行移动，接着将下方图形的填充色更改为深红色，这样红色图形的投影就制作完成了，如图6-232所示。

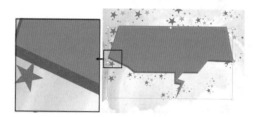

图 6-232

步骤 06 使用"钢笔工具"绘制其他图形，并填充合适的颜色，如图6-233所示。

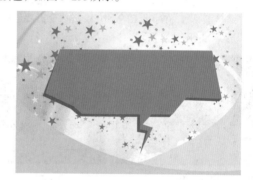

图 6-233

步骤 07 执行"文件>置入"命令，置入素材2.png和3.png。调整合适大小并移到合适的位置，然后单击控制栏中的"嵌入"按钮，将其嵌入画板，如图6-234所示。

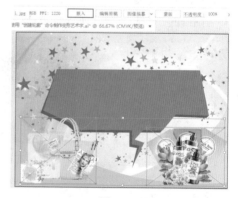

图 6-234

步骤 08 单击工具箱中的"椭圆工具"按钮，在控制栏中设置"填充"为暗黄色，"描边"为无，绘制一个圆形，如图6-235所示。

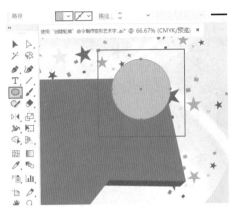

图 6-235

步骤 09 使用同样的方法再绘制一个黄色的圆形，移到合适的位置，如图6-236所示。

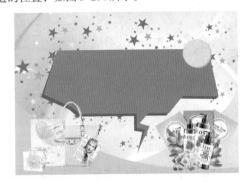

图 6-236

步骤 10 在画面中添加文字。选择工具箱中的"文字工具"，在画面中单击插入光标，接着在控制栏中设置合适的字体、字号和颜色，然后删除占位符。设置完成后输入文字，如图6-237所示。文字输入完成后按Esc键结束操作。

图 6-237

步骤 11 双击工具箱中的"倾斜工具"按钮，在弹出的"倾斜工具"窗口中设置"倾斜角度"为10°，选中"水

平"单选按钮，单击"确定"按钮，如图6-238所示。效果如图6-239所示。

图 6-238

图 6-239

步骤 12 选中刚才添加的文字，然后右击执行"创建轮廓"命令，如图6-240所示。效果如图6-241所示。

图 6-240

图 6-241

步骤 13 保持文字的选中状态，然后单击工具箱中的"美工刀"按钮，在文字外部按住鼠标左键并按住Alt键拖至文字另外一侧的外部，如图6-242所示。使用同样的方法再切分一个，得到三个独立的图形，如图6-243所示。

图 6-242

图 6-243

中文版Illustrator 2022完全案例教程（微课视频版）

步骤 14 将切分后的文字取消编组。选中文字中间被切分出的位置，使用Delete键删除，如图6-244所示。

步骤 15 使用同样的方法切分另外两个字，如图6-245所示。

图 6-244　　　　　图 6-245

步骤 16 使用"钢笔工具"绘制一些三角形，依次填充不同明度的黄色，制造出碎片的感觉，如图6-246所示。

图 6-246

步骤 17 加选文字和碎片，执行"效果>风格化>投影"命令，在弹出的"投影"面板中设置"模式"为"正片叠底"，"不透明度"为75%，"X位移""Y位移"数值均为1mm，选中"颜色"单选按钮，设置颜色为灰色。单击"确定"按钮，如图6-247所示。效果如图6-248所示。

图 6-247　　　　　图 6-248

步骤 18 使用同样的方法绘制另外一行标题字，如图6-249所示。

图 6-249

步骤 19 使用"文字工具"添加其他文字，设置合适的字体、大小和颜色。最终效果如图6-250所示。

图 6-250

6.8 字符样式与段落样式

　　字符样式与段落样式是指在Illustrator中定义的一系列文字的属性合集，其中包括文字的大小、间距、对齐方式等属性。在进行大量文字排版时，快速调用这些样式，可以使版面快速变得规整起来。尤其是在杂志、画册、书籍以及带有相同样式的文字对象的排版中，经常需要用到这项功能。

实例：使用"字符样式"快速排版

文件路径	第6章\使用"字符样式"快速排版
技术掌握	文字工具、"字符样式"面板

扫一扫，看视频　**实例说明**

　　"字符样式"与"段落样式"的创建及使用方法相同，都是在文本选中的状态下，执行"窗口>文字>字符样式/段落样式"命令，在弹出的"字符样式/段落样式"面板中进行设置。

　　如果要为某个文字对象应用新定义的字符样式，则需要在该对象选中的状态下，在"字符样式/段落样式"面板中选择所需样式，此时所选文字即可呈现出相应的文字样式。本案例就是通过"字符样式"与"段落样式"快速制作相同格式的排版。

案例效果

　　案例效果如图6-251所示。

图6-251

操作步骤

步骤 01 新建一个大小合适的横版文档。接着使用工具箱中的"矩形工具"，在控制栏中设置"填充"为白色，"描边"为无。设置完成后绘制一个和画板等大的矩形，如图6-252所示。

步骤 02 将素材1.jpg置入，调整大小放在画面左边位置，如图6-253所示。

图6-252　　　　　　图6-253

步骤 03 继续将其他素材置入，调整大小放在右侧。效果如图6-254所示。

图6-254

步骤 04 在画面中添加文字。选择工具箱中的"文字工具"，在画面中单击插入光标，接着在控制栏中设置合适的字体、字号和颜色，然后删除占位符。设置完成后输入文字，如图6-255所示。

图6-255

步骤 05 文字输入完成后按Esc键结束操作。然后继续使用该工具，在已有文字下方单击输入文字，如图6-256所示。

图6-256

步骤 06 将后输入的文字选中，执行"窗口>文字>字符样式"命令，在弹出的"字符样式"面板中单击底部的"创建新样式"按钮，创建一个以选中文字为标准的字符样式，如图6-257所示。然后在创建样式的文字上方双击，进行重命名，如图6-258所示。

图 6-257　　　　　　　图 6-258

步骤 07 继续使用"文字工具"在画面中单击添加文字，如图6-259所示。

图 6-259

步骤 08 使用"选择工具"将新添加的文字选中，在"字符样式"面板中单击"小标题"字符样式，此时该文字呈现出设置好的文字效果，如图6-260所示。

图 6-260

步骤 09 使用同样的方法在画面底部添加点文字，同时设置相同的字符样式效果，如图6-261所示。

图 6-261

步骤 10 继续使用"文字工具"在画面中创建段落文字，使用同样的方法在"段落样式"面板中添加新的段落样式，并将该样式应用到其他段落文字中。效果如图6-262所示。

图 6-262

步骤 11 继续使用"文字工具"，在主体文字下方创建段落文字，此时本案例制作完成。效果如图6-263所示。

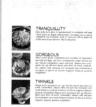

图 6-263

6.9 "制表符"面板

"制表符"可以将段落文本中的文字定位到一个统一的位置上，并按照这些位置的不同属性进行对齐操作。"制表符"常用于调整段落文字和制作目录。执行"窗口>文字>制表符"命令，可以打开"制表符"面板。

实例：使用"制表符"制作杂志目录

扫一扫，看视频

文件路径	第6章\使用"制表符"制作杂志目录
技术掌握	"制表符"面板

实例说明

本案例主要使用"制表符"面板为杂志制作目录。

案例效果

案例效果如图6-264所示。

中文版Illustrator 2022完全案例教程（微课视频版）

图 6-264

操作步骤

步骤 01 执行"文件>打开"命令，将素材 1.ai 打开。本案例需要利用"制表符"功能在目录的标题与页码之间添加一系列的"."，如图 6-265 所示。

步骤 02 使用"制表符"制作目录。将画面右侧的文字框选中，执行"窗口>文字>制表符"命令，在弹出的"制表符"面板中单击右侧的"将面板置于文本框上方"按钮，将"制表符"面板移至选定文字对象的上方，并且令点与左边距对齐，如图 6-266 所示。

图 6-265   图 6-266

步骤 03 设置目录左侧的位置。单击"左对齐制表符"按钮，然后在制表符标尺上单击添加制表位。如果需要精确的数值，可以在X文本框中输入数值，本案例中设置数值为5mm，如图 6-267 所示。

图 6-267

步骤 04 设置目录的右侧对齐。继续在制表符标尺80的位置上单击，然后单击"右对齐制表符"按钮。设置"前导符"为"."，在X文本框中输入数值为80mm。设置完成后按Enter键，如图 6-268 所示。

图 6-268

步骤 05 在"文字工具"使用状态下，在文字的左侧单击插入光标，然后按Tab键，文字将移至第一个制表符的位置，如图 6-269 所示。

图 6-269

步骤 06 在第二个需要插入制表符的位置（数值之前）单击插入光标，此时文字被移至第二个制表符的位置，空白区域被填充了刚刚设置的"前导符"，如图 6-270 所示。

图 6-270

步骤 07 使用同样的方法在文字的其他位置添加制表符，此时本案例制作完成。效果如图 6-271 所示。

图 6-271

Chapter 7
第7章

扫码看本章介绍　　扫码看基础视频

对象管理

本章内容简介：

制作一些较为大型的设计作品时，经常会用到几十个甚至几百个元素。为了操作便利，可以对部分元素进行编组、锁定或隐藏。当一个文档中包含多个对象时，这些元素的上下堆叠顺序、左右排列顺序都会影响画面的显示效果。因此，在Illustrator中对对象进行管理显得尤为重要。

重点知识掌握：

- 熟练掌握对齐与分布的操作方法。
- 熟练掌握编组、锁定、隐藏的操作方法。
- 学会使用图像描摹。

通过本章学习，我能做什么？

通过本章的学习，可以在制图时方便快捷地隐藏某些暂时不需要的对象；可以将部分元素"锁定"，以防被移动；还可以将构成某个局部的多个元素编组，以便于同时进行缩放、移动等操作；通过"对齐"与"分布"功能可以使版面内容更加规整。除此之外，利用"图像描摹"功能可以轻松地将位图对象转换为矢量图形，从而快速得到卡通感的矢量画。

优秀作品欣赏

7.1 对象的排列

Illustrator文档中经常会出现重叠的元素，排列在上面的对象会遮挡住下面的对象，此时更改对象的排列顺序会使画面效果产生变化。执行"排列"命令可以随时更改图形中对象的堆叠顺序，从而调整作品效果。

扫一扫，看视频

实例：调整图形排列顺序得到不同效果

文件路径	第7章\调整图形排列顺序得到不同效果
技术掌握	调整排列顺序

扫一扫，看视频

实例说明

在进行设计的过程中，如果画面中存在图形堆叠，则要对图形的排列顺序进行调整。首先将需要调整顺序的图形选中；然后执行"对象>排列"命令，在弹出的子菜单中包含了多个用于调整对象排列顺序的命令；或者在画面中右击，在弹出的快捷菜单中执行"排列"命令，也会出现相应的子菜单用于调整。本案例首先需要将在画板外的图形移至画面中；然后通过对图形对象顺序的调整制作标志效果。

案例效果

案例效果如图7-1所示。

图 7-1

操作步骤

步骤 01 执行"文件>打开"命令，将素材1.ai打开，如图7-2所示。

图 7-2

步骤 02 在案例效果中，标志图形是由在画板外的几个图形叠放在一起组成的，需要将其移至画面中。使用"选择工具"将在画板外的第二个图形移至画面中，放在标志文字上方位置，如图7-3所示。

步骤 03 将青色渐变矩形移至画面中，放在已有图形的上方位置，如图7-4所示。因为该图形设置了混合模式，所以将下方的图形显示出来，让二者融合到一起。

图 7-3   图 7-4

> **提示：不同排列顺序的效果不同**
>
> 如果要调整的图形设置了相应的混合模式，那么在调整图形的排列顺序时将会呈现出不同的效果。

步骤 04 如果图形没有设置混合模式，调整图形对象顺序将呈现出另外一种效果。将第二个图形选中，执行"对象>排列>前移一层"命令，将该图形移至渐变图形上方。因为该图形没有设置混合模式，所以将下方图形部分区域遮挡住，呈现出与上一步操作中不同的效果，如图7-5所示。

步骤 05 继续将图形移至画面中。效果如图7-6所示。

步骤 06 选择白色正圆，拖动鼠标将其放在画面最上方位置，如图7-7所示。

步骤 07 此时，该图形被其他图形遮挡住，执行"对象>排列>置于顶层"命令，将正圆显示出来，此时本案例制作完成。效果如图7-8所示。

图7-5   图7-6

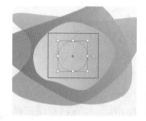

图7-7   图7-8

7.2 对齐与分布

扫一扫，看视频

在制图过程中，经常需要将多个图形进行整齐排列，使其形成一定的排列规律，以呈现整齐、统一的美感。"对齐"操作是将多个图形对象进行整齐排列；"分布"操作是对图形之间的距离进行调整。

实例：利用对齐与分布进行排版

文件路径	第7章\利用对齐与分布进行排版
技术掌握	移动复制、对齐与分布

扫一扫，看视频

实例说明

在版面的编排中，有一些元素是必须要对齐的，如界面设计中的按钮、版面中的一些图案、证件照的排版等。那么如何快速而精准地进行对齐呢？使用"对齐"与"分布"功能可以很好地将多个对象进行整齐有序的排列。

案例效果

案例效果如图7-9所示。

图7-9

操作步骤

步骤 01 新建一个大小合适的横版文档。接着选择工具箱中的"矩形工具"，在控制栏中设置"填充"为白色，"描边"为无。设置完成后绘制一个和画板等大的矩形，将人物素材1置入，如图7-10所示。

步骤 02 选择照片，按住Alt键的同时按住鼠标左键向右拖动将其复制一份，如图7-11所示。

图7-10   图7-11

步骤 03 继续使用相同的方法将照片再次复制两份，放在画面右侧位置，如图7-12所示。

图7-12

步骤 04 按住Shift键依次加选4张照片，单击面板中的"顶对齐"按钮，此时选中的对象将会以顶边对齐的状态显示，如图7-13所示。

中文版Illustrator 2022完全案例教程（微课视频版）

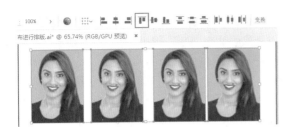

图 7-13

步骤 05 单击"水平居中对齐"按钮，此时每张照片之间的距离是相等的，如图7-14所示。

图 7-14

提示：打开"对齐"面板

执行"窗口>对齐"命令，在"对齐"面板中也能够进行对齐与分布。

步骤 06 在4张照片选中的状态下，使用"选择工具"按住Alt键向下拖动鼠标进行移动复制，同时按住Shift键保证垂直向下移动，此时本案例制作完成。效果如图7-15所示。

图 7-15

实例：通过对齐与分布制作同心圆背景

文件路径	第7章\通过对齐与分布制作同心圆背景
技术掌握	对齐、分布

扫一扫，看视频

实例说明

在一些设计中，经常可以看到同心圆背景或将同心圆作为对象的一部分，那么这种效果是怎样制作出来的呢？在绘制的多个正圆选中的状态下，在"对齐"面板中单击"垂直居中对齐""水平居中对齐"按钮，可以将多个正圆的中心点对齐到一个点上，这样就可以很轻松地制作出同心圆效果。

案例效果

案例效果如图7-16所示。

图 7-16

操作步骤

步骤 01 新建一个大小合适的横版文档。接着选择工具箱中的"矩形工具"，在控制栏中设置"填充"为橘色，"描边"为无。设置完成后绘制一个和画板等大的矩形，如图7-17所示。

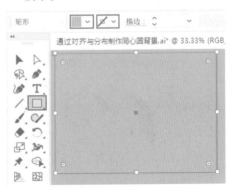

图 7-17

步骤 02 选择工具箱中的"椭圆工具"，在控制栏中设置"填充"为黄色，"描边"为无。设置完成后在画面中间位置按住Shift键的同时按住鼠标左键拖动绘制一个正圆，如图7-18所示。

v{步骤03}继续使用该工具绘制另外两个正圆，如图7-19所示。

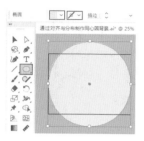
图7-18

图7-19

步骤04 按住Shift键依次加选三个正圆，执行"窗口>对齐"命令，在弹出的"对齐"面板中单击"垂直居中对齐""水平居中对齐"按钮，设置相应的对齐方式制作同心圆背景，如图7-20所示。

步骤05 将素材1.png置入，调整大小放在画面中间位置，如图7-21所示。

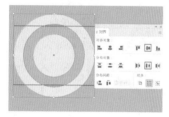
图7-20

图7-21

步骤06 在画面中添加文字。选择工具箱中的"文字工具"，在画面中单击插入光标，接着在控制栏中设置合适的字体、字号和颜色，然后删除占位符。设置完成后输入文字，如图7-22所示。文字输入完成后按Esc键结束操作。

图7-22

步骤07 为文字添加投影，增加视觉上的立体效果。将文字选中，执行"效果>风格化>投影"命令，在弹出的"投影"窗口中设置"模式"为"正片叠底"，"X位移""Y位移""模糊"的数值均为1mm，"颜色"为黑色。设置完成后单击"确定"按钮，如图7-23所示。效果如图7-24所示。

图7-23

图7-24

步骤08 继续使用"文字工具"在主体文字下方单击添加文字，如图7-25所示。

步骤09 选择工具箱中的"直线段工具"，在控制栏中设置"填充"为无，"描边"为白色，"粗细"为3pt。设置完成后在文字左侧位置按住Shift键的同时按住鼠标左键拖动绘制一条直线段，如图7-26所示。

图7-25

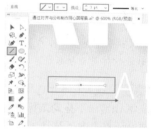
图7-26

步骤10 将该直线段复制一份，放在文字的右侧位置，如图7-27所示。

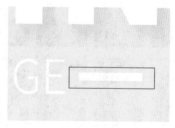
图7-27

步骤11 将该文档进行保存导出。由于在源文件中绘制的正圆有超出画板的部分，所以在导出时需要将其隐藏。执行"文件>存储为"命令，将文件存储。接着执行"文件>导出>导出为"命令，在弹出的"导出"窗口中勾选"使用画板"复选框，可以将画板外的图形隐藏。然后单击"导出"按钮即可，如图7-28所示，此时本案例制作

中文版Illustrator 2022完全案例教程（微课视频版）

完成。效果如图7-29所示。

图7-28

图7-29

7.3 隐藏与显示

在Illustrator中可以将暂时不需要的对象隐藏起来，等需要的时候再显示出来。被隐藏的对象只是看不见，同时无法选择与打印，但是仍然存在于文档中。可以通过"显示"命令将其显示出来。

扫一扫，看视频

实例：隐藏局部内容展示不同效果

文件路径	第7章\隐藏局部内容展示不同效果
技术掌握	隐藏、显示

扫一扫，看视频

实例说明

当画面中同时存在多个重叠且需要单独进行展示的对象时，首先将需要展示对象以外的其他对象选中，执行"对象>隐藏>所选对象"命令，即可将其他对象隐藏。接着在显示下一个对象效果之前，需要执行"对象>显示全部"命令，将隐藏的图形全部显示出来。然后再重复上一步的操作进行单独显示。

在操作时需要注意的是，在每一种效果单独展示时，执行"文件>导出>导出为"命令，可以将展示效果直接导出。

案例效果

案例效果如图7-30所示。

图7-30

操作步骤

步骤 01 执行"文件>打开"命令，将素材1.ai打开，如图7-31所示。此时，可以看到在打开的文档中各个效果处于全部打开状态，整体效果比较乱，无法清楚地展现每一种效果。因此，需要对图形进行部分隐藏与显示展示每一种效果。

图7-31

步骤 02 展示"问号"图标的效果。按住Shift键将其他三种图标选中，然后执行"对象>隐藏>所选对象"命令，如图7-32所示，即可将其他效果隐藏，将该效果单独显示出来，如图7-33所示。

图7-32　　　　　　　图7-33

步骤 03 将效果导出。在当前"问号"图标效果单独显示的状态下，执行"文件>导出>导出为"命令，在弹出的"导出"窗口中设置合适的文件名和保存类型。设置完成后单击"导出"按钮，即可将该效果单独导出，如图7-34所示。

图7-34

步骤 04 将隐藏的图形显示出来，继续展示其他效果。执行"对象>显示全部"命令，将隐藏的图形全部显示出来，如图7-35所示。

步骤 05 使用同样的方法将"电话"图标单独显示出来并导出，如图7-36所示。

图 7-35

图 7-36

步骤 06 重复前面的操作，将"停车场"图形和"箭头"图形分别单独显示出来并导出，如图7-37和图7-38所示。本案例制作完成。

图 7-37

图 7-38

7.4 编组与解组

扫一扫，看视频

"编组"的目的是为了便于管理与选择。编组后的对象仍然保持其原始属性，并且可以随时解散组合。

实例：通过编组对文件进行整理

扫一扫，看视频

文件路径	第7章\通过编组对文件进行整理
技术掌握	编组、对齐、分布

实例说明

编组是将两个或两个以上的对象"捆绑"在一起，当使用"选择工具"进行选择时能够选中编组的对象。本案例就是通过"编组"对文件进行整理。

案例效果

案例效果如图7-39所示。

图 7-39

操作步骤

步骤 01 新建一个大小合适的横版文档。接着选择工具箱中的"矩形工具"，在控制栏中设置"填充"为橘色，"描边"为无。设置完成后在画面左上角位置绘制矩形，如图7-40所示。

步骤 02 选中该矩形，使用快捷键Shift+Alt向右拖动进行移动并复制的操作，如图7-41所示。

图 7-40

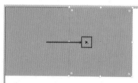
图 7-41

步骤 03 选中复制的矩形，更改其颜色，如图7-42所示。

步骤 04 继续复制矩形并更改相应的颜色，调整大小使6个小矩形充满整个画板，同时对复制得到的矩形进行颜色的更改。效果如图7-43所示。

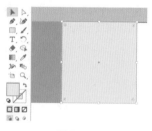
图 7-42

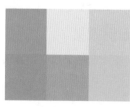
图 7-43

> **案例秘诀：**
>
> 制作彩块背景的其他方法。首先绘制一个与画板等大的矩形。选中矩形后执行"对象>路径>分割为网

中文版Illustrator 2022完全案例教程（微课视频版）

格"命令，在"分割为网格"窗口中设置"行"的"数量"为2，"列"的"数量"为3，"栏间距"为0mm，"间距"为0mm，参数设置如图7-44所示。

设置完成后单击"确定"按钮，即可将一个矩形分割为6个，如图7-45所示。

图7-44　　　　　　图7-45

步骤 05 将素材1.jpg置入，调整大小放在画面左上角的橘色矩形上方，如图7-46所示。

步骤 06 将其他水果素材置入，放在画面中的小矩形上方。效果如图7-47所示。

图7-46　　　　　　图7-47

步骤 07 在文档中的水果素材上方添加文字，如图7-48所示。

图7-48

步骤 08 继续使用该工具输入其他文字，如图7-49所示。

步骤 09 按住Shift键依次加选三个文字对象，执行"对象>编组"命令（快捷键为Ctrl+G），或者右击，在弹出的快捷菜单中执行"编组"命令，即可对文字进行编组，如图7-50所示。

图7-49　　　　　　图7-50

🦉 **提示：如何选择组内对象**

编组后使用"选择工具"进行选择时只能选择该组，无法再选择其中的单个对象；而使用"编组选择工具" 才能选中组内的某个对象。

还可以使用"选择工具"在图形上方不断地单击直到选中位置，如果要退出选中状态，可以单击文档窗口左上角的"后移一层"按钮退出选中状态，如图7-51所示。

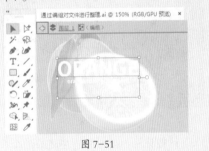

图7-51

步骤 10 将该编组文字对象复制5份，并将复制得到的文字放在画面中水果素材上方。同时在"文字工具"使用状态下，对文字内容进行更改。效果如图7-52所示。

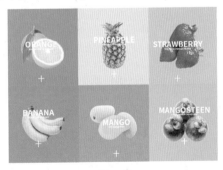

图7-52

步骤 11 对编组的文字对象进行对齐。按住Shift键加选画面中第一排的三个文字对象，执行"窗口>对齐"命令，在弹出的"对齐"面板中单击"顶部对齐"按钮，将对象的顶部对齐，如图7-53所示。

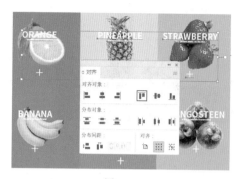

图 7-53

步骤 12 加选第二排的三个文字对象，在"对齐"面板中单击"底部对齐"按钮，将其底部对齐，并适当地向上移动。效果如图 7-54 所示。

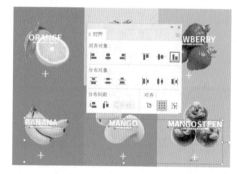

图 7-54

步骤 13 继续按住 Shift 键加选最左侧的两个文字对象，在"对齐"面板中单击"水平居中对齐"按钮，将文字进行居中对齐设置，如图 7-55 所示。

图 7-55

步骤 14 使用同样的方法对其他编组文字进行水平居中对齐，此时本案例制作完成。效果如图 7-56 所示。

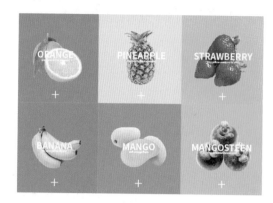

图 7-56

 提示：取消编组

当不需要编组时，可以将该编组对象选中，然后执行"对象>取消编组"命令（快捷键为 Ctrl+Shift+G），或者右击，在弹出的快捷菜单中执行"取消编组"命令，即可取消编组。

7.5 锁定与解锁

扫一扫，看视频

在进行比较复杂的图形文档编辑时，文档中如果存在过多元素，想要对某一个元素进行选择或操作时，很容易触碰到其他元素或受到其他元素的影响。此时，可以将不需要进行编辑的元素进行锁定。如果要对锁定的对象进行编辑，还可以使用"解锁"功能恢复对象的可编辑性。

实例：利用"锁定"命令制作整齐排列的按钮

文件路径	第7章\利用"锁定"命令制作整齐排列的按钮
技术掌握	锁定、编组

扫一扫，看视频

实例说明

"锁定"是将对象固定在某个位置无法被选中，也无法被编辑。本案例主要使用"锁定"命令将部分图形锁定，在被锁定图形不受影响的前提下将其他图形框选，在"对齐"面板中设置相应的对齐与分布，制作整齐排列的按钮。

案例效果

案例效果如图 7-57 所示。

图 7-57

操作步骤

步骤 01 执行"文件>打开"命令，将素材1.ai打开，如图7-58所示。

图 7-58

步骤 02 使用"选择工具"框选背景和文字，接着在控制栏中单击"水平居中对齐"按钮，如图7-59所示。

图 7-59

步骤 03 将框选的对象进行水平居中对齐。效果如图7-60所示。

图 7-60

步骤 04 此时，在画面左侧有空白部分，需要将背景图形向右移动将其填满。使用"选择工具"，按住鼠标左键向左拖动，使背景充满整个画板，如图7-61所示。

图 7-61

步骤 05 为了避免后面选中到背景素材的错误操作，需要保持这些对象的选中状态，接着执行"对象>锁定>所选对象"命令，将这些图形锁定，如图7-62所示。

图 7-62

步骤 06 通过操作已经将背景对象全部锁定，接下来对画板外的图标进行调整。使用"选择工具"框选按钮部分，按住鼠标左键向上移动至画面下方的空白位置，如图7-63所示。

图 7-63

步骤 07 在画面左侧位置框选第一个按钮的两个部分（由于背景部分被锁定，所以框选时不会影响到背景），如图7-64所示。

图 7-64

步骤 08 在该按钮选中状态下，执行"窗口>对齐"命令，打开"对齐"面板。在该面板中单击"水平居中对齐""垂直居中对齐"按钮，如图7-65所示。将按钮的两个图形进行水平和垂直方向上的精准居中对齐，如图7-66所示。

图 7-65

图 7-66

步骤 09 使用同样的方法分别对其他按钮进行对齐操作。效果如图7-67所示。

步骤 10 为了便于操作，需要对每个图标进行编组。框选青色图标的两个图形，右击执行"编组"命令，将图形进行编组，如图7-68所示。然后继续对其他按钮进行编组。

图 7-67

图 7-68

步骤 11 继续使用"选择工具"将编组后的各个按钮选中，如图7-69所示。接着在"对齐"面板中单击"顶对齐""水平居中分布"按钮，将这些按钮整齐有序地排列在画面中，如图7-70所示。

图 7-69

图 7-70

步骤 12 此时本案例制作完成。效果如图7-71所示。

图 7-71

提示：解锁对象

如果要进行解锁，执行"对象>全部解锁"命令（快捷键为Ctrl+Alt+2），即可将文档中所有锁定的对象解锁。若要对单个对象解锁，则需要在"图层"面板中进行操作。

7.6 "图层"面板

执行"窗口>图层"命令，打开"图层"面板，如图7-72所示。在这里可以对文档中的元素进行编组、锁定、隐藏等操作；还可以创建多个图层，将文档中的元素分别放在不同的图层中。默认情况下，每个新建的文档都包含一个图层，而每个创建的对象都在该图层之下列出，并且用户可以根据需要创建新的图层。

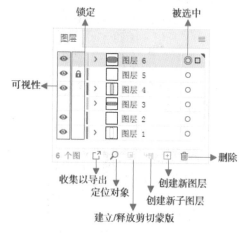
图 7-72

实例：使用图层管理文件

文件路径	第7章\使用图层管理文件
技术掌握	"图层"面板

扫一扫，看视频

实例说明

在"图层"面板中可以选中画面中的对象，切换对象的显示隐藏，调整对象的排列顺序。本案例就是通过使用"图层"面板调整文件的显示效果。

案例效果

案例效果如图7-73所示。

中文版Illustrator 2022完全案例教程（微课视频版）

图 7-73

操作步骤

步骤 01 执行"文件>打开"命令，将素材1.ai打开，如图7-74所示。这是一个需要修改问题的文档。红色卡片上的文字应该右对齐；卡片上的阴影颜色比较深；白色卡片上的联系方式文字没有被显示出来。通过"图层"面板的辅助来进行修改工作。

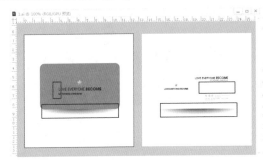

图 7-74

步骤 02 调整阴影的位置。执行"窗口>图层"命令，打开"图层"面板。通过缩览图找到阴影图形的位置，此时可以看到缩览图前带有"锁头"按钮，这代表该子图层被锁定，如图7-75所示。

步骤 03 单击这两个子图层前的"锁头"按钮即可将其解锁。然后按住Shift键单击两个阴影子图层后侧的圆形按钮即可加选阴影图形，如图7-76所示。此时画面阴影被选中，如图7-77所示。

图 7-75　　　　　图 7-76

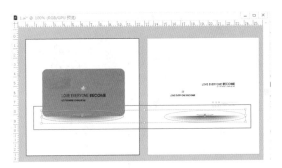

图 7-77

步骤 04 将阴影向上移动，只露出一小部分。效果如图7-78所示。

图 7-78

步骤 05 使用同样的方法在"图层"面板中将红色卡片上的文字加选，随后在控制栏中设置水平居中对齐，如图7-79所示。

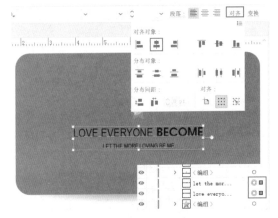

图 7-79

步骤 06 制作白色卡片上的联系方式。首先观察"图层"面板，可以看到有一个子图层没有"眼睛"图标，这代表该子图层是隐藏状态，如图7-80所示。

图 7-80

步骤 07 单击此处，即可显示子图层。此时，画面中联系方式显示出来，如图 7-81 所示。

图 7-81

步骤 08 在"图层"面板中单击面板底部的"创建新图层"按钮即可创建图层 2，如图 7-82 所示。

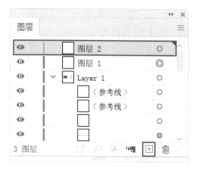

图 7-82

步骤 09 在画面中按住鼠标左键拖动框选红色卡片和下面的灰色矩形，然后在"图层"面板中可以看到被选中的子图层，如图 7-83 所示。

图 7-83

步骤 10 按住 Ctrl 键单击选中的子图层进行加选，加选完成后按住鼠标左键向图层 2 内拖动，如图 7-84 所示。释放鼠标即可完成移动操作。如图 7-85 所示。

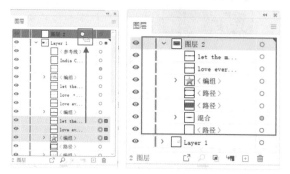

图 7-84   图 7-85

步骤 11 移动完成后，当选择图层 2 中的图形时，所显示的定界框为红色，如图 7-86 所示。

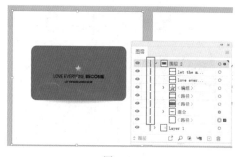

图 7-86

步骤 12 此时，文件的问题处理完成。效果如图 7-87所示。

图 7-87

7.7 图像描摹

扫一扫，看视频

利用"图像描摹"功能可以将位图图像转换为矢量图形。转换为矢量图形后，如果对效果不满意，还可以重新调整效果，转换后的矢量图形要经过"扩展"操作才能进行

中文版Illustrator 2022完全案例教程（微课视频版）

路径的编辑操作。图7-88所示为图像描摹后的控制栏（如果界面中没有显示控制栏，可以执行"窗口>控制"命令将其显示）。

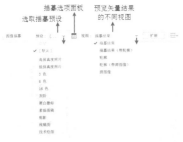

图 7-88

实例：使用图像描摹制作运动主题海报

文件路径	第7章\使用图像描摹制作运动主题海报
技术掌握	矩形工具、图像描摹、文字工具

扫一扫，看视频

实例说明

图像描摹能够将位图图像转换成矢量图形，常应用于制作矢量插画、混合插画、照片转手绘效果。本案例就是将照片转换为矢量风格插画效果，并将其应用于海报中。

案例效果

案例效果如图7-89所示。

图 7-89

操作步骤

步骤 01 新建一个大小合适的竖版文档。接着选择工具箱中的"矩形工具"，在控制栏中设置"填充"为黄色，"描边"为无。设置完成后绘制一个和画板等大的矩形，如图7-90所示。

步骤 02 将人物素材置入，调整大小放在画面中间位置，并单击控制栏中的"嵌入"按钮进行嵌入操作，如图7-91所示。

图 7-90　　　　　　　图 7-91

步骤 03 对置入的人物素材进行图像描摹。将人物素材选中，在控制栏中单击"图像描摹"右侧的倒三角按钮，然后在弹出的下拉菜单中选择"低保真度照片"，如图7-92所示。

步骤 04 此时，即可将位图图像转换为矢量图形。效果如图7-93所示。

图 7-92　　　　　　　图 7-93

步骤 05 继续使用"矩形工具"，在控制栏中设置"填充"为无，"描边"为白色，"粗细"为10pt。设置完成后在人物素材边缘绘制一个描边矩形，如图7-94所示。

图 7-94

步骤 06 在画面中添加文字。选择工具箱中的"文字工具",在画面中单击插入光标,接着在控制栏中设置合适的字体、字号和颜色,然后删除占位符。设置完成后输入文字,如图7-95所示。文字输入完成后按Esc键结束操作。

图 7-95

步骤 07 继续使用该工具,单击输入其他文字。效果如图7-96所示。

图 7-96

步骤 08 使用"矩形工具"在画面最上方位置的左侧绘制一个黄色的矩形条,如图7-97所示。

步骤 09 将该矩形条复制一份,放在文字右侧位置,如图7-98所示。

图 7-97   图 7-98

步骤 10 选择工具箱中的"圆角矩形工具",在控制栏中设置"填充"为黄色,"描边"为无。设置完成后在画面下方文字位置绘制圆角矩形,同时对圆角的弧度进行调整,如图7-99所示。

步骤 11 调整该图形的排列顺序,将其放置在文字下方,此时本案例制作完成。效果如图7-100所示。

图 7-99   图 7-100

实例:使用图像描摹快速制作飞鸟标志

扫一扫,看视频

文件路径	第7章\使用图像描摹快速制作飞鸟标志
技术掌握	图像描摹、文字工具

实例说明

本案例主要使用"图像描摹"将位图图像转换为矢量图形,然后再进行"扩展"将其转换为可操作的矢量图形,并对颜色进行更改,快速制作出飞鸟形态的标志。

案例效果

案例效果如图7-101所示。

图 7-101

操作步骤

步骤 01 新建一个大小合适的横版文档。接着将飞鸟素材1置入,放在画面左侧位置,如图7-102所示。

图 7-102

中文版Illustrator 2022完全案例教程(微课视频版)

步骤 02 对飞鸟素材进行图像描摹。将飞鸟素材选中，然后在控制栏中单击"图像描摹"右侧的倒三角按钮，在弹出的下拉菜单中选择"剪影"，如图7-103所示。效果如图7-104所示。

图 7-103　　　　　图 7-104

步骤 03 在飞鸟素材选中的状态下，在控制栏中单击"扩展"按钮，如图7-105所示。

步骤 04 将飞鸟转换为可以进行操作的矢量图形，如图7-106所示。

图 7-105　　　　　图 7-106

步骤 05 选中该图形，右击执行"取消编组"命令，如图7-107所示。

步骤 06 选择外边框，按Delete键删掉多余的白色背景，如图7-108所示。

图 7-707　　　　　图 7-108

步骤 07 选中飞鸟部分，然后在"标准颜色控件"中将其填充色更改为蓝色，如图7-109所示。

图 7-109

步骤 08 在飞鸟右侧添加文字。选中工具箱中的"文字工具"，在控制栏中设置合适的字体、字号和颜色。设置完成后在飞鸟右侧单击输入文字，如图7-110所示。

图 7-110

步骤 09 继续使用该工具，输入其他文字。此时，本案例制作完成，效果如图7-111所示。

图 7-111

提示：矢量图形转换为位图图像

位图图像可以转换为矢量图形，矢量图形也可以通过"栅格化"命令转换为位图图像。选中一个矢量图形，接着执行"对象>栅格化"命令，在弹出的"栅格化"窗口中进行设置，然后单击"确定"按钮，即可将矢量图形转换为位图图像。

扫码看本章介绍

扫码看基础视频

矢量对象的高级操作

本章内容简介:

本章主要介绍针对矢量对象进行的一系列高级编辑操作。例如,对图形的外形进行随意的调整、膨胀、收缩等,在多个矢量图形之间进行。相加、相减或提取交集的操作,对路径进行连接、平均、简化、清理等操作,使用混合工具制作多个矢量图形混合过渡的效果,以及可以控制画面内容显示、隐藏的"剪切蒙版"等。

重点知识掌握:

- 掌握对象变形工具组中的工具的使用方法。
- 熟练掌握"路径查找器"的使用方法。
- 熟练掌握剪切蒙版的使用方法。

通过本章学习,我能做什么?

通过本章的学习,可以利用对象变形工具组中的工具对已有的矢量对象的形态进行非常"随意"的徒手修改,得到千变万化的效果;可以利用混合工具得到从一个矢量图形过渡到另一个矢量图形之间的全部过渡图形;还可以利用剪切蒙版去除超出画面区域的内容,或者隐藏多余的部分。

优秀作品欣赏

8.1 对象变形工具

如果需要更改由多个图形构成的对象的外形，无须单独调整每个图形的锚点，可以尝试使用本节将要介绍的8种非常方便、好用的对象变形工具完成。这些工具都位于一个工具组中，其使用方法也很简单，在路径上按住鼠标左键拖动，即可使图形发生变化。这些变形工具均可以对矢量图形进行操作，其中部分工具还可以对位图进行操作，如图8-1所示。

图 8-1

实例：使用"宽度工具"调整线条粗细

文件路径	第8章\使用"宽度工具"调整线条粗细
技术掌握	宽度工具

扫一扫，看视频

实例说明

使用"宽度工具"可以轻松、随意地调整路径上各部分的描边宽度，常用于制作描边粗细不同的线条，如欧式花纹、不规则的图形等。本案例主要使用"宽度工具"调整制作描边路径的粗细，制作标志的图形。然后使用"文字工具"在图形右侧单击输入文字。

案例效果

案例效果如图8-2所示。

图 8-2

操作步骤

步骤 01 新建一个大小合适的横版文档。接着选择工具

箱中的"矩形工具"，设置"填充"为蓝色，"描边"为无。设置完成后绘制一个和画板等大的矩形，如图8-3所示。

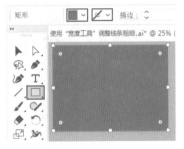

图 8-3

步骤 02 选择工具箱中的"钢笔工具"，设置"填充"为无，"描边"为白色，"粗细"为5pt。设置完成后在画面中绘制一段路径，如图8-4所示。

图 8-4

案例秘诀：

使用"曲率工具""弧形工具"都可以绘制曲线，读者可以根据自己的习惯进行工具的选择。

步骤 03 在绘制的路径被选中状态下，执行"窗口>描边"命令，在弹出的"描边"面板中设置"端点"为"圆头端点"，如图8-5所示。

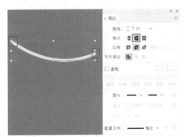

图 8-5

步骤 04 继续将绘制的路径选中，选择工具箱中的"宽度工具"，将光标放在路径的端点位置，按住鼠标左键

向外拖动，如图8-6所示。

步骤 05 释放鼠标即可看出路径变宽，如图8-7所示。

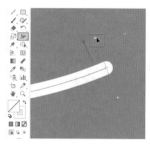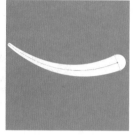

图8-6　　　　　　　　图8-7

步骤 06 将路径下端的圆角调整为尖角。将路径选中，将光标放在路径端点下方的锚点上，按住鼠标向内拖动，使向下两个锚点重合在一起，如图8-8所示。释放鼠标即可将圆角调整为尖角。效果如图8-9所示。

图8-8　　　　　　　　图8-9

步骤 07 使用"选择工具"将调整完成的图形选中，将光标放在定界框任意一角处按住鼠标左键拖动调整大小，并适当地进行旋转，如图8-10所示。

步骤 08 将调整完成的图形复制5份，然后使用同样的方法对复制得到的图形进行调整。效果如图8-11所示。

图8-10　　　　　　　　图8-11

步骤 09 在标志图形右侧添加文字。选择工具箱中的"文字工具"，在画面中单击插入光标，接着在控制栏中设置合适的字体、字号和颜色，然后删除占位符。设置完成后输入文字，如图8-12所示。

图8-12

步骤 10 文字输入完成后按Esc键结束操作。然后继续使用该工具添加其他文字，此时本案例制作完成。效果如图8-13所示。

图8-13

提示：精确设置路径局部宽度

若要指定路径某段的精确宽度，可以使用"宽度工具"在路径上双击，随即会弹出"宽度点数编辑"窗口，在该窗口中可以对边线以及总宽度的具体参数进行相应的设置，如图8-14所示。

图8-14

实例：使用"变形工具"制作炫彩界面

扫一扫，看视频

文件路径	第8章\使用"变形工具"制作炫彩界面
技术掌握	变形工具

中文版Illustrator 2022完全案例教程（微课视频版）

实例说明

使用"变形工具"可以对绘制的图形进行任意形状的调整。在使用时将光标放在要调整的对象上方，按住鼠标左键拖动，此时对象将按照鼠标移动的方向产生自然的变形效果。同时该工具不仅可以对矢量图形进行调整，还可以对嵌入画面中的位图进行操作。本案例主要使用"变形工具"对绘制的图形进行各种变形，制作不规则图形并且填充多彩颜色，制作炫彩界面。

案例效果

案例效果如图8-15所示。

图 8-15

操作步骤

步骤 01 制作背景。选择工具箱中的"矩形工具"，设置"填充"为深紫色，"描边"为无。设置完成后绘制一个和画板等大的矩形，如图8-16所示。

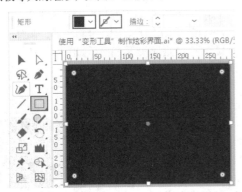

图 8-16

步骤 02 选择工具箱中的"圆角矩形工具"，设置"填充"为白色，"描边"为无。设置完成后绘制一个比深紫色矩形稍小一些的圆角矩形，同时对圆角的弧度进行调整，如图8-17所示。

步骤 03 将绘制的白色圆角矩形选中，使用快捷键Ctrl+C进行复制，使用快捷键Ctrl+F粘贴到前面，并将其颜色更改为深紫色，如图8-18所示。

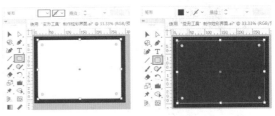

图 8-17　　　　　　　　图 8-18

步骤 04 使用"选择工具"，按住Shift键的同时在深紫色圆角矩形左侧的两个圆点位置单击将其选中。然后按住鼠标左键不放向外拖动，如图8-19所示。

步骤 05 释放鼠标即可将圆角调整为尖角，如图8-20所示。

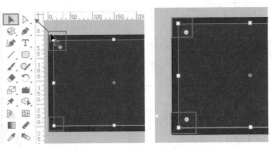

图 8-19　　　　　　　　图 8-20

步骤 06 继续使用"选择工具"，将光标放在深紫色圆角矩形左侧边缘中间的控制点上，按住鼠标左键向右拖动，将图形适当地缩小，如图8-21所示。然后框选所有背景图形，执行"对象>锁定>所选对象"命令，将其锁定。

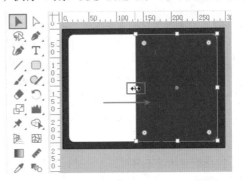

图 8-21

步骤 07 此时，背景部分制作完成，接下来制作画面右侧的炫彩界面。使用"矩形工具"绘制一个矩形，然后执行"窗口>渐变"命令，在弹出的"渐变"面板中编辑一个橘色系的线性渐变，设置"渐变角度"为0°，如图8-22所示。

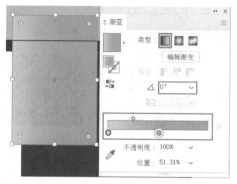

图8-22

步骤 08 将渐变矩形选中，选择工具箱中的"变形工具"，然后将光标放在矩形右侧，按住鼠标左键不放向左拖动，如图8-23所示。

步骤 09 释放鼠标即可看到对象按照鼠标移动的方向产生了自然的变形效果，如图8-24所示。

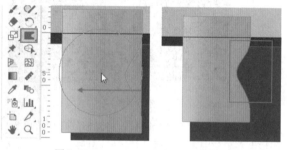

图8-23   图8-24

> **提示：调整笔尖大小**
>
> 如果想要更加直观地调整各种"变形工具"的笔尖大小，在使用该工具的状态下，按住Shift键拖动即可调整画笔笔尖大小；按住鼠标左键的同时按住Alt键拖动，即可调整笔尖的宽度或高度；水平方向拖动调整的是笔尖的宽度，垂直方向拖动调整的是笔尖的高度；按住快捷键Shift+Alt的同时按住鼠标左键拖动可以将笔尖进行等比例缩放。

步骤 10 继续使用该工具对该图形进行变形操作。效果如图8-25所示。

步骤 11 选择工具箱中的"椭圆工具"，在画面中绘制正圆，并在"渐变"面板中为其填充紫色到青色的线性渐变，设置"渐变角度"为35°，如图8-26所示。

图8-25   图8-26

步骤 12 使用"变形工具"对正圆的外形进行调整。效果如图8-27所示。

步骤 13 将该图形选中，执行"窗口>透明度"命令，在弹出的"透明度"面板中设置"混合模式"为"柔光"，如图8-28所示。

图8-27   图8-28

步骤 14 使用同样的方法制作其他变形图形，并为其设置相应的混合模式。效果如图8-29所示。然后框选所有图形（背景图形已经锁定，不会被框选），使用快捷键Ctrl+G进行编组。

步骤 15 此时，编组的图形有超出画板的部分，需要将其隐藏。使用"圆角矩形工具"绘制图形，调整圆角的弧度使其与下方的圆角矩形相同，如图8-30所示。

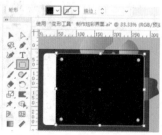

图8-29   图8-30

步骤 16 按住Shift键加选图形和彩色的编组图形组，使用快捷键Ctrl+7创建剪切蒙版，将图形组不需要的部分隐藏，如图8-31所示。

中文版Illustrator 2022完全案例教程（微课视频版）

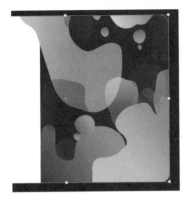

图 8-31

步骤 17 打开素材 1.ai，将文字选中后复制，然后回到操作的文档内粘贴，并调整到合适位置，此时本案例制作完成。效果如图 8-32 所示。

图 8-32

选项解读：旋转扭曲工具选项

如果想要更改"变形工具""旋转扭曲工具""缩拢工具"等工具的大小和强度等选项，需要在工具箱中双击该工具，接着就可以在弹出的工具选项窗口中进行参数的设置，如图 8-33 所示。

图 8-33

在上半部分可以进行画笔宽度、高度、角度和强度的设置，这 4 种参数是通用的，图 8-34 所示为通用参数的对比效果。下半部分为具体工具的参数选项。不同的工具，可以设置的参数选项也略有不同。

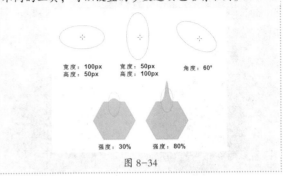

图 8-34

实例：使用"旋转扭曲工具"制作抽象风格背景

文件路径	第8章\使用"旋转扭曲工具"制作抽象风格背景
技术掌握	旋转扭曲工具

扫一扫，看视频

实例说明

"旋转扭曲工具"可以在矢量对象上产生旋转的扭曲变形效果。该工具不仅可以对矢量图形进行操作，还可以对嵌入的位图进行操作。

案例效果

案例效果如图 8-35 所示。

图 8-35

操作步骤

步骤 01 新建一个大小合适的空白文档。接着选择工具箱中的"椭圆工具"，设置"填充"为深蓝色，"描边"为无。设置完成后在画面中绘制一个正圆，如

图8-36所示。

步骤 02 将绘制的正圆选中，使用快捷键Ctrl+C进行复制，使用快捷键Ctrl+F将其粘贴到前面。然后将光标放在复制得到的图形的定界框一角，按住快捷键Shift+Alt的同时按住鼠标左键，将图形进行等比例中心缩小。同时将其颜色更改为棕色，如图8-37所示。

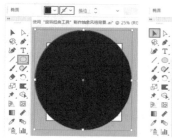

图8-36　　　　　　　　图8-37

步骤 03 重复使用该方法将正圆复制，并将其进行等比例缩小与颜色的更改。制作出若干个大小不一的正圆叠加的同心圆效果，如图8-38所示。框选所有正圆，使用快捷键Ctrl+G将其编组。

步骤 04 选择工具箱中的"旋转扭曲工具"，设置大小合适的笔尖，然后在图形上按住鼠标左键，如图8-39所示。释放鼠标，图形发生扭曲变化。

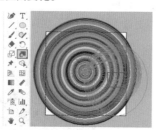

图8-38　　　　　　　　图8-39

步骤 05 在进行扭曲时，按住鼠标左键的时间越长，扭曲的程度就越强。效果如图8-40所示。

步骤 06 继续使用该工具在图形上方进行扭曲，然后将扭曲完成的图形适当地放大。效果如图8-41所示。

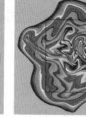

图8-40　　　　　　　　图8-41

 提示：更改旋转的方向

　　正常情况下使用"旋转扭曲工具"进行扭曲的效果为逆时针扭曲，如果要更改旋转的方向，可以双击该工具的图标，打开"旋转扭曲工具选项"窗口，将"旋转扭曲速率"参数设置为负值，即可将扭曲效果变为顺时针扭曲。

步骤 07 此时，扭曲的图形有超出画板的部分，需要将其隐藏。使用"矩形工具"绘制一个和画板等大的矩形，如图8-42所示。

步骤 08 框选所有图形，使用快捷键Ctrl+7创建剪切蒙版，将图形不需要的部分隐藏，如图8-43所示。

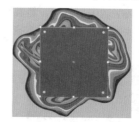

图8-42　　　　　　　　图8-43

步骤 09 此时，画面中图形的亮度过高，需要适当地降低。继续使用"矩形工具"绘制一个和画板等大的黑色矩形，如图8-44所示。

图8-44

步骤 10 将绘制的矩形选中，执行"窗口>透明度"命令，在弹出的"透明度"面板中设置"不透明度"为30%，如图8-45所示。效果如图8-46所示。

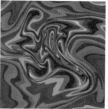

图8-45　　　　　　　　图8-46

步骤 11 使用"矩形工具"在画面中间位置绘制一个小一些的黑色矩形，接着在"透明度"面板中设置"不透明度"为70%，如图8-47所示。

步骤 12 在该矩形上方绘制一个"粗细"为3pt的白色描边矩形框，如图8-48所示。

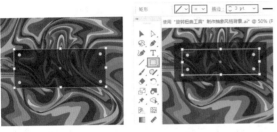

图8-47   图8-48

步骤 13 选择工具箱中的"文字工具"，在画面中单击插入光标，接着在控制栏中设置合适的字体、字号和颜色，然后删除占位符。设置完成后输入文字，如图8-49所示。

图8-49

步骤 14 文字输入完成后按Esc键结束操作。然后继续使用"文字工具"在主体文字下方单击输入稍小一些的文字，如图8-50所示。

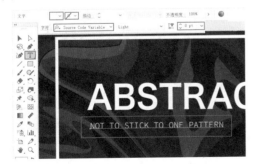

图8-50

步骤 15 将主体文字下方的文字选中，执行"窗口>文

字>字符"命令，在弹出的"字符"面板中设置"字符间距"为1000，如图8-51所示，此时本案例制作完成。效果如图8-52所示。

图8-51   图8-52

实例：使用"缩拢工具"制作艺术字

文件路径	第8章\使用"缩拢工具"制作艺术字
技术掌握	缩拢工具、偏移路径

扫一扫，看视频

实例说明

使用"缩拢工具"可以使矢量对象产生向内收缩的变形效果，该操作同样也可以用于嵌入的位图。在使用该工具时，按住鼠标左键的时间越长，对象收缩的程度就越强。本案例首先使用"文字工具"单击输入文字，并将文字创建轮廓，转换为可以进行操作的矢量图形；其次使用"缩拢工具"将文字进行向内收缩操作制作变形艺术字。

案例效果

案例效果如图8-53所示。

图8-53

操作步骤

步骤 01 执行"文件>打开"命令，将素材1.ai打开，如

图8-54所示。

图 8-54

步骤 02 在画面中添加文字。选中工具箱中的"文字工具",在控制栏中设置合适的字体、字号和颜色。设置完成后在画面中间位置单击输入文字,如图8-55所示。

图 8-55

步骤 03 将文字选中,右击执行"创建轮廓"命令,如图8-56所示。

图 8-56

步骤 04 将文字转换为可以进行任意操作的矢量图形,如图8-57所示。

图 8-57

步骤 05 将创建轮廓的文字选中,选择工具箱中的"缩拢工具",在"缩拢工具选项"窗口中将笔尖适当地调大,然后将光标放在文字中间位置单击,此时文字发生收缩变化,如图8-58所示。

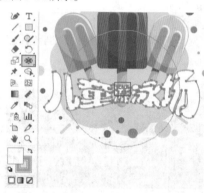

图 8-58

步骤 06 为收缩文字添加一个底色背景。将文字选中,使用快捷键Ctrl+C进行复制,使用快捷键Ctrl+B将其放置在后面。在选择复制的文字的状态下,执行"效果>路径>偏移路径"命令,在弹出的"偏移路径"窗口中设置"位移"为4mm,"连接"为"斜接","斜接限制"为4。设置完成后单击"确定"按钮,如图8-59所示。效果如图8-60所示。

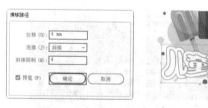

图 8-59　　　　　　　图 8-60

步骤 07 在选中复制文字的状态下,将其填充为黄色。效果如图8-61所示。

图 8-61

步骤 08 为位移路径文字添加投影，增加效果的立体感。将该文字选中，执行"效果>风格化>投影"命令，在弹出的"投影"窗口中设置"模式"为"正片叠底"，"不透明度"为30%，"X位移""Y位移"数值均为3mm，"模糊"为2mm，"颜色"为黑色。设置完成后单击"确定"按钮，如图 8-62 所示。效果如图 8-63 所示。此时本案例制作完成。

图 8-62

图 8-63

实例：使用"膨胀工具"制作变形文字

文件路径	第8章\使用"膨胀工具"制作变形文字
技术掌握	膨胀工具、偏移路径、投影

扫一扫，看视频

实例说明

　　"膨胀工具"可以在矢量对象上产生膨胀的效果，按住鼠标左键的时间越长，产生的膨胀效果就越强。本案例通过使用"膨胀工具"制作变形文字。

案例效果

　　案例效果如图 8-64 所示。

图 8-64

操作步骤

步骤 01 执行"文件>打开"命令，将素材 1.ai 打开，如图 8-65 所示。

图 8-65

步骤 02 选择工具箱中的"矩形工具"，设置"填充"为淡黄色，"描边"为无。设置完成后绘制一个和画板等大的矩形，如图 8-66 所示。

步骤 03 此时，绘制的矩形将下方的水果素材遮挡住了，需要将其显示出来。将矩形选中，执行"对象>排列>置于底层"命令，将矩形放置在画面的最下方，如图 8-67 所示。

图 8-66

图 8-67

步骤 04 在画面中添加文字。选择工具箱中的"文字工具"，在控制栏中设置合适的字体、字号和颜色。设置完成后在画面中间位置单击输入文字，如图 8-68 所示。

图 8-68

步骤 05 将文字选中，使用快捷键Ctrl+C进行复制，使用快捷键Ctrl+B将其粘贴到后面。接着选择原始文字，将其颜色更改为棕色。然后执行"效果>路径>偏移路径"命令，在弹出的"偏移路径"窗口中设置"位移"为5mm，"连接"为"斜接"，"斜接限制"为4。设置完成后单击"确定"按钮，如图8-69所示。效果如图8-70所示。

图8-69　　　　　　　　图8-70

步骤06 制作文字的白色描边。再次复制并粘贴文字。然后执行"效果>路径>偏移路径"命令，打开"偏移路径"窗口，设置"位移"为9mm，"连接"为"斜接"，"斜接限制"为4。设置完成后单击"确定"按钮，如图8-71所示。

步骤07 将其填充为白色，接着多次执行"对象>排列>后移一层"命令，将其放置在橘色位移路径文字下方。效果如图8-72所示。

图8-71　　　　　　　　图8-72

步骤08 为白色位移路径文字添加投影，增加视觉上的立体感。将该文字选中，执行"效果>风格化>投影"命令，在弹出的"投影"窗口中设置"模式"为"正片叠底"，"不透明度"为30%，"X位移""Y位移""模糊"数值均为1mm，"颜色"为黑色。设置完成后单击"确定"按钮，如图8-73所示。效果如图8-74所示。然后按住Shift键加选三个文字，使用快捷键Ctrl+G将其编组。

图8-73　　　　　　　　图8-74

步骤09 选择编组的文字，右击执行"创建轮廓"命令，

将文字创建轮廓，如图8-75所示。

步骤10 在编组的文字被选中的状态下，双击工具箱中的"膨胀工具"，在弹出的"膨胀工具选项"窗口中设置"宽度""高度"数值均为100mm，"强度"为10%。设置完成后单击"确定"按钮，如图8-76所示。

图8-75　　　　　　　　图8-76

步骤11 将光标放在"文字工具"上方单击，相应的位置即发生膨胀变形，如图8-77所示。

图8-77

步骤12 使用"选择工具"，将橘子素材调整图层顺序放在文字"后"上方，如图8-78所示，此时本案例制作完成。效果如图8-79所示。

图8-78　　　　　　　　图8-79

实例：使用"扇贝工具"制作名片

文件路径	第8章\使用"扇贝工具"制作名片
技术掌握	扇贝工具、投影

扫一扫，看视频

实例说明

"扇贝工具"可以在矢量对象上产生锯齿变形效果。该工具不仅可以对矢量图形进行操作，还可以对嵌入的位图进行操作。本案例首先使用"椭圆工具"绘制一个正圆；其次使用"扇贝工具"对正圆的外形进行调整，使其产生锯齿的变形效果作为名片的主体图形，制作出名片的正反面展示效果。

案例效果

案例效果如图8-80所示。

图 8-80

操作步骤

步骤 01 执行"文件>打开"命令，将素材1.ai打开，如图8-81所示。

图 8-81

步骤 02 选择工具箱中的"矩形工具"，设置"填充"为灰色，"描边"为无。设置完成后绘制一个和画板等大的矩形，如图8-82所示。

步骤 03 继续使用该工具，在画面左侧继续绘制一个矩形作为名片的底色，如图8-83所示。

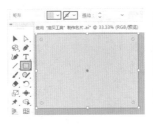

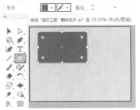

图 8-82   图 8-83

步骤 04 为绘制的深灰色小矩形添加投影效果。将该矩形选中，执行"效果>风格化>投影"命令，在弹出的"投影"窗口中设置"模式"为"正片叠底"，"不透明度"为50%，"X位移""Y位移""模糊"数值均为2mm，"颜色"为黑色。设置完成后单击"确定"按钮，如图8-84所示。效果如图8-85所示。

图 8-84   图 8-85

步骤 05 选择该矩形，将其复制一份，放在画面右下位置，如图8-86所示。此时名片正反面的矩形绘制完成。

图 8-86

步骤 06 制作名片的图形。选择工具箱中的"椭圆工具"，设置"填充"为蓝色，"描边"为无。设置完成后在画板外绘制一个正圆，如图8-87所示。

步骤 07 将蓝色正圆选中，单击工具箱中的"扇贝工具"按钮。如需调整画笔大小，可以双击该工具，在"扇贝工具选项"窗口中调整笔尖大小，使其能够将绘制的正圆全部选中。接着将光标放在正圆上方单击，此时图形产生变化，如图8-88所示。

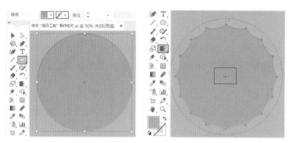

图 8-87　　　　　　　　图 8-88

步骤 08 在图形上方多次单击增加变形的强度。效果如图 8-89 所示。

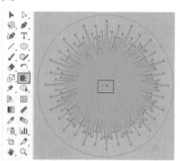

图 8-89

步骤 09 使用"选择工具"将该图形移至左上角的深灰色矩形上方，然后对图形的大小与宽窄进行调整。效果如图 8-90 所示。同时将调整完成的图形复制一份放在画板外，以备后面操作使用。

图 8-90

步骤 10 此时，该图形有超出矩形的部分，需要将其隐藏。使用"矩形工具"绘制与名片等大的矩形，如图 8-91 所示。

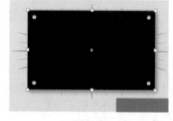

图 8-91

步骤 11 加选矩形和蓝色图形，使用快捷键Ctrl+7创建剪切蒙版，将图形不需要的部分隐藏，如图 8-92 所示。

图 8-92

步骤 12 使用"选择工具"将复制得到的蓝色图形移至右下的深灰色矩形上方，如图 8-93 所示。

步骤 13 创建剪切蒙版，将图形不需要的部分隐藏。效果如图 8-94 所示。

图 8-93　　　　　　　图 8-94

步骤 14 此时，正反面的图形制作完成，接着使用"选择工具"将在画板外的文字移至画面中，放在名片正反面的合适位置，此时本案例制作完成。效果如图 8-95 所示。

图 8-95

实例：使用"晶格化工具"制作卡通鱼

文件路径	第8章\使用"晶格化工具"制作卡通鱼
技术掌握	晶格化工具

扫一扫，看视频

实例说明

"晶格化工具"可以在矢量对象上产生由内向外或由外向内的推拉延伸的变形效果。拖动鼠标的时间越长，产生的变形程度就越强烈。

案例效果

案例效果如图8-96所示。

图 8-96

操作步骤

步骤 01 新建一个大小合适的横版文档。接着选择工具箱中的"矩形工具"，设置"填充"为黄色，"描边"为无。设置完成后绘制一个和画板等大的矩形，如图8-97所示。

步骤 02 选择工具箱中的"椭圆工具"，设置"填充"为绿色，"描边"为白色，"粗细"为12pt。设置完成后按住Shift键的同时按住鼠标左键拖动绘制正圆，如图8-98所示。

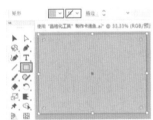

图 8-97　　　　　　图 8-98

步骤 03 在正圆被选中的状态下，选择工具箱中的"晶格化工具"，设置大小合适的画笔笔尖，接着将光标放在图形上方，按住鼠标左键拖动，所选图形即可发生变化，如图8-99所示。

步骤 04 继续使用该工具对图形进行调整。效果如图8-100所示。

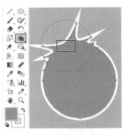 

图 8-99　　　　　　图 8-100

> **提示：绘制效果并不一定要完全一致**
>
> 由于在操作的过程中，笔尖大小、光标放置的位置、按住鼠标拖动时间的长短等不确定因素，会导致图形呈现出不同的效果。所以在操作时不需要完全一致，只要掌握该工具怎么使用即可。

步骤 05 此时卡通鱼的外形制作完成，但向外延伸的"锯齿"有平角有尖角，需要进行调整。将图形选中，执行"窗口>描边"命令，在弹出的"描边"面板中设置"边角"为"圆角连接"，如图8-101所示。然后使用"选择工具"将图形适当地缩小，移至画面中间位置。效果如图8-102所示。

图 8-101　　　　　　图 8-102

步骤 06 继续使用"椭圆工具"，在画面中绘制正圆，如图8-103所示。

步骤 07 将光标放在该正圆定界框右侧中间位置，按住鼠标左键逆时针拖动180°，将正圆调整为半圆，如图8-104所示。

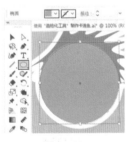 

图 8-103　　　　　　图 8-104

225

步骤 08 制作卡通鱼的眼睛。选择工具箱中的"椭圆工具"，设置"填充"为白色，"描边"为无。设置完成后绘制一个正圆，如图8-105所示。

步骤 09 继续使用该工具，在白色正圆上方绘制其他正圆。效果如图8-106所示。

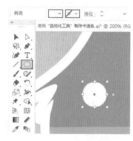

图 8-105　　　　　图 8-106

步骤 10 选择工具箱中的"圆角矩形工具"，设置"填充"为白色，"描边"为无。设置完成后在卡通鱼眼睛的左下角位置绘制图形，同时调整圆角的弧度，如图8-107所示。

图 8-107

步骤 11 在画面中添加文字。选择工具箱中的"文字工具"，在控制栏中设置合适的字体、字号和颜色。设置完成后在卡通鱼下方位置单击输入文字，如图8-108所示。

图 8-108

步骤 12 在文字左右两侧绘制直线段，增加画面的细节

效果。选择工具箱中的"直线段工具"，设置"填充"为无，"描边"为白色，"粗细"为2pt。设置完成后在文字左侧按住Shift键的同时按住鼠标左键拖动绘制一条水平的直线段，如图8-109所示。

图 8-109

步骤 13 将该直线段复制一份，放在文字右侧位置，此时本案例制作完成。效果如图8-110所示。

图 8-110

实例：使用"皱褶工具"快速制作不规则线条边框

扫一扫，看视频

文件路径	第8章\使用"皱褶工具"快速制作不规则线条边框
技术掌握	皱褶工具

实例说明

使用"皱褶工具"可以使绘制的矢量对象边缘产生皱褶变形的效果。按住鼠标的时间越长，产生的皱褶效果就越明显，同时该工具对嵌入画面的位图图像也同样适用。本案例主要使用"皱褶工具"在绘制的图形边缘增加皱褶效果，制作不规则的条形边框。

案例效果

案例效果如图8-111所示。

中文版Illustrator 2022完全案例教程（微课视频版）

图 8-111

操作步骤

步骤 01 新建一个大小合适的横版文档。接着将素材 1.jpg置入，调整大小使其充满整个画板，如图8-112 所示。

图 8-112

步骤 02 选择工具箱中的"矩形工具"，设置"填充"为无，"描边"为黑色，"粗细"为1pt。设置完成后在画板外绘制矩形，如图8-113所示。

步骤 03 将绘制的矩形选中，双击工具箱中的"皱褶工具"按钮，在弹出的"皱褶工具选项"窗口中设置"水平""垂直"的皱褶均为100%。设置完成后单击"确定"按钮，如图8-114所示。

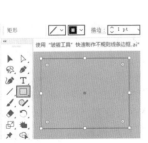

图 8-113

图 8-114

步骤 04 按住鼠标左键沿着矩形的边缘拖动，如图8-115所示。

步骤 05 释放鼠标即可看到图形的边缘发生变形。效果如图8-116所示。

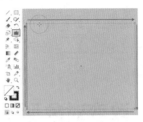

图 8-115

图 8-116

步骤 06 在使用"皱褶工具"的状态下，继续按住鼠标左键拖动，增加图形的皱褶效果，如图8-117所示。

步骤 07 使用同样的方法继续拖动鼠标，进一步增强图形边缘的皱褶效果，如图8-118所示。

图 8-117

图 8-118

步骤 08 使用"选择工具"将调整完成的图形移至画面中，如图8-119所示。

图 8-119

步骤 09 在该图形选中的状态下，执行"窗口>渐变"命令，在弹出的"渐变"面板中单击"渐变"按钮使其置于前方，然后编辑一个橙黄色的线性渐变，设置"渐变角度"为0°，如图8-120所示。此时本案例制作完成。

图 8-120

中文版Illustrator 2022完全案例教程（微课视频版）

8.2 整形工具：改变对象形状

利用"整形工具" 可以在矢量图形上通过单击的方式快速在路径上添加控制点。按住鼠标左键随意拖动，受影响的范围不仅是所选的控制点，而且周围大部分区域也会随之移动，从而产生较为自然的变形效果。

实例：使用"整形工具"制作标志

文件路径	第8章\使用"整形工具"制作标志
技术掌握	整形工具

扫一扫，看视频

实例说明

本案例中通过"整形工具"对曲线进行变形，快速制作"卷发"效果。

案例效果

案例效果如图 8-121 所示。

图 8-121

操作步骤

步骤 01 执行"文件>打开"命令，将素材1.ai打开，如图 8-122 所示。

图 8-122

步骤 02 选择工具箱中的"钢笔工具"，绘制一段曲线，选中曲线，设置"填充"为无，"描边"为橘黄色，"粗细"为2pt，"变量宽度配置文件"为"宽度配置文件1"，如图 8-123 所示。

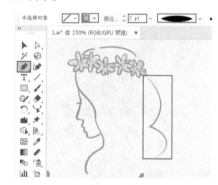

图 8-123

步骤 03 选中绘制的曲线，使用快捷键Ctrl+C进行复制，使用快捷键Ctrl+V进行粘贴，然后向左侧移动，如图 8-124 所示。

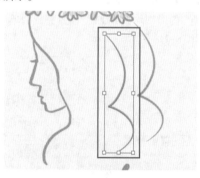

图 8-124

步骤 04 选中这段曲线，选中工具箱中的"整形工具"，然后在曲线顶端的锚点的位置，按住鼠标左键向下拖动，如图 8-125 所示。释放鼠标后，曲线效果如图 8-126 所示。

图 8-125 图 8-126

步骤 05 使用同样的方法复制曲线，并通过"整形工具"对曲线进行变形。左侧的头发需要将曲线进行垂直镜像操作后再进行适当的变形操作。案例完成效果如图 8-127 所示。

图 8-127

8.3 路径查找器

利用"路径查找器"面板，可以对重叠的对象通过指定的运算（相加、相减、提取交集、排除交集等）形成复杂的路径，以得到新的图形对象。

扫一扫，看视频

执行"窗口>路径查找器"命令（快捷键为Shift+Ctrl+F9），打开"路径查找器"面板。在该面板中可以看到多个按钮，每个按钮都代表一种功能，可以对所选的图形进行不同的"运算"。

路径查找器

形状模式：

路径查找器：

实例：镂空文字

文件路径	第8章\镂空文字
技术掌握	路径查找器

扫一扫，看视频

实例说明

对于一些带有镂空区域的图形，可能无法直接进行绘制。此时可以使用"路径查找器"操作。本案例就是在矩形上方放置一个字母E，然后通过使用"路径查找器"面板中的"减去顶层"按钮制作镂空效果。

案例效果

案例效果如图 8-128 所示。

图 8-128

操作步骤

步骤 01 新建一个大小合适的竖版文档。接着将素材1.jpg置入，调整大小使其充满整个画板，如图 8-129 所示。

步骤 02 选择工具箱中的"矩形工具"，设置"填充"为蓝色，"描边"为无。设置完成后在画面中绘制矩形，如图 8-130 所示。

图 8-129

图 8-130

229

步骤 03 添加文字。选择工具箱中的"文字工具"，在画面中单击插入光标，接着在控制栏中设置合适的字体、字号和颜色，然后删除占位符，输入文字，如图8-131所示。文字输入完成后按Esc键结束操作。然后为该文字创建轮廓，将其转换为可操作的矢量图形。

图 8-131

步骤 04 按住Shift键加选蓝色矩形和白色文字，执行"窗口>路径查找器"命令，在弹出的"路径查找器"面板中单击"减去顶层"按钮，将顶部大小减去，如图8-132所示。效果如图8-133所示。

图 8-132

图 8-133

步骤 05 继续使用"文字工具"，在蓝色矩形下方单击输入文字，此时本案例制作完成。效果如图8-134所示。

图 8-134

中文版Illustrator 2022完全案例教程（微课视频版）

实例：使用"路径查找器"制作合并的图形

文件路径	第8章\使用"路径查找器"制作合并的图形
技术掌握	路径查找器

扫一扫，看视频

实例说明

在平面设计中，很多图形都可以由两个或多个常见图形"组合"而来，通过"路径查找器"面板中的"联集"按钮，即可将多个图形进行"组合"。本案例就是将圆形和三角形组合在一起，制作"定位"图形。

案例效果

案例效果如图8-135所示。

图 8-135

操作步骤

步骤 01 新建一个大小合适的空白文档，然后使用"矩形工具"绘制一个与画板等大的矩形。选中该矩形，执行"窗口>渐变"命令，在弹出的"渐变"面板中编辑一个青色系的线性渐变，设置"渐变角度"为-60°，如图8-136所示。

图 8-136

步骤 02 选择工具箱中的"椭圆工具"，设置"填充"为洋红色，"描边"为白色，"粗细"为20pt。设置完成后绘制一个正圆，如图8-137所示。

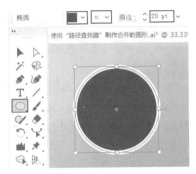

图 8-137

步骤 03 在文档中绘制三角形。选择工具箱中的"多边形工具"，设置"填充"为洋红色，"描边"为白色，"粗细"为20pt。接着在画面空白位置单击，在弹出的"多边形"窗口中设置"边数"为3。设置完成后单击"确定"按钮，如图8-138所示。效果如图8-139所示。

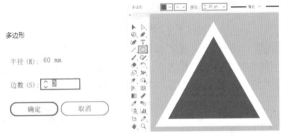

图 8-138   图 8-139

步骤 04 将三角形移到正圆的下方，先按住Shift键拖动进行旋转，然后将其不等比例地放大。效果如图8-140所示。

图 8-140

步骤 05 将图形的尖角调整为圆角。选中三角形，单击控制栏中的"描边"按钮，在下拉面板中设置"边角"为"圆角连接"，如图8-141所示。

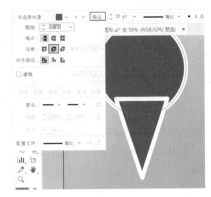

图 8-141

步骤 06 使用"选择工具"框选这两个图形，执行"窗口>路径查找器"命令，在弹出的"路径查找器"面板中单击"联集"按钮将两个图形合并为一个图形，如图8-142所示。效果如图8-143所示。

图 8-142   图 8-143

> **提示：先对齐后合并**
>
> 在进行"联集"之前，为了使两部分能够更好地对齐，可以加选两个图形后进行水平居中对齐的操作。

步骤 07 将素材1.ai打开，将文字素材复制到该文档内，此时本案例制作完成。效果如图8-144所示。

图 8-144

实例：使用"路径查找器"制作App小控件

扫一扫，看视频

文件路径	第8章\使用"路径查找器"制作App小控件
技术掌握	路径查找器

实例说明

本案例主要使用"路径查找器"面板中的"联集"和"减去顶层"按钮，将多个矢量图形进行合并或减去制作App小控件。

案例效果

案例效果如图8-145所示。

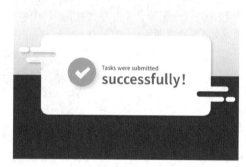

图 8-145

操作步骤

步骤 01 新建一个大小合适的空白文档，然后绘制一个与画板等大的矩形。选中矩形，执行"窗口>渐变"命令，在弹出的"渐变"面板中编辑一个灰色系的线性渐变，设置"渐变角度"为-90°，如图8-146所示。

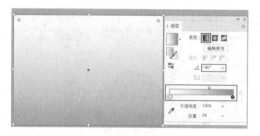

图 8-146

步骤 02 继续使用"矩形工具"，在画面下方位置绘制一个深灰色的矩形，如图8-147所示。

步骤 03 选择工具箱中的"圆角矩形工具"，在画板外绘制带有描边的圆角矩形，并调整圆角的弧度，如图8-148所示。

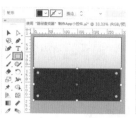

图 8-147 　　　　　　图 8-148

步骤 04 继续使用该工具，绘制小圆角矩形。同时将小圆角矩形复制多份，摆放在大圆角矩形的两侧，如图8-149所示。同时将小圆角矩形复制另外两份，放在画板外，以备后面操作使用。

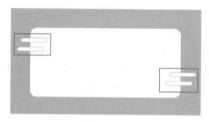

图 8-149

步骤 05 使用"选择工具"按住鼠标左键将绘制好的几个圆角矩形框选，接着在"路径查找器"面板中单击"联集"按钮，将其合并为一个图形，如图8-150所示。

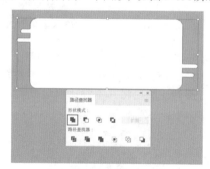

图 8-150

步骤 06 将另外两个小圆角矩形放在合并后的图层的左右两侧，如图8-151所示。

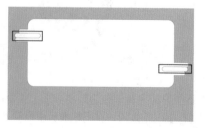

图 8-151

中文版Illustrator 2022完全案例教程（微课视频版）

步骤 07 将所有图形框选，在"路径查找器"面板中单击"减去顶层"按钮，将顶层对象减去，如图8-152所示。

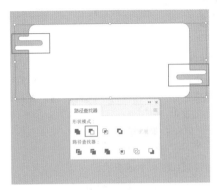

图 8-152

步骤 08 使用"选择工具"将操作完成的图形移至画面中，并将描边去除。然后执行"效果>风格化>投影"命令，在弹出的"投影"窗口中设置"模式"为"正片叠底"，"不透明度"为20%，"X位移""Y位移"数值均为2mm，"模糊"为1mm，"颜色"为黑色。设置完成后单击"确定"按钮，如图8-153所示。效果如图8-154所示。

图 8-153   图 8-154

步骤 09 继续使用"圆角矩形工具"，在画面左侧位置绘制图形，如图8-155所示。

步骤 10 为该图形添加相同的"投影"效果，如图8-156所示。

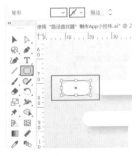

图 8-155   图 8-156

步骤 11 将添加了投影的圆角矩形复制一份，放在画面右侧位置。效果如图8-157所示。

步骤 12 选择工具箱中的"椭圆工具"，设置"填充"为绿色，"描边"为无。设置完成后在画面中绘制正圆，如图8-158所示。

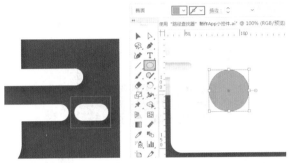

图 8-157   图 8-158

步骤 13 将正圆选中，执行"效果>风格化>投影"命令，在弹出的"投影"窗口中设置"模式"为"正片叠底"，"不透明度"为30%，"X位移""Y位移""模糊"数值均为3mm，"颜色"为深绿色。设置完成后单击"确定"按钮，如图8-159所示。效果如图8-160所示。

图 8-159   图 8-160

步骤 14 选择工具箱中的"钢笔工具"，设置"填充"为白色，"描边"为无。设置完成后在绿色正圆中间位置绘制图形，如图8-161所示。

图 8-161

步骤 15 添加文字。选择工具箱中的"文字工具"，在画面中单击插入光标，接着设置合适的字体、字号和颜色，然后删除占位符。设置完成后输入文字，如图8-162所示。文字输入完成后按Esc键结束操作。

图 8-162

步骤 16 使用"文字工具"在已有文字下方单击输入文字，此时本案例制作完成。效果如图8-163所示。

图 8-163

8.4 编辑路径对象

Illustrator提供了多种用于编辑路径的工具，同样也提供了多种编辑路径的命令。执行"对象>路径"命令，在弹出的子菜单中即可看到编辑路径的命令，如图8-164所示。

图 8-164

实例：使用"偏移路径"制作多层次文字

文件路径	第8章\使用"偏移路径"制作多层次文字
技术掌握	偏移路径

扫一扫，看视频

实例说明

"偏移路径"命令可以将路径向外进行扩大或向内进行收缩。本案例就是使用该命令，将复制得到的多个创建轮廓的文字路径向外进行不同程度的扩展，来制作多层次的文字效果。

案例效果

案例效果如图8-165所示。

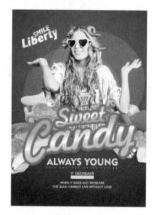

图 8-165

操作步骤

步骤 01 新建一个大小合适的空白文档，然后绘制一个与画板等大的矩形。选中矩形，执行"窗口>渐变"命令，在弹出的"渐变"面板中编辑一个洋红色的径向渐变，设置"渐变角度"为0°，"长宽比"为100%，如图8-166所示。

图 8-166

步骤 02 选中工具箱中的"椭圆工具"，设置"填充"为粉色，"描边"为无。设置完成后在画面中绘制正圆，如图8-167所示。

中文版Illustrator 2022完全案例教程（微课视频版）

步骤 03 将粉色正圆选中，执行"窗口>透明度"命令，在弹出的"透明度"面板中设置"不透明度"为50%，如图8-168所示。

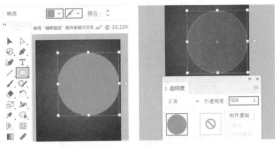

图 8-167 图 8-168

步骤 04 将该图形复制一份，放在左侧位置。效果如图8-169所示。

步骤 05 将素材2.png置入，放在画面中正圆上方位置，如图8-170所示。

图 8-169 图 8-170

步骤 06 添加文字。选择工具箱中的"文字工具"，在画面中单击插入光标，接着在控制栏中设置合适的字体、字号和颜色，然后删除占位符。设置完成后输入文字，如图8-171所示。文字输入完成后按Esc键结束操作。然后将该文字创建轮廓，以备后面操作使用。

图 8-171

步骤 07 将创建轮廓的文字选中，执行"窗口>渐变"命令，在弹出的"渐变"面板中编辑一个从粉色到白色再到粉色的线性渐变，设置"渐变角度"为-78°，如图8-172所示。

图 8-172

步骤 08 在渐变文字选中的状态下，使用快捷键Ctrl+C进行复制，使用快捷键Ctrl+B将其粘贴在后面。在选中复制文字的状态下，执行"对象>路径>偏移路径"命令，在弹出的"偏移路径"窗口中设置"位移"为2mm，"连接"为"圆角"，"斜接限制"为4。设置完成后单击"确定"按钮，如图8-173所示。

图 8-173

提示：在"图层"面板中选择对象

文字复制完成后，两个文字是相互重叠的，若失误取消了文字选择，想要重新选择文字，可以通过"图层"面板进行选择，如图8-174所示。

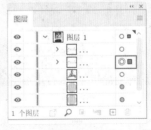

图 8-174

步骤 09 偏移路径操作完成后，在选中后侧文字状态下将颜色设置为粉红色，如图8-175所示。整体效果如图8-176所示。

图 8-175　　　　　　　图 8-176

步骤 10 继续对渐变文字进行复制，然后对复制得到的文字进行更改颜色与位移路径的操作，同时注意文字排列顺序的调整。效果如图8-177所示。

图 8-177

步骤 11 使用同样的方法制作另外一组相同效果的文字，如图8-178所示。

图 8-178

步骤 12 打开素材1.ai，将文字复制到该文档内，此时本案例制作完成。效果如图8-179所示。

图 8-179

8.5 混合工具

扫一扫，看视频　　"混合工具" 可以在多个图形之间生成一系列的中间对象，从而实现从一种颜色过渡到另一种颜色，从一种形状过渡到另一种形状的效果，如图8-180所示。在混合过程中，不仅可以创建图形上的混合，而且可以对颜色进行混合。

图 8-180

实例：使用"混合工具"制作斑点相框

文件路径	第8章\使用"混合工具"制作斑点相框
技术掌握	混合工具

扫一扫，看视频 **实例说明**

　　创建混合的方式有两种，一种是使用"混合工具"；另一种是使用"对象>混合"命令。使用该工具进行操作的前提是必须有两个图形，且这两个图形之间有一定的距离，不然创建出来的混合效果不明显。本案例首先使

中文版Illustrator 2022完全案例教程（微课视频版）

用"椭圆工具"在画面的左右两端绘制两个正圆；其次使用"混合工具"创建混合效果制作斑点相框。

案例效果

案例效果如图8-181所示。

图 8-181

操作步骤

步骤 01 新建一个大小合适的横版文档。接着将背景素材1.jpg置入，使其充满整个画板，如图8-182所示。

图 8-182

步骤 02 选择工具箱中的"椭圆工具"，设置"填充"为紫色，"描边"为无。设置完成后在画面左上角绘制一个正圆，如图8-183所示。

图 8-183

步骤 03 将该正圆复制一份，放在画面的右上角位置，如图8-184所示。

图 8-184

步骤 04 在两个正圆中间添加相同的图形。首先将两个正圆选中，接着双击工具箱中的"混合工具"按钮，在弹出的"混合选项"窗口中设置"间距"为"指定的步数"，数值为8。设置完成后单击"确定"按钮，如图8-185所示。

图 8-185

步骤 05 在左边正圆上方单击，如图8-186所示。然后在右边正圆上方单击，如图8-187所示。

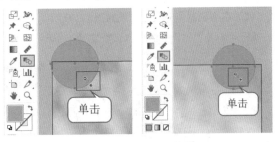

图 8-186   图 8-187

步骤 06 释放鼠标即可在两个正圆中间添加指定个数且大小相同的正圆。效果如图8-188所示。

图 8-188

中文版illustrator 2022完全案例教程（微课视频版）

提示：建立混合

在"混合选项"窗口中设置完参数后，加选需要进行混合的图形，执行"对象>混合>建立"命令，或者使用快捷键Alt+Ctrl+B即可建立混合。

步骤 07 将创建混合的图形选中，将其复制一份并将颜色更改为绿色。接着将复制得到的图形向右移动，填补紫色正圆中间的空白区域，如图8-189所示。然后加选这两种颜色的混合正圆，复制一份放在画面下方的边缘位置。效果如图8-190所示。

图 8-189

图 8-190

步骤 08 将前景素材2.png置入画面，增加画面的细节感，此时本案例制作完成。效果如图8-191所示。

图 8-191

提示：导出画板中的部分

斑点添加完成后，但有超出画板的部分。执行"文件>导出>导出为"命令，在弹出的"导出"窗口中勾选"使用画板"复选框，然后单击"导出"按钮，即可将超出画板的区域隐藏，如图8-192所示。

图 8-192

实例：创建混合制作简约海报

文件路径	第8章\创建混合制作简约海报
技术掌握	混合工具、旋转工具

扫一扫，看视频

实例说明

使用"混合工具"对两个图形进行混合，再结合使用"旋转工具"对混合的图形进行旋转，可以得到一些意想不到的画面效果。

案例效果

案例效果如图8-193所示。

图 8-193

操作步骤

步骤 01 执行"文件>打开"命令，将素材1.ai打开，如图8-194所示。

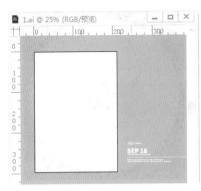

图 8-194

步骤 02 选择工具箱中的"矩形工具",设置"填充"为黑色,"描边"为无。设置完成后绘制一个和画板等大的矩形,如图 8-195 所示。

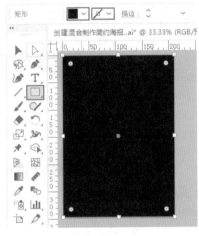

图 8-195

步骤 03 选择工具箱中的"钢笔工具",设置"填充"为"青色","描边"为无。设置完成后在画板外绘制图形,如图 8-196 所示。

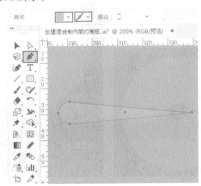

图 8-196

案例秘诀:

可以先绘制一个正圆,然后绘制三角形,将三角形放置在正圆 1/2 的位置,然后加选两个图形,单击"路径查找器"面板中的"联集"按钮,即可得到上一步的图形,如图 8-197 所示。

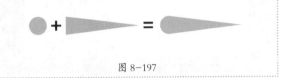

图 8-197

步骤 04 将绘制的图形选中,执行"窗口>渐变"命令,在弹出的"渐变"面板中编辑一个从青色到白色的线性渐变,设置"渐变角度"为 180°,如图 8-198 所示。

图 8-198

步骤 05 继续选择渐变图形,执行"对象>变换>镜像"命令,在弹出的"镜像"窗口中选中"垂直"单选按钮,接着单击"复制"按钮,将该图形进行垂直方向上的翻转与复制,如图 8-199 所示。

步骤 06 将复制得到的图形向下方移动,如图 8-200 所示。

图 8-199

图 8-200

步骤 07 在两个图形之间制作混合效果。在两个图形选中的状态下，双击工具箱中的"混合工具"按钮，在弹出的"混合选项"窗口中设置"间距"为"指定的步数"，步数为200。设置完成后单击"确定"按钮，如图8-201所示。然后在两个图形上方分别单击。效果如图8-202所示。

图 8-201　　　　　　图 8-202

步骤 08 将创建混合效果的图形选中，将光标放在定界框一角按住鼠标左键将其适当缩小，同时适当地进行旋转。效果如图8-203所示。

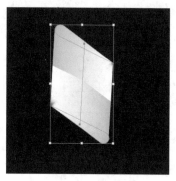

图 8-203

步骤 09 将该图形按照一定的角度进行旋转。将图形选中，然后选择工具箱中的"旋转工具"，按住Alt键将中心点向图形底部拖动。松开鼠标后在弹出的"旋转"窗口中设置"角度"为5°。设置完成后单击"复制"按钮，如图8-204所示。效果如图8-205所示。

图 8-204　　　　　　图 8-205

步骤 10 在选中复制得到的图形的状态下，多次使用快捷键Ctrl+D，重复 **步骤** 09 的操作，直到回到最开始图形摆放的位置。效果如图8-206所示。

图 8-206

步骤 11 继续进行第二圈的旋转。在仍然使用"旋转工具"的状态下，按住Alt键的同时单击上次使用的中心点的位置，松开鼠标后在弹出的"旋转"窗口中设置"角度"为15°，设置完成后单击"复制"按钮，如图8-207所示。接着多次使用快捷键Ctrl+D旋转并复制。得到一系列间隔稍大的图形旋转复制的效果，如图8-208所示。

图 8-207　　　　　　图 8-208

步骤 12 使用同样的方法将图形以30°进行旋转复制的操作。效果如图8-209所示。

步骤 13 将在画板外的文字移至画面左下角位置，此时本案例制作完成。效果如图8-210所示。

图 8-209　　　　　　图 8-210

8.6 剪切蒙版

所谓"剪切蒙版",就是以一个矢量图形为"容器",限定另一些元素显示的范围。创建剪切蒙版需要两个对象,一个是"容器",用于剪切的图形(控制最终显示的范围),这个图形通常是一个简单的矢量图形或文字;另一个是被剪切的对象,它可以是位图、复杂图形、编组的对象等。

扫一扫,看视频

实例:使用"剪切蒙版"制作光泽感文字

文件路径	第8章\使用"剪切蒙版"制作光泽感文字
技术掌握	剪切蒙版

扫一扫,看视频

实例说明

在进行绘图的过程中,通常需要控制图形的显示区域。此时就可以执行"剪切蒙版"命令创建剪切蒙版,将对象不需要的部分隐藏。本案例就是借助"剪切蒙版"制作只显示局部的文字光泽效果。

案例效果

案例效果如图8-211所示。

图 8-211

操作步骤

步骤 01 新建一个大小合适的竖版文档。接着将背景素材1.jpg置入画面,如图8-212所示。

图 8-212

步骤 02 在画面中添加文字。选择工具箱中的"文字工具",在控制栏中设置合适的字体、字号和颜色。设置完成后在画面中单击输入字母E,如图8-213所示。

图 8-213

步骤 03 将字母E选中,使用快捷键Ctrl+C进行复制,使用快捷键Ctrl+F将其粘贴到前面。接着将复制得到的文字颜色更改为白色,并将其适当地向左上方移动,将下方的灰色文字显示出来,制作立体文字效果,如图8-214所示。

步骤 04 继续进行文字的复制,将其颜色更改为红色,并将其适当地缩小,让下方的白色文字显示出来。效果如图8-215所示。

图 8-214

图 8-215

步骤 05 选择红色文字，执行"效果>风格化>内发光"命令，在弹出的"内发光"窗口中设置"模式"为"正常"，"颜色"为深红色，"不透明度"为100%，"模糊"为2mm，选中"边缘"单选按钮。设置完成后单击"确定"按钮，如图8-216所示。效果如图8-217所示。

图 8-216　　　　　　　图 8-217

步骤 06 为文字添加光泽效果。选择白色文字，将其复制一份。同时将复制得到的白色文字图层放置在最上方，如图8-218所示。

步骤 07 按住Shift键加选4个文字，将其进行适当的旋转，如图8-219所示。

图 8-218　　　　　　　图 8-219

步骤 08 选择复制得到的白色文字，执行"窗口>透明度"命令，在弹出的"透明度"面板中设置"不透明度"为30%，如图8-220所示。效果如图8-221所示。

图 8-220　　　　　　　图 8-221

步骤 09 隐藏部分白色半透明的文字部分，以使之呈现出光泽效果。使用"圆角矩形工具"绘制一个圆角

矩形，接着将该矩形旋转至与文字相同的角度，如图8-222所示。

步骤 10 加选矩形和画面最上方的光泽文字，执行"对象>剪切蒙版>建立"命令（快捷键为Ctrl+7），或者右击，在弹出的快捷菜单中执行"创建剪切蒙版"命令创建剪切蒙版，将不需要的部分隐藏，如图8-223所示。

图 8-222　　　　　　　图 8-223

步骤 11 使用同样的方法制作其他文字效果。然后继续使用文字工具，在画面最下方输入段落文字，此时本案例制作完成。效果如图8-224所示。

图 8-224

提示：如何对多个图形创建剪切蒙版

要对两个或多个对象重叠的区域创建剪切蒙版，首先将这些对象进行编组，然后创建剪切蒙版。

实例：使用"剪切蒙版"制作登录界面

文件路径	第8章\使用"剪切蒙版"制作登录界面
技术掌握	剪切蒙版、高斯模糊

扫一扫，看视频

实例说明

在制图的过程中，图形超出画板以外或超出某个对象特定范围的现象是很常见的。而出于美观都会对作品进行一定的整理，这时就可以通过执行"剪切蒙版"命令，将对象不需要的区域隐藏。本案例主要使用"剪切蒙版"将置入素材多余的部分隐藏制作登录界面。

案例效果

案例效果如图8-225所示。

图 8-225

操作步骤

<u>步骤</u> 01 执行"文件>打开"命令，将素材1.ai打开，如图8-226所示。

<u>步骤</u> 02 将素材2.jpg置入画面，如图8-227所示。

图 8-226

图 8-227

<u>步骤</u> 03 对置入的素材适当地进行模糊。将素材选中，执行"效果>模糊>高斯模糊"命令，在弹出的"高斯模糊"窗口中设置"半径"为"30像素"。设置完成后单击"确定"按钮，如图8-228所示。效果如图8-229所示。

图 8-228   图 8-229

<u>步骤</u> 04 将手机素材3.png置入，放在画面中间位置，如图8-230所示。

<u>步骤</u> 05 将背景素材再次置入，放在手机素材上方，如图8-231所示。

图 8-230   图 8-231

<u>步骤</u> 06 从案例效果可以看出，手机屏幕显示的内容是素材的一部分，而此时置入的背景素材有多余的区域，需要将其隐藏。首先将遮挡住手机的图像选中，然后使用快捷键Ctrl+3将其隐藏，接着使用"矩形工具"绘制一个和手机屏幕大小一样的矩形。然后使用快捷键Ctrl+Alt+3将隐藏的对象显示出来，如图8-232所示。

<u>步骤</u> 07 按住Shift键加选白色矩形和下方的图像素材，使用快捷键Ctrl+7创建剪切蒙版，将素材不需要的部分隐藏，如图8-233所示。

图 8-232   图 8-233

步骤08 使用"选择工具"将在画板外的文字移至画面中，此时本案例制作完成。效果如图8-234所示。

图 8-234

实例：使用"剪切蒙版"制作花茶宣传单

扫一扫，看视频

文件路径	第8章\使用"剪切蒙版"制作花茶宣传单
技术掌握	剪切蒙版

实例说明

使用"剪切蒙版"命令不仅可以将多余的对象隐藏，同时也可以将置入的素材剪切到文字中，以丰富文字效果。本案例中就是将置入的玫瑰花素材通过"剪切蒙版"剪切到文字当中。

案例效果

案例效果如图8-235所示。

图 8-235

操作步骤

步骤01 新建一个大小合适的竖版文档。接着单击工具箱中的"矩形工具"按钮，在画板上绘制一个矩形对象。保持该对象处于选中状态，去除描边。效果如图8-236所示。

步骤02 为绘制的矩形填充渐变。将矩形选中，执行"窗口>渐变"命令，在弹出的"渐变"面板中编辑一个黄色系的线性渐变，设置"渐变角度"为0°，如图8-237所示。

图 8-236

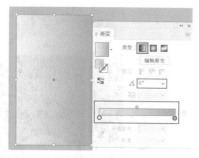

图 8-237

步骤03 在文档中添加素材。执行"文件>置入"命令，依次置入素材1.png和3.png，单击控制栏中的"嵌入"按钮，将其置入画板，调节大小放到相应的位置，如图8-238和图8-239所示。

图 8-238

图 8-239

步骤04 执行"文件>打开"命令，打开素材4.ai，执行"编辑>复制"命令，如图8-240所示。回到原始文档中，执行"编辑>粘贴"命令，将对象复制到刚才工作的文档中，摆放在合适的位置上，如图8-241所示。

图 8-240　　　　　　　　　图 8-241

步骤 05 将素材2.jpg置入，调整大小摆放在画面中合适的位置，如图8-242所示。

图 8-242

步骤 06 添加文字。选择工具箱中的"文字工具"，在画面中单击插入光标，接着在控制栏中设置合适的字体、字号和颜色，然后删除占位符，并输入文字，如图8-243所示。文字输入完成后按Esc键结束操作。同时复制一份该文字对象，摆放在画板外以备后面操作使用。

图 8-243

步骤 07 按住Shift键加选文字和素材2.jpg，右击执行"建立剪切蒙版"命令创建剪切蒙版，将素材不需要的部分隐藏，如图8-244所示。

步骤 08 单击工具箱中的"选择工具"按钮，选择刚才复制的字体，执行"窗口>透明度"命令，在弹出的"透明度"面板中设置"模式"为"正片叠底"，"不透明度"为50%。右击修改完的文字，执行"排列>下移一层"命令，然后将其移到带有图案的文字下方，作为该文字的阴影，如图8-245所示。

图 8-244　　　　　　　　　图 8-245

步骤 09 单击工具箱中的"椭圆工具"按钮，设置"填充"为无，"描边"为深红色，"粗细"为1.5pt。设置完成后绘制一个正圆形路径，如图8-246所示。

步骤 10 单击工具箱中的"文字工具"按钮，选择合适的字体、字号和颜色，输入一个文字，如图8-247所示。

图 8-246　　　　　　　　　图 8-247

步骤 11 选中文字和圆形边框，然后执行"窗口>对齐"命令，在"对齐"面板中单击"水平居中对齐"按钮，再单击"垂直居中对齐"按钮，设置文字和圆形边框的对齐方式，如图8-248所示。效果如图8-249所示。

图 8-248　　　　　　　　　图 8-249

步骤 12 加选带有圆形边框的文字，右击执行"编组"命令将其编组。然后使用快捷键Ctrl+C复制一份，使用

245

快捷键Ctrl+V粘贴三份，并依次更改里面的文字。效果如图8-250所示。

图 8-250

步骤 13 单击工具箱中的"文字工具"按钮，在画板上按住鼠标左键并拖动，绘制一个文本框，设置"填充"为深红色，"描边"为无，"不透明度"为70%，选择合适的字体，"大小"为5pt，"段落"对齐方式为"中心对齐"。在"字符"面板中设置"行距"为6pt，输入三行文字，如图8-251所示。

图 8-251

步骤 14 使用上述方法添加其他文字，设置合适的字体、字号和颜色，如图8-252所示，此时本案例制作完成。效果如图8-253所示。

图 8-252

图 8-253

中文版Illustrator 2022完全案例教程（微课视频版）

Chapter 9

第9章

不透明度、混合模式、不透明蒙版

本章内容简介：

本章主要讲解三项功能：不透明度、混合模式与不透明蒙版。这三项功能都需要在"透明度"面板中进行操作。不透明度与混合模式主要用于对象的融合，而不透明蒙版则用于隐藏图形的局部。

重点知识掌握：

- 熟练掌握不透明度的设置。
- 熟练掌握混合模式的设置。
- 熟练掌握不透明蒙版的使用方法。

通过本章学习，我能做什么？

通过"不透明度""混合模式"功能可以使不同的对象产生融合，从而制作出绚丽的视觉效果，如光效、缤纷的色彩、图案纹理的叠加等。借助"不透明蒙版"则可以隐藏多余的部分或制作出柔和的渐隐效果。

优秀作品欣赏

9.1 "透明度"面板

扫一扫，看视频

执行"窗口>透明度"命令，打开"透明度"面板。在面板菜单中执行"显示选项"命令，即可显示"透明度"面板的全部功能。在这里可以对所选的对象（矢量图形对象或位图对象）进行混合模式、不透明度以及不透明蒙版的设置，如图9-1所示。

图 9-1

 选项解读："透明度"面板

- 混合模式：设置所选对象与下层对象的颜色混合模式。
- 不透明度：通过调整数值控制对象的透明效果。数值越大，对象越不透明；数值越小，对象越透明。
- 对象缩览图：所选对象的缩览图。
- 不透明蒙版：显示所选对象的不透明蒙版效果。
- 制作蒙版：单击此按钮，则会为所选对象创建蒙版。
- 剪切：将对象建立为当前对象的剪切蒙版。
- 反相蒙版：将当前对象的蒙版效果反相。
- 隔离混合：勾选该复选框，可以防止混合模式的应用范围超出组的底部。
- 挖空组：勾选该复选框，在透明挖空组中，元素不能透过彼此而显示。
- 不透明度和蒙版用来定义挖空形状：勾选该复选框，可以创建与对象不透明度成比例的挖空效果。在接近100%不透明度的蒙版区域中，挖空效果较强；在具有较低不透明度的蒙版区域中，挖空效果较弱。

9.2 设置不透明度

想要调整对象的透明效果，可以在控制栏或"透明度"面板中进行设置。选中要进行透明度调整的对象，

在控制栏或"透明度"面板的"不透明度"数值框中直接输入数值以调整对象的透明效果，如图9-2所示。

数值越大，对象越不透明；数值越小，对象越透明。默认值为100%，表示对象完全不透明。

图 9-2

实例：设置不透明度制作简约海报

扫一扫，看视频

文件路径	第9章\设置不透明度制作简约海报
技术掌握	不透明度

实例说明

不透明度的设置是数字化制图中最常用的功能之一，常用于多个对象融合效果的制作。对顶层对象设置半透明的效果，就会显示出底部的内容。本案例就是对绘制的图形设置不同的透明度，使其呈现出不同的效果制作简约海报。

案例效果

案例效果如图9-3所示。

图 9-3

操作步骤

步骤 01 新建一个大小合适的横版文档。选择工具箱中

的"矩形工具",设置"填充"为黄色,"描边"为无。设置完成后绘制一个和画板等大的矩形,如图9-4所示。

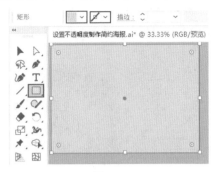

图 9-4

步骤 02 选择工具箱中的"椭圆工具",在控制栏中设置"填充"为白色,"描边"为无。设置完成后绘制一个正圆,如图9-5所示。

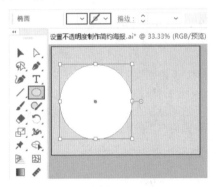

图 9-5

步骤 03 将绘制的正圆选中,执行"窗口>透明度"命令,在弹出的"透明度"面板中设置"不透明度"为30%,如图9-6所示。效果如图9-7所示。

图 9-6   图 9-7

步骤 04 继续选择该正圆,使用快捷键Ctrl+C进行复制,使用快捷键Ctrl+F将其粘贴到前面。然后选择复制得到的图形,将光标放在定界框一角,按住快捷键Shift+Alt的同时按住鼠标左键进行等比例中心缩小。同时在"透

明度"面板中将"不透明度"更改为50%,如图9-8所示。

步骤 05 继续使用该方法复制正圆并将其缩小,将"不透明度"恢复为100%。效果如图9-9所示。

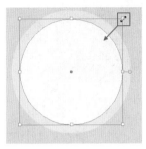

图 9-8   图 9-9

步骤 06 将素材1.png置入。单击"嵌入"按钮将其嵌入画面,放在绘制的正圆上方,如图9-10所示。

步骤 07 添加文字。选择工具箱中的"文字工具",在画面中单击插入光标,接着在控制栏中设置合适的字体、字号和颜色,然后删除占位符。设置完成后输入文字,如图9-11所示。文字输入完成后按Esc键结束操作。

图 9-10   图 9-11

步骤 08 为文字添加投影,增加效果的立体感。将文字选中,执行"效果>风格化>投影"命令,在弹出的"投影"窗口中设置"模式"为"正片叠底","不透明度"为30%,"X位移""Y位移""模糊"数值均为1mm,"颜色"为棕色。设置完成后单击"确定"按钮,如图9-12所示。效果如图9-13所示。

图 9-12   图 9-13

步骤 09 继续使用"文字工具"在主体文字下方单击输入文字,如图9-14所示。

图 9-14

步骤 10 选择工具箱中的"直线段工具",设置"填充"为无,"描边"为白色,"粗细"为5pt。设置完成后在白色文字左侧按住Shift键的同时按住鼠标左键拖动绘制一条水平的直线,如图9-15所示。

图 9-15

步骤 11 将该直线复制一份,放在文字右侧位置。效果如图9-16所示。按住Shift键依次加选两条直线段和白色文字,使用快捷键Ctrl+G将其编组。

图 9-16

步骤 12 选择编组的图形组,执行"效果>风格化>投影"

命令,在弹出的"投影"窗口中设置"模式"为"正片叠底","不透明度"为30%,"X位移""Y位移""模糊"数值均为0.5mm,"颜色"为橘色。设置完成后单击"确定"按钮,如图9-17所示,此时本案例制作完成。效果如图9-18所示。

图 9-17   图 9-18

实例:设置不透明度制作详情页

文件路径	第9章\设置不透明度制作详情页
技术掌握	不透明度

扫一扫,看视频

实例说明

通过对"不透明度"的设置,可以让相同颜色的图形呈现出不同"薄厚感"。本案例通过对相同颜色的图形进行"不透明度"的设置,得到明度略有区别的多个图形,以使画面产生层次感。

案例效果

案例效果如图9-19所示。

图 9-19

操作步骤

步骤 01 执行"文件>打开"命令,将素材1.ai打开,如图9-20所示。

中文版Illustrator 2022完全案例教程(微课视频版)

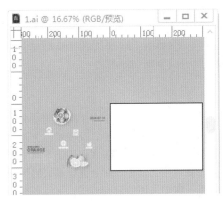

图 9-20

步骤 02 选择工具箱中的"矩形工具",设置"填充"为橘色,"描边"为无。设置完成后绘制一个和画板等大的矩形,如图 9-21 所示。

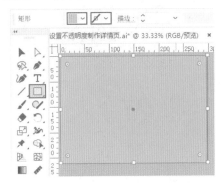

图 9-21

步骤 03 选择工具箱中的"钢笔工具",设置"填充"为白色,"描边"为无。设置完成后在矩形上方绘制图形,如图 9-22 所示。

步骤 04 继续使用该工具,在画面中绘制两个三角形,如图 9-23 所示。

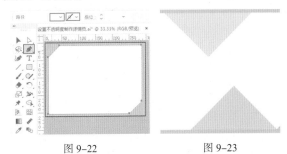

图 9-22   图 9-23

步骤 05 选择工具箱中的"矩形工具",设置"填充"为橘色,"描边"为无。设置完成后在画面中按住 Shift 键的同时按住鼠标左键拖动绘制一个正方形,如

图 9-24 所示。

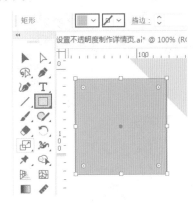

图 9-24

步骤 06 将绘制的正方形选中,执行"对象>变换>旋转"命令,在弹出的"旋转"窗口中设置"角度"为45°。设置完成后单击"确定"按钮,如图 9-25 所示。效果如图 9-26 所示。

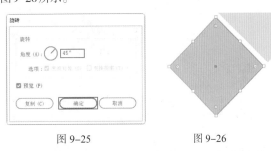

图 9-25   图 9-26

步骤 07 将旋转45°的正方形复制一份,然后选择复制得到的图形,执行"窗口>透明度"命令,在弹出的"透明度"面板中设置"不透明度"为60%,如图 9-27 所示。效果如图 9-28 所示。

图 9-27   图 9-28

步骤 08 继续复制正方形,在"透明度"面板中将复制得到的图形的"不透明度"更改为85%。效果如图 9-29 所示。

步骤 09 再次复制正方形,设置"不透明度"为50%。效果如图 9-30 所示。

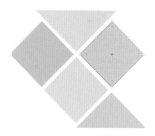

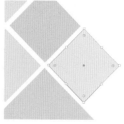

图 9-29 图 9-30

步骤⟨10 使用"选择工具"将在画板外的文字移至画面中，此时本案例制作完成。效果如图9-31所示。

图 9-31

9.3 混合模式

"混合模式"中的"混合"是指当前对象中的内容与下方图像之间颜色的混合。想要设置对象的混合模式，需要在"透明度"面板中进行。选中需要设置的对象，执行"窗口>透明度"命令（快捷键为Ctrl+Shift+F10），打开"透明度"面板；或者单击控制栏中的"不透明度"按钮，打开"透明度"面板，如图9-32所示。

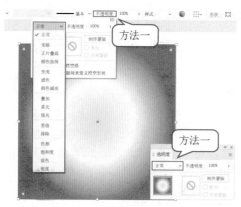

图 9-32

实例：设置混合模式制作双色海报

文件路径	第9章\设置混合模式制作双色海报
技术掌握	混合模式

扫一扫，看视频

实例说明

混合模式的设置主要用于多个对象的融合，使画面同时显示出多个对象中的元素、改变画面色调、制作特殊效果等情况。不同的混合模式作用于不同的对象，往往会产生千变万化的效果。对于混合模式的使用，不同情况下并不一定要采用特定的样式，可以多次尝试，让画面呈现出合适的效果。

案例效果

案例效果如图9-33所示。

图 9-33

操作步骤

步骤⟨01 执行"文件>打开"命令，将素材1.ai打开，如图9-34所示。

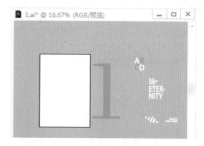

图 9-34

步骤⟨02 选择工具箱中的"矩形工具"，设置"填充"为蓝色，"描边"为无。设置完成后绘制一个和画板等大的矩形，如图9-35所示。

步骤 03 使用"选择工具"将在画板外的数字1移至画面中，如图9-36所示。

图 9-35　　　　　　　　图 9-36

步骤 04 选择工具箱中的"钢笔工具"，设置"填充"为洋红色，"描边"为无。设置完成后在画面中绘制图形，如图9-37所示。

图 9-37

步骤 05 将绘制的形状选中，执行"窗口>透明度"命令，在弹出的"透明度"面板中设置"混合模式"为"色相"，如图9-38所示。效果如图9-39所示。此时下方的数字1的遮挡部分显示了出来，而且重叠部分显示出了不同的视觉效果。

图 9-38　　　　　　　　图 9-39

步骤 06 继续使用"选择工具"，框选在画板外的所有文字和图形，执行"对象>排列>置于顶层"命令，将其放置在画面的最上方位置。并将其移至画面中合适的位置，此时本案例制作完成。效果如图9-40所示。

图 9-40

实例：使用混合模式制作双重曝光

文件路径	第9章\使用混合模式制作双重曝光
技术掌握	混合模式、不透明度

扫一扫，看视频

实例说明

　　在本案例未设置"混合模式"之前，两个图像是独立的，且上方的图像将背景图像效果遮挡。在"透明度"面板中对人物图像设置相应的混合模式并适当地降低不透明度后，即可将下方的图像以一种奇特的效果显示出来。

案例效果

　　案例效果如图9-41所示。

CITY &YOU

图 9-41

操作步骤

步骤 01 新建一个大小合适的横版文档，将背景素材1.jpg置入，使其充满整个画板，如图9-42所示。

图 9-42

步骤 02 将人物剪影素材2.jpg置入，放在背景素材上方，如图9-43所示。

图 9-43

步骤 03 将人物素材选中，执行"窗口>透明度"命令，在弹出的"透明度"面板中设置"混合模式"为"滤色"，"不透明度"为90%，如图9-44所示。此时人物素材中黑色部分显示出了下方的背景图像，而白色部分则呈现出半透明的遮挡效果。效果如图9-45所示。

图 9-44

图 9-45

步骤 04 添加文字。选择工具箱中的"文字工具"，在画面中单击插入光标，接着在控制栏中设置合适的字体、字号和颜色，然后删除占位符。设置完成后输入文字，如图9-46所示。

图 9-46

步骤 05 文字输入完成后按Esc键结束操作，此时本案例制作完成。效果如图9-47所示。

CITY &YOU

图 9-47

实例：使用混合模式制作多彩文字海报

扫一扫，看视频

| 文件路径 | 第9章\使用混合模式制作多彩文字海报 |
| 技术掌握 | 混合模式、不透明度 |

实例说明

"混合模式"中的"正片叠底"模式使任何颜色与黑色混合后都将产生黑色，使任何颜色与白色混合后则保持原有颜色不变。本案例就是利用这一特征制作出彩色的文字。

案例效果

案例效果如图9-48所示。

图 9-48

操作步骤

步骤 01 执行"文件>打开"命令，将素材1.ai打开，如图9-49所示。

步骤 02 选择工具箱中的"矩形工具"，绘制一个与画板等大的矩形，将矩形选中，执行"窗口>渐变"命令，在

中文版Illustrator 2022完全案例教程（微课视频版）

弹出的"渐变"面板中编辑一个灰色系的线性渐变，设置"渐变角度"为0°，如图9-50所示。

图 9-49　　　　　　图 9-50

步骤 03 继续使用"矩形工具"绘制一个比画板稍小一些的矩形，如图9-51所示。

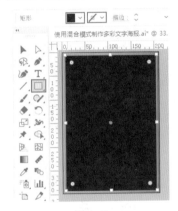

图 9-51

步骤 04 使用"选择工具"将在画板外的文字移至画面中间位置，如图9-52所示。为了便于操作，可以将此处的全部内容选中，并执行"对象>锁定>所选对象"命令。

步骤 05 单击工具箱中的"矩形工具"，按照文字的外边缘绘制一个矩形(后面绘制的这些图形都需要保留描边，不设置填充色)，如图9-53所示。

图 9-52　　　　　　图 9-53

步骤 06 为了便于操作，可以将矩形移至画布以外的区域，如图9-54所示。接着使用"矩形工具"在上方绘制一个等宽的矩形，如图9-55所示。

图 9-54　　　　　　图 9-55

步骤 07 继续使用"椭圆工具"在矩形的左上角按住鼠标左键并按住Shift键绘制一个正圆形，如图9-56所示。继续在右侧绘制稍小一些的正圆形，如图9-57所示。

图 9-56　　　　　　图 9-57

步骤 08 在左下方绘制一个小矩形，如图9-58所示。并将矩形适当地旋转，如图9-59所示。

图 9-58　　　　　　图 9-59

步骤 09 使用"形状生成器"工具，从当前图形交叉区域中创建出多个不规则的图形。选中这些图形，单击

"形状生成器"工具按钮，在右上角的交叉区域按住鼠标左键向下拖动，使光标拖动范围覆盖到右上角的两个区域上，如图9-60所示。松开鼠标后，这两个部分变为一个独立的图形，如图9-61所示。

图 9-60 　　　　　　　　图 9-61

步骤 10 继续使用"形状生成器"工具在左上角的图形处按住鼠标并拖动，如图9-62所示。同样会出现新的图形，如图9-63所示。

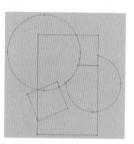

图 9-62 　　　　　　　　图 9-63

步骤 11 继续在右侧的位置单击，形成新的图形，如图9-64所示。

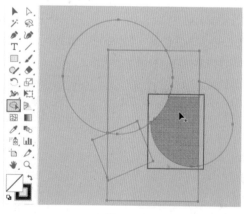

图 9-64

步骤 12 在小矩形处按住鼠标左键并拖动，如图9-65所示。得到新的四边形图形，如图9-66所示。

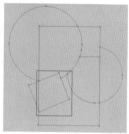

图 9-65 　　　　　　　　图 9-66

步骤 13 新图形创建完毕，需要删除外部的多余图形，使用"选择工具"选中外部的三个多余的部分，如图9-67所示。按Delete键，删除多余图形，此时可以看到由多个不规则图形构成的一整个矩形，如图9-68所示。

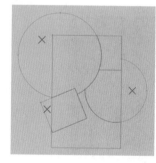

图 9-67 　　　　　　　　图 9-68

步骤 14 单击"矩形工具"，在下方绘制一个等宽的矩形，如图9-69所示。接着选中最底部多余的图形并删除，如图9-70所示。

图 9-69 　　　　　　　　图 9-70

步骤 15 将左上角的图形移到画面左上角。将绘制的形状选中，执行"窗口>渐变"命令，在弹出的"渐变"面板中编辑一个从洋红色到蓝色的线性渐变，设置"渐变角度"为-37.7°，如图9-71所示。

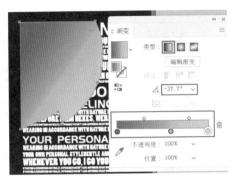

图 9-71

步骤 16 选择蓝色色标,设置"不透明度"为90%,使其呈现出半透明效果,如图9-72所示。

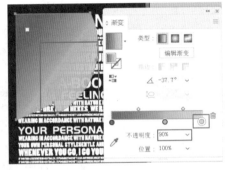

图 9-72

步骤 17 此时该形状将下方的文字遮挡住了,需要将其显示出来。将图形选中,执行"窗口>透明度"命令,在弹出的"透明度"面板中设置"混合模式"为"正片叠底",如图9-73所示。经过混合模式的设置后,背景为黑色的区域仍显示为黑色,而白色文字的区域则呈现出与上层图形相近的颜色。效果如图9-74所示。

图 9-73　　　　　　图 9-74

步骤 18 选择右上角的图形,设置其填充色为紫红色,去掉描边。将其移到文字上,如图9-75所示。

图 9-75

步骤 19 在"透明度"面板中设置"混合模式"为"正片叠底",如图9-76所示。效果如图9-77所示。

图 9-76　　　　　　图 9-77

步骤 20 选中左下角的五边形,移到画面中,为其设置一种蓝紫色系的渐变,如图9-78所示。效果如图9-79所示。

图 9-78　　　　　　图 9-79

步骤 21 在"透明度"面板中设置"混合模式"为"正片

叠底"，如图9-80所示。效果如图9-81所示。

图 9-80　　　　　　　　　图 9-81

步骤 22 将右侧的大图形移到画面中，设置填充色为朱红色，如图9-82所示。

图 9-82

步骤 23 在"透明度"面板中设置"混合模式"为"正片叠底"，如图9-83所示。效果如图9-84所示。

图 9-83　　　　　　　　　图 9-84

步骤 24 将底部的矩形移到画面中，为其设置一种从粉色到透明的渐变，如图9-85所示。效果如图9-86所示。

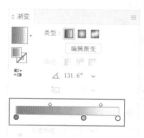

图 9-85　　　　　　　　　图 9-86

步骤 25 同样在"透明度"面板中设置"混合模式"为"正片叠底"，如图9-87所示。此时画面中带有文字的部分均呈现出不同色彩的效果，而黑色背景保留不变。最终效果如图9-88所示。

图 9-87　　　　　　　　　图 9-88

案例秘诀：

　　本案例中的图形可以先设置好各自的填充色，接着可以选中这些图形，并在"透明度"面板中一同设置相同的混合模式。

9.4 不透明蒙版

　　"不透明蒙版"是一种以黑白关系控制对象显示或隐藏的功能。在不透明蒙版中显示黑色部分，对象中的内容会变为透明；灰色部分为半透明；白色部分是完全不透明，如图9-89所示。

原图　　　　不透明蒙版　　　效果

图 9-89

为某个对象添加"不透明蒙版"后，可以通过在不透明蒙版中添加黑色、白色或灰色的图形控制对象的显示与隐藏。

实例：融合图像制作户外广告

文件路径	第9章\融合图像制作户外广告
技术掌握	不透明蒙版

扫一扫，看视频

实例说明

"不透明蒙版"常用于制作带有渐隐效果的对象。本案例就是使用"不透明蒙版"将图像素材的一侧制作出渐隐的效果，从而使之更好地融合到渐变色的背景中。

案例效果

案例效果如图9-90所示。

图 9-90

操作步骤

步骤 01 新建一个大小合适的横版文档。接着选择工具箱中的"矩形工具"，绘制一个和画板等大的矩形。将矩形选中，执行"窗口>渐变"命令，在弹出的"渐变"面板中编辑一个蓝色系的线性渐变，设置"渐变角度"为0°，如图9-91所示。

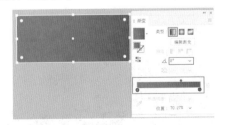

图 9-91

步骤 02 将素材1.jpg置入，调整大小放在画面左侧位置。调整完成后单击"嵌入"按钮将其嵌入画面，如图9-92所示。

图 9-92

步骤 03 此时，可以看到置入的素材与蓝色渐变背景边缘位置有明显的衔接痕迹，所以需要将二者融合到一起。继续使用"矩形工具"在图像素材上方绘制矩形。然后在"渐变"面板中编辑一个从白色到黑色的线性渐变，设置"渐变角度"为0°，如图9-93所示。

图 9-93

> **提示：黑白渐变的注意事项**
>
> 此处渐变中的黑白将会影响到图像素材的显示与隐藏效果。由于图像需要右侧边缘产生逐渐隐藏的效果，所以渐变色只需在右侧边缘处产生从灰色到黑色的渐变，而中间以及左侧大面积区域应该保留为白色。

步骤 04 按住Shift键加选渐变矩形和下方的素材，执行"窗口>透明度"命令，在弹出的"透明度"面板中单击"制作蒙版"按钮，如图9-94所示。此时图像的右侧边缘产生了逐渐过渡的隐藏效果，与蓝色背景很好地融合在一起。效果如图9-95所示。

图 9-94　　　　图 9-95

步骤 05 添加文字。选择工具箱中的"文字工具"，在画面中单击插入光标，接着在控制栏中设置合适的字体、字号和颜色，然后删除占位符。设置完成后输入文字，如图9-96所示。文字输入完成后按Esc键结束操作。

图9-96

步骤 06 在"文字工具"使用状态下将字母IN的颜色更改为黄色。效果如图9-97所示。

图9-97

步骤 07 继续使用"文字工具"在主体文字下方输入其他文字。此时户外广告的平面效果图制作完成。效果如图9-98所示。框选所有对象，使用快捷键Ctrl+G进行编组。

图9-98

步骤 08 制作户外广告的立体展示效果。首先选择工具箱中的"画板工具"，在平面效果图下方按住鼠标左键拖动绘制一个大小合适的画板，如图9-99所示。

步骤 09 将素材2.jpg置入新绘制的画板，调整大小使其充满整个画板，如图9-100所示。

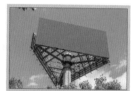

图9-99　　　　　　　图9-100

步骤 10 选择工具箱中的"钢笔工具"，设置"填充"为灰色，"描边"为无。设置完成后将广告展示牌的轮廓绘制出来，如图9-101所示。

步骤 11 使用"选择工具"将编组的平面效果图调整大小放在素材上方。接着执行"对象>排列>后移一层"命令，调整排列顺序将其放在钢笔绘制的图形后面，如图9-102所示。

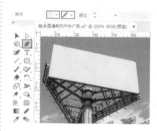

图9-101　　　　　　　图9-102

步骤 12 依次加选平面效果图和绘制的图形，执行"对象>封套扭曲>用顶层对象建立"命令，使平面效果图呈现出立体的展示效果，此时本案例制作完成。效果如图9-103所示。

图9-103

实例：使用"不透明蒙版"制作倒影

文件路径	第9章\使用"不透明蒙版"制作倒影
技术掌握	不透明蒙版

扫一扫，看视频

实例说明

本案例的倒影呈现出由清晰到模糊的渐隐效果，在制作倒影时可以通过黑白渐变的不透明蒙版实现这种渐隐效果。

案例效果

案例效果如图9-104所示。

图 9-104

操作步骤

步骤 01 执行"文件>打开"命令，将素材1.ai打开，如图9-105所示。

步骤 02 制作画面中天气预报小控件的倒影效果。首先将小控件的元素全部选中，接着执行"对象>变换>镜像"命令，在弹出的"镜像"窗口中选中"水平"单选按钮，然后单击"复制"按钮，如图9-106所示。

图 9-105　　　　图 9-106

步骤 03 将图形进行垂直方向的翻转并复制。同时将复制得到的图形向下移动，使两个图形能够贴齐。效果如图9-107所示。

步骤 04 使用"矩形工具"绘制一个矩形，然后执行"窗口>渐变"命令，在弹出的"渐变"面板中编辑一个

从白色快速过渡到黑色的线性渐变，设置"渐变角度"为-90°，如图9-108所示。

图 9-107　　　　图 9-108

步骤 05 在选中渐变矩形的状态下，在选项栏中设置"不透明度"为78%，如图9-109所示。

步骤 06 加选该渐变矩形和下方的倒影，在"透明度"面板中单击"制作蒙版"按钮，如图9-110所示。

图 9-109　　　　图 9-110

步骤 07 建立蒙版后将倒影的部分效果隐藏，此时本案例制作完成。效果如图9-111所示。

图 9-111

实例：使用"不透明蒙版"制作拼贴标志

文件路径	第9章\使用"不透明蒙版"制作拼贴标志
技术掌握	不透明蒙版

扫一扫，看视频

实例说明

使用"不透明蒙版"不仅可以方便地为对象制作倒影，而且可以产生类似"剪切蒙版"的效果。本案例将使用"不透明蒙版"为彩色矩形条添加白色的"不透明

蒙版"的方法，将白色图形以外的部分隐藏。

案例效果

案例效果如图9-112所示。

图 9-112

操作步骤

步骤 01 新建一个大小合适的横版文档。接着将背景素材1.jpg置入，然后单击"嵌入"按钮将其嵌入画面，如图9-113所示。

图 9-113

步骤 02 选择工具箱中的"矩形工具"，设置"填充"为红色，"描边"为无。设置完成后在画板外绘制矩形，如图9-114所示。

步骤 03 继续使用该工具绘制其他矩形，拼接成一个字母J。效果如图9-115所示。

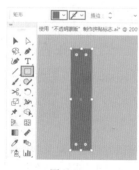

图 9-114   图 9-115

步骤 04 框选各个矩形部分，执行"窗口>路径查找

器"命令，在弹出的"路径查找器"窗口中单击"联集"按钮，如图9-116所示。将其合并为一个图形，如图9-117所示。

图 9-116   图 9-117

步骤 05 继续使用"矩形工具"，在控制栏中设置"填充"为粉色，"描边"为无。设置完成后绘制一个矩形，如图9-118所示。

步骤 06 将该图形复制6份，放在粉色矩形右侧位置，并对颜色进行更改。效果如图9-119所示。

图 9-118   图 9-119

步骤 07 将7个矩形全部框选，然后执行"窗口>对齐"命令，在弹出的"对齐"面板中单击"顶对齐""水平居中分布"按钮，设置相应的对齐方式，如图9-120所示。效果如图9-121所示。接着使用快捷键Ctrl+G将其编组。

图 9-120   图 9-121

中文版Illustrator 2022完全案例教程（微课视频版）

提示：快速建立多个图形的另一种方法

制作彩色矩形还可以使用另外一种方式。即绘制两个等大的矩形，然后调整好相应的距离。加选两个矩形，双击"混合工具"按钮，打开"混合选项"窗口，设置"间距"为"指定的步数"，步数设置为5，如图9-122所示。

图 9-122

接着使用"建立混合"即可得到另外5个相同且整齐排列的图形，如图9-123所示。然后进行"扩展"即可对每个图形的属性进行单独修改。

图 9-123

步骤 08 将编组的彩色矩形选中，使用"选择工具"将其移至画面中间位置。接着将光标放在定界框一角，按住鼠标左键进行旋转，如图9-124所示。

步骤 09 将之前制作好的字母 J 移到彩色矩形上方，接着将字母 J 更改为白色，如图9-125所示。

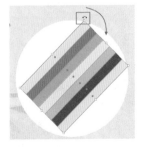

图 9-124

图 9-125

步骤 10 按住Shift键加选白色矩形和下方的彩色矩形，执行"窗口>透明度"命令，在弹出的"透明度"面板中单击"制作蒙版"按钮建立蒙版，如图9-126所示。

图 9-126

步骤 11 此时，彩色矩形只显示出字母 J 范围内的部分。效果如图9-127所示。

图 9-127

步骤 12 添加文字。选择工具箱中的"文字工具"，在画面中单击插入光标，接着在控制栏中设置合适的字体、字号和颜色，然后删除占位符。设置完成后输入文字，如图9-128所示。文字输入完成后按Esc键结束操作。

图 9-128

步骤 13 此时，文字宽度稍有些宽，可以将文字选中，执行"窗口>文字>字符"命令，在弹出的"字符"面板

第9章 不透明度、混合模式、不透明蒙版

263

中设置字符的"水平缩放"为67%，如图9-129所示。效果如图9-130所示。

图 9-129

图 9-130

步骤 14 继续使用"文字工具"在主体文字下方输入其他文字，此时本案例制作完成。效果如图9-131所示。

图 9-131

中文版Illustrator 2022完全案例教程（微课视频版）

Chapter
10
第10章

扫码看本章介绍

扫码看基础视频

效果

本章内容简介：

"效果"是一种依附于对象外观的功能。利用这一功能可以在不更改对象原始信息的基础上使对象产生外形的变化，或者产生某种绘画效果。在"效果"菜单中可以看到很多效果组，每个效果组中又包含多种效果。添加后的效果可以在"外观"面板中重新进行编辑。

重点知识掌握：

- 掌握效果的使用方法。
- 掌握Photoshop效果画廊的使用方法。

通过本章学习，我能做什么？

通过本章的学习，可以制作各种3D效果，如3D广告文字、3D书籍、3D包装盒等；可以对图形进行扭拧、扭转、收缩、膨胀等变形操作；利用Photoshop效果，还可以模拟出各种各样的特殊绘画效果，如素描、炭笔画、油画等。

优秀作品欣赏

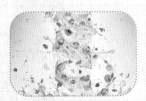

10.1 使用Illustrator效果

扫一扫，看视频

Illustrator中包含大量的"效果"。"效果"是一种依附于对象外观的功能，利用这一功能可以在不更改对象原始信息的基础上使对象产生外形的变化，或者产生某种绘画效果。在"效果"菜单中可以看到很多效果组，每个效果组中又包含多种效果。其中大致分为两大类，即Illustrator效果和Photoshop效果，如图10-1所示。

Illustrator效果大多可以使所选对象产生外形上的变化。而Photoshop效果则更多是使对象产生一种不同的"视觉效果"，如绘画感效果或纹理效果等。Photoshop效果与Adobe Photoshop中的"滤镜"功能非常相似，参数也几乎完全相同。使用过Photoshop的读者肯定对这些效果很熟悉。

图 10-1

> **提示："效果"的作用范围**
>
> Illustrator效果主要为矢量对象服务，但是很多效果也可以应用于位图对象。Photoshop效果虽然是位图特效，但是也都可以应用于矢量图形。

实例：使用3D效果制作卡通文字

扫一扫，看视频

文件路径	第10章\使用3D效果制作卡通文字
技术掌握	"凸出与斜角"效果、"偏移路径"效果

实例说明

使用"凸出与斜角"效果可以为矢量图形或位图对象增添厚度，使之产生凸出于平面的立体效果。

案例效果

案例效果如图10-2所示。

图 10-2

操作步骤

步骤 01 新建一个大小合适的横版文档。选择工具箱中的"矩形工具"，设置"填充"为深灰色，"描边"为无。设置完成后绘制一个和画板等大的矩形，如图10-3所示。

图 10-3

步骤 02 添加文字。选择工具箱中的"文字工具"，在画面中单击插入光标，然后删除占位符。接着在控制栏中设置合适的字体、字号和颜色。设置完成后输入文字，如图10-4所示。文字输入完成后按Esc键结束操作。

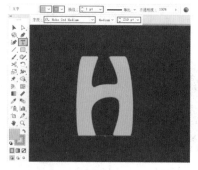

图 10-4

步骤 03 将光标放在定界框一角按住鼠标左键适当地进行旋转，如图10-5所示。同时将该文字复制一份放在画板外，以备后面操作使用。

图 10-5

步骤 04 为文字制作立体效果。将文字选中，执行"效果>3D和材质>3D（经典）>凸出与斜角（经典）"命令，在弹出的"3D凸出和斜角选项（经典）"窗口中设置"指定绕X轴旋转"为1°，"指定绕Y轴旋转"为-14°，"指定绕Z轴旋转"为4°，"透视"为0°，"凸出厚度"为20pt，"端点"为"开启端点以建立实心外观"，"表面"为"扩散底纹"。设置完成后单击"确定"按钮，如图10-6所示。效果如图10-7所示。

图 10-6　　　　　　图 10-7

步骤 05 选择复制得到的文字，将其颜色更改为白色。接着执行"对象>排列>后移一层"命令，将其放在立体文字下方。然后执行"效果>路径>偏移路径"命令，在弹出的"偏移路径"窗口中设置"位移"为3mm，"连接"为"斜接"，"斜接限制"为4。设置完成后单击"确定"按钮，如图10-8所示。此时白色文字变大了一圈，作为立体文字的底色。效果如图10-9所示。

图 10-8　　　　　　图 10-9

步骤 06 继续使用同样的方法制作其他文字效果，同时

调整文字排列的顺序。效果如图10-10所示。

图 10-10

步骤 07 将素材1.png置入，放在画面右上角位置，此时本案例制作完成。效果如图10-11所示。

图 10-11

选项解读：凸出与斜角

- **位置**：设置对象如何旋转以及观看对象的透视角度。在下拉列表中提供预设位置选项，也可以通过右侧的三个文本框进行不同方向的旋转调整，还可以直接使用鼠标拖动。图10-12所示为不同数值的对比效果。

图 10-12

- **透视**：通过调整该选项中的参数，调整该对象的透视效果，数值为0°时，没有任何效果，角度越大透视效果越明显。图10-13所示为不同数值的对比效果。

透视：0°　　　　透视：100°　　　　透视：120°

图 10-13

- **凸出厚度**：设置对象深度，数值越大，对象越厚。

图10-14所示为不同数值的对比效果。

凸出厚度：50pt　　　　凸出厚度：500pt

图10-14

- 端点：指定显示的对象是实心（开启端点◐）还是空心（关闭端点◑）对象，如图10-15所示。

开启端点（实心）　　　开启端点（空心）

图10-15

- 斜角：沿对象的深度轴（Z轴）应用所选类型的斜角边缘。
- 高度：设置1～100的高度值。
- 斜角外扩🔲：将斜角添加至对象的原始形状。
- 斜角内缩🔲：自对象的原始形状砍去斜角。
- 表面：控制表面底纹。选择"线框"选项会得到对象几何形状的轮廓，并使每个表面透明。选择"无底纹"选项不向对象添加任何新的表面属性。选择"扩散底纹"选项可以使对象以一种柔和、扩散的方式反射光。选择"塑料效果底纹"选项可以使对象以一种闪烁、光亮的材质模式反射光。单击"更多选项"按钮可以查看完整的选项列表。
- 预览：勾选"预览"复选框可以实时观察到参数调整的效果。
- 更多选项：单击该按钮，可以在展开的参数窗口中设置光源强度、环境光、高光强度等的参数。

实例：使用"变形"效果制作变形文字

文件路径	第10章\使用"变形"效果制作变形文字
技术掌握	"变形"效果

扫一扫，看视频

实例说明

"变形"效果组中的命令和"对象>封套扭曲>用变形建立"的效果是相同的，但是使用"变形"效果组下的命令进行的变形属于"效果"，并不是直接应用在对象本身的。不仅可以轻松地隐藏效果，而且可以通过"外观"面板重新进行参数的编辑。

案例效果

案例效果如图10-16所示。

图10-16

操作步骤

步骤 01 执行"文件>打开"命令，将素材1.ai打开，如图10-17所示。

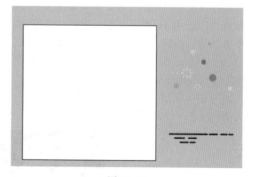

图10-17

步骤 02 选择工具箱中的"矩形工具"，设置"填充"为黄绿色，"描边"为无。设置完成后绘制一个和画板等大的矩形，如图10-18所示。

步骤 03 选择工具箱中的"椭圆工具"，设置"填充"为绿色，"描边"为无。设置完成后在画面中间位置按住Shift键的同时按住鼠标左键拖动绘制一个正圆，如

中文版Illustrator 2022完全案例教程（微课视频版）

图 10-19 所示。

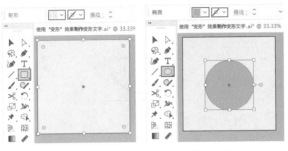

图 10-18　　　　　　　　图 10-19

步骤 04 将正圆调整为半圆。选择绿色正圆，将光标放在定界框右侧中间位置的圆形控制点上，按住鼠标左键逆时针拖动180°。释放鼠标即可将正圆调整为半圆，如图 10-20 所示。

步骤 05 复制该图形并适当缩放，然后更改其"填充"为红色，"描边"为黑色，"粗细"为7pt，如图 10-21 所示。

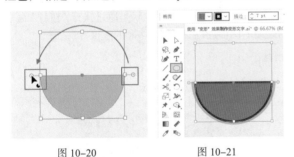

图 10-20　　　　　　　　图 10-21

步骤 06 选择工具箱中的"钢笔工具"，设置"填充"为深红色，"描边"为无。设置完成后在画面中绘制形状，如图 10-22 所示。

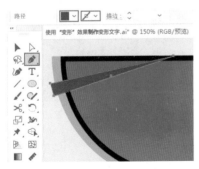

图 10-22

步骤 07 将绘制的形状选中，接着选择工具箱中的"旋转工具"，按住Alt键的同时在三角形右侧锐角的位置单击，将中心点定位在此处。释放鼠标后在弹出的"旋转"窗口中设置"角度"为15°。设置完成后单击"复制"按

钮，如图 10-23 所示。效果如图 10-24 所示。

图 10-23　　　　　　　　图 10-24

步骤 08 选中复制得到的图形，多次使用快捷键Ctrl+D将图形进行旋转并复制。放射状图形效果如图 10-25 所示。然后按住Shift键依次加选各个图形，使用快捷键Ctrl+G进行编组。

步骤 09 编组的图形有超出红色半圆的部分，需要将其隐藏。将红色半圆复制一份摆放在顶层，为了便于观察可以更改颜色，如图 10-26 所示。

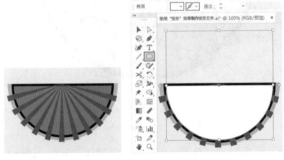

图 10-25　　　　　　　　图 10-26

步骤 10 加选编组图形和正圆，使用快捷键Ctrl+7创建剪切蒙版，将图形不需要的部分隐藏，如图 10-27 所示。

图 10-27

步骤 11 将放射状图形选中，执行"窗口>透明度"命令，在弹出的"透明度"面板中设置"不透明度"为30%，如图 10-28 所示。

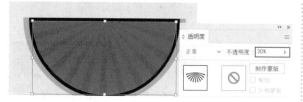

图 10-28

步骤 12 添加文字。选择工具箱中的"文字工具"，在画面中单击插入光标，接着在控制栏中设置合适的字体、字号和颜色，然后删除占位符。设置完成后输入文字，如图 10-29 所示。文字输入完成后按 Esc 键结束操作。

图 10-29

步骤 13 在文字被选中的状态下，执行"效果>变形>下弧形"命令，在弹出的"变形选项"窗口中设置"样式"为"下弧形"，"弯曲"为 80%。设置完成后单击"确定"按钮，如图 10-30 所示。同时将变形文字适当地向上移动。效果如图 10-31 所示。

图 10-30

图 10-31

步骤 14 使用"选择工具"，将在画板外的图形移至画面中，调整好摆放的位置，此时本案例制作完成。效果如图 10-32 所示。

图 10-32

实例：使用"扭拧"效果制作图形海报

扫一扫，看视频

文件路径	第 10 章\使用"扭拧"效果制作图形海报
技术掌握	"扭拧"效果

实例说明

使用"扭拧"效果可以将所选矢量对象随机地向内或向外弯曲和扭曲。本案例就是通过执行"扭拧"命令对绘制的图形进行变形制作多彩的海报背景。

案例效果

案例效果如图 10-33 所示。

图 10-33

操作步骤

步骤 01 执行"文件>打开"命令，将素材 1.ai 打开，如图 10-34 所示。

步骤 02 选择工具箱中的"矩形工具"，设置"填充"为灰色，"描边"为无。设置完成后按住鼠标左键拖动绘制一个与画板等大的矩形，如图 10-35 所示。

中文版 Illustrator 2022完全案例教程（微课视频版）

图 10-34　　　　　　　图 10-35

步骤 03 继续使用"矩形工具"，绘制一个比画板稍小一些的矩形，然后将其选中，执行"窗口>渐变"命令，在弹出的"渐变"面板中编辑一个从黄色到橘色的径向渐变。设置"渐变角度"为0°，"长宽比"为100%，如图10-36所示。效果如图10-37所示。

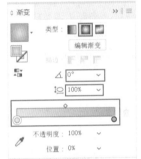

图 10-36　　　　　　　图 10-37

步骤 04 为绘制的渐变矩形添加投影，增加效果的立体感。将矩形选中，执行"效果>风格化>投影"命令，在弹出的"投影"窗口中设置"模式"为"正片叠底"，"不透明度"为30%，"X位移""Y位移""模糊"数值均为3mm，"颜色"为黑色。设置完成后单击"确定"按钮，如图10-38所示。效果如图10-39所示。

图 10-38　　　　　　　图 10-39

步骤 05 继续使用"矩形工具"在画面左上角按住鼠标左键拖动绘制一个正方形。接着在"渐变"面板中编辑一个洋红色的线性渐变，设置"渐变角度"为0°，如图10-40所示。

图 10-40

步骤 06 对绘制的渐变正方形的形状进行调整。将图形选中，执行"效果>扭曲和变换>扭拧"命令，在弹出的"扭拧"窗口中设置"水平"数量为45%，"垂直"数量为20%。设置完成后单击"确定"按钮，如图10-41所示。效果如图10-42所示。

图 10-41　　　　　　　图 10-42

步骤 07 使用"矩形工具"绘制矩形并为其填充相同的洋红色渐变，然后在"扭拧"窗口中进行不同数值的设置，得到随机的效果，如图10-43所示。

图 10-43

步骤 08 选择工具箱中的"多边形工具"，然后在画面中单击，在弹出的"多边形"窗口中设置"半径"为18mm，"边数"为6。设置完成后单击"确定"按钮，如图10-44所示。效果如图10-45所示。

 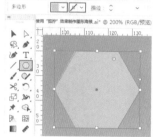

图 10-44　　　　　　图 10-45

步骤 09 为绘制的多边形填充渐变。将图形选中，在"渐变"面板中编辑一个蓝色系的线性渐变，设置"渐变角度"为0°，如图10-46所示。

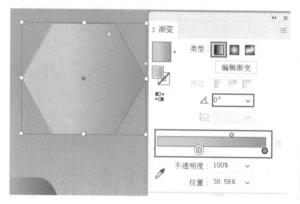

图 10-46

步骤 10 将蓝色渐变多边形选中，接着执行"效果>扭曲和变换>扭拧"命令，在弹出的"扭拧"窗口中设置"水平"数量为14%，"垂直"数量为6%。设置完成后单击"确定"按钮，如图10-47所示。效果如图10-48所示。

图 10-47　　　　　　图 10-48

选项解读：扭拧

- 水平：在文本框中输入相应的数值，可以定义对象在水平方向上的扭拧幅度，如图10-49所示。
- 垂直：在文本框中输入相应的数值，可以定义对象在垂直方向上的扭拧幅度，如图10-50所示。

图 10-49　　　　　　图 10-50

- 相对：选中该单选按钮时，将定义调整的幅度为原水平的百分比。
- 绝对：选中该单选按钮时，将定义调整的幅度为具体的尺寸。
- 锚点：勾选该复选框时，将修改对象中的锚点。
- "导入"控制点：勾选该复选框时，将修改对象中的导入控制点。
- "导出"控制点：勾选该复选框时，将修改对象中的导出控制点。

步骤 11 继续绘制其他图形，并为其填充相同的渐变色。然后在"扭拧"窗口中对图形进行变形设置。效果如图10-51所示。

步骤 12 继续绘制图形，为其填充黄色系的线性渐变。同时在"扭拧"窗口中进行参数设置，对图形的形态进行调整。效果如图10-52所示。

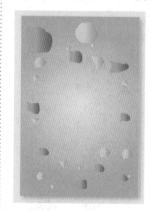 

图 10-51　　　　　　图 10-52

中文版Illustrator 2022完全案例教程（微课视频版）

步骤 13 绘制一些小的几何图形，为其填充不同的颜色，从而丰富画面的细节效果，如图10-53所示。

步骤 14 海报的背景制作完成，但由于画面中的图形较多且大小不一，显得杂乱而不规整。所以需要在画面的最外围绘制一个矩形框，将所有图形限制在一个范围内，让整体效果产生一定的聚拢感。选择工具箱中的"矩形工具"，设置"填充"为无，"描边"为黄色，"粗细"为1pt。设置完成后在画面外围绘制一个矩形框，如图10-54所示。

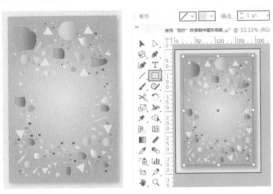

图 10-53　　　　　　图 10-54

步骤 15 使用"选择工具"将画板外的文字移至画面中间位置，此时本案例制作完成。效果如图10-55所示。

图 10-55

实例：使用"粗糙化"效果制作毛茸茸的字母

文件路径	第10章\使用"粗糙化"效果制作毛茸茸的字母
技术掌握	混合工具、"粗糙化"效果

扫一扫，看视频

实例说明

使用"粗糙化"效果可以使矢量图形边缘产生各种大小的尖峰和凹谷的锯齿，使对象看起来很粗糙。本案例就是通过对创建混合的文字执行"粗糙化"命令，制作出毛茸茸的文字效果。

案例效果

案例效果如图10-56所示。

图 10-56

操作步骤

步骤 01 新建一个大小合适的横版文档。选择工具箱中的"矩形工具"，设置"填充"为灰色，"描边"为无。设置完成后绘制一个和画板等大的矩形，如图10-57所示。

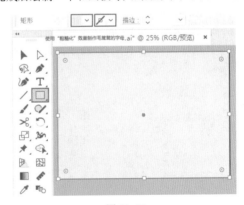

图 10-57

步骤 02 在画面中添加文字，制作毛茸茸的文字效果。选择工具箱中的"文字工具"，在控制栏中设置合适的字体、字号和颜色。设置完成后在画面中单击输入文字，如图10-58所示。然后将文字创建轮廓，将其转换为矢量图形。同时使用快捷键Ctrl+Shift+G将其取消编组。

图 10-58

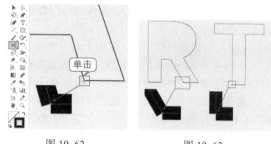

图 10-62　　　　　图 10-63

步骤 03 将字母A选中，右击执行"释放复合路径"命令，将构成字母A的复合路径释放，如图10-59所示。

图 10-59

步骤 04 使用"选择工具"将其内部的小三角路径选中并删除。效果如图10-60所示。

步骤 05 使用同样的方法将字母R内部的路径删除，如图10-61所示。虽然字母T中间没有要删除的路径，但也需要对其执行"释放复合路径"命令，为后面的操作奠定基础。

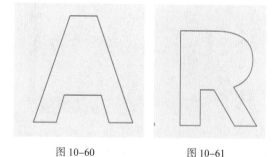

图 10-60　　　　　图 10-61

步骤 06 使用"选择工具"将字母A选中，然后选择工具箱中的"剪刀工具"，在字母A的下方锚点处单击，将连接的锚点断开，如图10-62所示。然后使用同样的方法将字母R和字母T相应位置的锚点断开，如图10-63所示。

提示：为什么要断开路径

如果不将路径断开，替换混合轴后将达不到预期的效果，图10-64所示为不将路径断开后的效果。

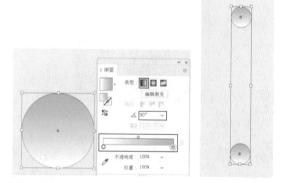

图 10-64

步骤 07 选择工具箱中的"椭圆工具"，在画面中绘制正圆。然后为绘制的正圆填充渐变，在正圆选中的状态下，执行"窗口>渐变"命令，在弹出的"渐变"面板中编辑一个从白色到青色的径向渐变，设置"渐变角度"为90°，如图10-65所示。

步骤 08 继续选择渐变正圆，将其复制一份放在已有正圆下方位置，如图10-66所示。

图 10-65　　　　　图 10-66

步骤 09 将两个正圆选中，双击工具箱中的"混合工具"按钮，在弹出的"混合选项"窗口中设置"间距"为"指定的步数"，步数为300。设置完成后单击"确定"按钮，如图10-67所示。设置完成后分别在两个图形上方单击，制作图形的混合效果，如图10-68所示。

图 10-67 　　　　　　 图 10-68

步骤 10 依次加选混合图形和字母A，执行"对象>混合>替换混合轴"命令，为混合图形替换混合轴。效果如图10-69所示。

图 10-69

步骤 11 为字母A制作视觉上的毛茸茸效果。将字母A选中，执行"效果>扭曲和变换>粗糙化"命令，在弹出的"粗糙化"窗口中设置"大小"为7%，"细节"为"40/英寸"，选中"尖锐"单选按钮。设置完成后单击"确定"按钮，如图10-70所示。效果如图10-71所示。

图 10-70 　　　　　　 图 10-71

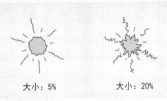

选项解读：粗糙化

- 大小：用于设置图形边缘处粗糙化效果的尺寸。数值越大，粗糙程度越大，如图10-72所示。

大小：5%　　　　 大小：20%

图 10-72

- 相对：选中该单选按钮时，将定义调整的幅度为原水平的百分比。
- 绝对：选中该单选按钮时，将定义调整的幅度为具体的尺寸。
- 细节：通过调整该选项中的参数，定义粗糙化细节每英寸出现的数量。数值越大细节越丰富，如图10-73所示。

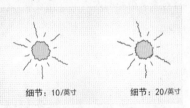

细节：10/英寸　　　 细节：20/英寸

图 10-73

- 平滑：选中该单选按钮时，将使粗糙化的效果比较平滑。
- 尖锐：选中该单选按钮时，将使粗糙化的效果比较尖锐。

步骤 12 使用同样的方法为字母R和T设置相应的渐变混合图形，并替换混合轴。效果如图10-74所示。

图 10-74

步骤 13 为其设置相同的"粗糙化"数值，此时本案例制作完成。效果如图10-75所示。

图 10-75

实例：使用"内发光"效果制作空间感网页

扫一扫，看视频

文件路径	第10章\使用"内发光"效果制作空间感网页
技术掌握	"内发光"效果

实例说明

"内发光"效果通过在对象的内部添加亮调的方式实现对象的发光效果。该效果中有"中心"和"边缘"两个按钮。"中心"可以使光晕从对象中心向外发散；而"边缘"则是将对象从边缘向内产生发光效果。

案例效果

案例效果如图10-76所示。

图 10-76

操作步骤

步骤 01 执行"文件>打开"命令，将素材1.ai打开，如图10-77所示。

图 10-77

步骤 02 选择工具箱中的"矩形工具"，绘制一个和画板等大的矩形。将矩形选中，执行"窗口>渐变"命令，在弹出的"渐变"面板中编辑一个土红色系的渐变，设置"渐变角度"为-90°，如图10-78所示。

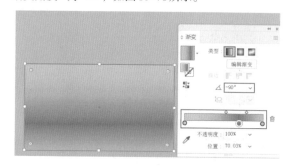

图 10-78

> 提示：设置渐变的注意事项
>
> 此处在"渐变"面板中进行颜色设置时，要注意将渐变条中间的颜色设置得稍微深一些，这样可以在视觉上增加立体感。其效果就相当于一面墙和地面，深色部位即为墙和地面的转折线。

步骤 03 添加文字。选择工具箱中的"文字工具"，在画面中单击插入光标，接着在控制栏中设置合适的字体、字号和颜色，然后删除占位符。设置完成后输入文字，如图10-79所示。文字输入完成后按Esc键结束操作。

图 10-79

步骤 04 为文字添加"内发光"效果。将文字选中，执行"效果>风格化>内发光"命令，在弹出的"内发光"窗口中设置"模式"为"正常"，"颜色"为橘色，"不透明度"为75%，"模糊"为10mm，选中"边缘"单选按钮。设置完成后单击"确定"按钮，如图10-80所示。效果如图10-81所示。

中文版Illustrator 2022完全案例教程（微课视频版）

图 10-80 图 10-81

 选项解读：内发光

- 模式：在该下拉列表中选择不同选项可以指定发光的混合模式。
- 不透明度：在该文本框中输入相应的数值可以指定所需发光的不透明度百分比。
- 模糊：在该文本框中输入相应的数值可以指定要进行模糊处理之处到选区中心或选区边缘的距离，如图 10-82 所示。

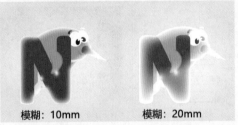

图 10-82

- 中心：选中该单选按钮，可以使光晕从对象中心向外发散。效果如图 10-83 所示。
- 边缘：选中该单选按钮时，将对象从边缘向内产生发光效果。效果如图 10-84 所示。

图 10-83 图 10-84

步骤 05 继续使用"文字工具"在已有文字下方单击输入文字，并为其设置相同的"内发光"样式。效果如图 10-85 所示。

步骤 06 使用"选择工具"将在画板外的其他文字对象移至画面中，如图 10-86 所示。

图 10-85 图 10-86

提示：快速制作相同效果的文字

在制作第二行文字时，可以将COME复制一份，然后使用"文字工具"将原有字母删除，重新输入文字。这样就可以快速制作相同样式的文字，而不用费力去重新添加效果。

步骤 07 将素材2.png置入，放在画面右侧空白位置，此时本案例制作完成。效果如图 10-87 所示。

图 10-87

实例：使用"内发光"效果制作透明按钮

文件路径	第10章\使用"内发光"效果制作透明按钮
技术掌握	"内发光"效果、"投影"效果

扫一扫，看视频

实例说明

制作透明按钮时执行"内发光"命令，可以让按钮的中间或边缘位置呈现出半透明的效果，在视觉上产生立体的透明感觉。

案例效果

案例效果如图 10-88 所示。

图 10-88

277

操作步骤

步骤 01 新建一个大小合适的横版文档。将背景素材 1.jpg置入，调整大小使其充满整个画板，如图10-89所示。

图 10-89

步骤 02 选择工具箱中的"圆角矩形工具"，设置"填充"为白色，"描边"为无。设置完成后在背景素材中间位置绘制图形，同时将圆角的弧度调整到合适的角度，如图10-90所示。

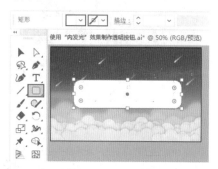

图 10-90

步骤 03 为绘制的图形添加图案。执行"窗口>色板库>基本>基本图形>基本图形_点"命令，在弹出的"基本图形_点"面板中选择10 dpi 70%，如图10-91所示。效果如图10-92所示。

图 10-91　　　　图 10-92

步骤 04 将带有图案的圆角矩形选中，执行"窗口>透明度"命令，在弹出的"透明度"面板中设置"混合模式"为"柔光"，如图10-93所示。

图 10-93

步骤 05 为图形添加"内发光"效果。在图形选中的状态下，执行"效果>风格化>内发光"命令，在弹出的"内发光"窗口中设置"模式"为"滤色"，"颜色"为白色，"不透明度"为90%，"模糊"为10mm，选中"中心"单选按钮。设置完成后单击"确定"按钮，如图10-94所示。效果如图10-95所示。

图 10-94　　　　　　　图 10-95

步骤 06 继续使用"椭圆工具"，设置"填充"为无，"描边"为白色，"粗细"为5pt。设置完成后在画面中绘制圆角矩形，如图10-96所示。

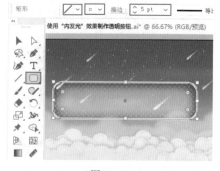

图 10-96

步骤 07 为绘制的边框图形添加投影，增加效果的立体感。将图形选中，执行"效果>风格化>投影"命令，在弹出的"投影"窗口中设置"模式"为"正常"，"不透明度"为75%，"X位移""Y位移""模糊"数值均为

中文版Illustrator 2022完全案例教程（微课视频版）

1mm，"颜色"为黑色。设置完成后单击"确定"按钮，如图10-97所示。效果如图10-98所示。

图 10-97　　　　　　　图 10-98

步骤 08 添加文字。选择工具箱中的"文字工具"，在画面中单击插入光标，然后删除占位符。接着在控制栏中设置合适的字体、字号和颜色。设置完成后输入文字，如图10-99所示。文字输入完成后按Esc键结束操作。

图 10-99

步骤 09 将文字选中，使用快捷键Ctrl+C进行复制，使用快捷键Ctrl+F将其粘贴到前面。然后选择复制得到的文字，将其颜色更改为白色，同时将其向左上角移动，使下方颜色稍深的文字作为白色文字的阴影，从而呈现出立体文字效果，此时本案例制作完成。效果如图10-100所示。

图 10-100

实例：使用两种发光效果制作小控件

文件路径	第10章\使用两种发光效果制作小控件
技术掌握	"外发光"效果、"内发光"效果

扫一扫，看视频

实例说明

　　"外发光"效果主要用于制作对象外侧产生的发光效果，与"内发光"效果完全相反。本案例使用两种不同的发光效果制作小控件并丰富小控件的效果。

案例效果

　　案例效果如图10-101所示。

图 10-101

操作步骤

步骤 01 新建一个大小合适的竖版文档。选择工具箱中的"矩形工具"，设置"填充"为黑色，"描边"为无。设置完成后绘制一个和画板等大的矩形，如图10-102所示。

步骤 02 继续使用该工具在黑色矩形上方绘制一个绿色矩形，如图10-103所示。

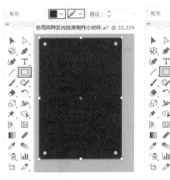

图 10-102　　　　　　　图 10-103

步骤 03 为绘制的绿色矩形添加"内发光"效果。将该图形选中，执行"效果>风格化>内发光"命令，在弹出的"内发光"窗口中设置"模式"为"滤色"，"颜色"为白色，"不透明度"为75%，"模糊"为10mm，选中"边缘"单选按钮。设置完成后单击"确定"按钮，如图10-104所示。效果如图10-105所示。

图 10-104 　　　　　图 10-105

步骤 04 将素材1.jpg置入，调整大小放在绿色矩形上方。然后单击"嵌入"按钮将其嵌入画面，如图10-106所示。

步骤 05 此时，置入的素材有超出绿色矩形的部分，需要将其隐藏。在素材上方绘制一个和绿色矩形等大的图形，如图10-107所示。

图 10-106 　　　　　图 10-107

步骤 06 加选该图形和下方的素材，使用快捷键Ctrl+7创建剪切蒙版，将素材不需要的部分隐藏，如图10-108所示。

图 10-108

步骤 07 将二者融合到一起。在素材选中的状态下，执行"窗口>透明度"命令，在弹出的"透明度"面板中设置"混合模式"为"柔光"，如图10-109所示。效果如图10-110所示。

图 10-109 　　　　　图 10-110

步骤 08 继续使用"圆角矩形工具"，设置"填充"为白色，"描边"为无。设置完成后在画面下方位置绘制一个圆角矩形，如图10-111所示。

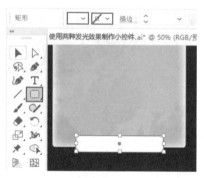

图 10-111

步骤 09 为绘制的白色圆角矩形添加"外发光"效果。将图形选中，执行"效果>风格化>外发光"命令，在弹出的"外发光"窗口中设置"模式"为"正常"，"颜色"为白色，"不透明度"为100%，"模糊"为2mm。设置完成后单击"确定"按钮，如图10-112所示。效果如图10-113所示。

图 10-112 　　　　　图 10-113

 选项解读：外发光

● 模式：在该下拉列表中选择不同选项可以指定发光的混合模式。

● 不透明度：在该文本框中输入相应的数值可以指定所需发光的不透明度百分比。

中文版Illustrator 2022完全案例教程（微课视频版）

● 模糊：在该文本框中输入相应的数值可以指定要进行模糊处理之处到选区中心或选区边缘的距离，如图10-114所示。

图 10-114

步骤 10 在画面中添加文字。选择工具箱中的"文字工具"，在控制栏中设置合适的字体、字号和颜色。设置完成后在画面中单击输入文字，如图10-115所示。文字输入完成后按Esc键结束操作。

图 10-115

步骤 11 为文字添加"外发光"效果。将文字选中，执行"效果>风格化>外发光"命令，在弹出的"外发光"窗口中设置"模式"为"正常"，"颜色"为白色，"不透明度"为50%，"模糊"为0.5mm。设置完成后单击"确定"按钮，如图10-116所示。效果如图10-117所示。

图 10-116

图 10-117

步骤 12 继续使用"文字工具"在主体文字下方输入其他文字。效果如图10-118所示。

步骤 13 将素材2.png置入，调整大小放在画面上方空白位置，此时本案例制作完成。效果如图10-119所示。

图 10-118

图 10-119

实例：使用"投影"效果制作简单文字海报

文件路径	第10章\使用"投影"效果制作简单文字海报
技术掌握	"投影"效果

扫一扫，看视频

实例说明

使用"投影"效果可以为矢量图形或位图对象添加一个存在于对象后方的阴影效果，从而在视觉上增加画面的立体感。本案例的三个主体字母之间具有一定的重叠区域，为了增强文字前后排列的空间感，可以为文字对象添加一定的"投影"效果。

案例效果

案例效果如图10-120所示。

图 10-120

操作步骤

步骤01 新建一个大小合适的竖版文档。接着将背景素材1.jpg置入，调整大小使其充满整个画板，如图10-121所示。

步骤02 添加文字。选择工具箱中的"文字工具"，在画面中单击插入光标，接着在控制栏中设置合适的字体、字号和颜色，然后删除占位符。设置完成后输入文字，如图10-122所示。文字输入完成后按Esc键结束操作。然后将该文字复制一份放在画板外，以备后面操作使用。

图10-121　　　　　　图10-122

步骤03 为文字添加"投影"效果，增加立体感。将文字选中，执行"效果>风格化>投影"命令，在弹出的"投影"窗口中设置"模式"为"正片叠底"，"不透明度"为70%，"X位移""Y位移"数值均为1mm，"模糊"为2mm，"颜色"为黑色。设置完成后单击"确定"按钮，如图10-123所示。此时文字与背景之间已经产生了一定的空间感。效果如图10-124所示。

图10-123　　　　　　图10-124

选项解读：投影
- 模式：设置投影的混合模式。
- 不透明度：设置投影的不透明度百分比。

- X位移和Y位移：设置投影偏离对象的距离。
- 模糊：设置要进行模糊处理的位置距离阴影边缘的距离，如图10-125所示。

模糊：0mm　　　　　模糊：5mm

图10-125

- 颜色：设置阴影的颜色。
- 暗度：设置希望为投影添加的黑色深度百分比，如图10-126所示。

暗度：100%　　　　暗度：10%

图10-126

步骤04 选择复制得到的文字，在控制栏中将描边去除，同时将填充色更改为灰色。调整完成后放在红色描边文字上方位置，如图10-127所示。接着使用快捷键Ctrl+C将该文字进行复制，使用快捷键Ctrl+F将其粘贴到前面。然后将复制得到的文字创建轮廓，将其转换为矢量图形。

图10-127

步骤05 为创建轮廓的文字填充渐变色。在该文字选中状态下，执行"窗口>渐变"命令，在弹出的"渐变"面板中编辑一个黄色系的渐变，设置"渐变角度"为90°，如图10-128所示。

步骤06 将渐变文字向左上角适当地移动，将下方的灰

中文版Illustrator 2022完全案例教程（微课视频版）

色文字显示出来，以增强文字的立体感，如图10-129所示。然后加选这两个文字，使用快捷键Ctrl+G将其编组。

图 10-128

图 10-129

步骤 07 为编组的文字添加"投影"效果。将编组文字选中，执行"效果>风格化>投影"命令，在"投影"窗口中设置"模式"为"正片叠底"，"不透明度"为70%，"X位移""Y位移"数值均为1mm，"模糊"为0.5mm，"颜色"为黑色。设置完成后单击"确定"按钮，如图10-130所示。效果如图10-131所示。

图 10-130

图 10-131

步骤 08 使用同样的方法制作其他文字，同时注意文字排列顺序的调整。效果如图10-132所示。

图 10-132

步骤 09 在主体文字下方添加其他文字，此时本案例制作完成。效果如图10-133所示。

图 10-133

实例：使用"涂抹"效果制作变形文字

文件路径	第10章\使用"涂抹"效果制作变形文字
技术掌握	"涂抹"效果

扫一扫，看视频

实例说明

使用"涂抹"效果能够在保持图形颜色和基本形态的前提下，在图形表面添加画笔涂抹的效果。使用该效果能够制作出手绘的效果。

案例效果

案例效果如图10-134所示。

图 10-134

操作步骤

步骤 01 新建一个大小合适的横版文档。选择工具箱中的"矩形工具"，设置"填充"为青色，"描边"为无。设置完成后绘制一个和画板等大的矩形，如图10-135所示。

283

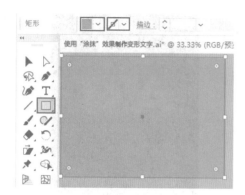

图 10-135

步骤02 添加文字。选择工具箱中的"文字工具"，在画面中单击插入光标，接着在控制栏中设置合适的字体、字号和颜色，然后删除占位符。设置完成后输入文字，如图 10-136 所示。文字输入完成后按 Esc 键结束操作。然后将该文字创建轮廓，将其转换为矢量图形。

图 10-136

步骤03 在创建轮廓的文字选中状态下，选择工具箱中的"美工刀"工具，按住 Alt 键的同时按住鼠标左键在文字上方拖动，将文字进行分割，如图 10-137 所示。

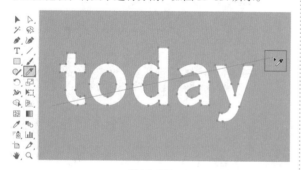

图 10-137

步骤04 将文字取消编组，然后使用"选择工具"将分割文字的下半部分适当地向右下角移动，并将文字颜色

更改为黄色。效果如图 10-138 所示。

图 10-138

步骤05 对黄色文字进行变形操作。在该文字选中状态下，执行"效果>风格化>涂抹"命令，在弹出的"涂抹选项"窗口中设置"路径重叠""变化"数值均为 1mm，"描边宽度"为 0.5mm，"曲度"为 6%，"间距"为 1mm。设置完成后单击"确定"按钮，如图 10-139 所示，此时本案例制作完成。效果如图 10-140 所示。

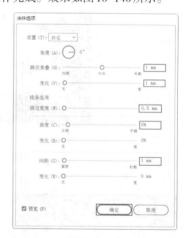

图 10-139

图 10-140

中文版Illustrator 2022完全案例教程（微课视频版）

选项解读：涂抹

- **设置**：使用预设的涂抹效果，从"设置"菜单中选择一种对图形快速进行涂抹效果，如图10-141所示。图10-142所示为设置的不同效果。

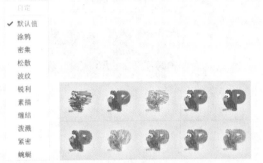

图10-141　　　　　　　图10-142

- **角度**：可以使涂抹的笔触产生旋转，如图10-143所示。

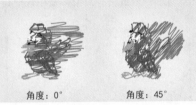

角度：0°　　　　　角度：45°

图10-143

- **路径重叠**：用于控制涂抹线条与对象边界的距离。负值时涂抹线条在路径边界内部，正值时涂抹线条会出现在对象外部，如图10-144所示。

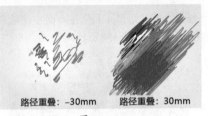

路径重叠：–30mm　　路径重叠：30mm

图10-144

- **变化**：用于控制涂抹线条之间的长短差异。数值越大，线条的长短差异越大，如图10-145所示。

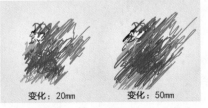

变化：20mm　　　　变化：50mm

图10-145

- **描边宽度**：用于控制涂抹线条的宽度，如图10-146所示。

描边宽度：1mm　　描边宽度：5mm

图10-146

- **曲度**：用于控制涂抹曲线在改变方向之前的曲度，如图10-147所示。

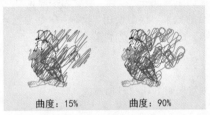

曲度：15%　　　　曲度：90%

图10-147

- **变化**：用于控制涂抹曲线彼此之间的相对曲度差异大小，如图10-148所示。

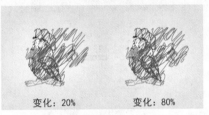

变化：20%　　　　变化：80%

图10-148

- **间距**：用于控制涂抹线条之间的折叠间距量，如图10-149所示。

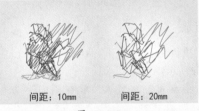

间距：10mm　　　　间距：20mm

图10-149

- **变化**：用于控制涂抹线条之间的折叠间距差异量，如图10-150所示。

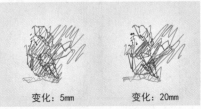

变化：5mm　　　　变化：20mm

图10-150

实例：使用"涂抹""投影"效果制作饮品主题详情页

扫一扫，看视频

文件路径	第10章\使用"涂抹""投影"效果制作饮品主题详情页
技术掌握	"涂抹"效果、"投影"效果

实例说明

本案例主要使用"涂抹"命令为绘制的线条对象制作出手绘的效果。接着使用"投影"命令为置入的素材添加投影，增加画面的立体感。

案例效果

案例效果如图10-151所示。

图 10-151

操作步骤

步骤 01 执行"文件>打开"命令，将素材1.ai打开，如图10-152所示。

步骤 02 将素材2.png置入，放在画面下方位置，如图10-153所示。

图 10-152

图 10-153

步骤 03 选择工具箱中的"矩形工具"，设置"填充"为蓝色，"描边"为无。设置完成后在置入的素材上方绘制矩形，如图10-154所示。

图 10-154

步骤 04 继续使用该工具，在画面下方绘制矩形。效果如图10-155所示。框选所有对象，使用快捷键Ctrl+2将其锁定。

图 10-155

步骤 05 继续使用"矩形工具"在画面左侧绘制一个淡青色的矩形条，如图10-156所示。

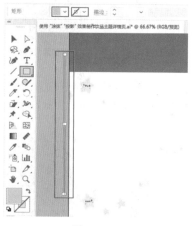

图 10-156

步骤 06 将该矩形条复制若干份。效果如图10-157所示。

中文版Illustrator 2022完全案例教程（微课视频版）

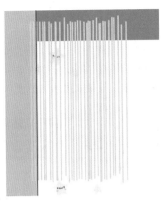

图 10-157

图 10-161

步骤 07 将所有矩形条进行对齐设置。框选所有矩形条，执行"窗口>对齐"命令，在弹出的"对齐"面板中单击"顶对齐""水平居中分布"按钮，使之均匀排列，如图 10-158 所示。

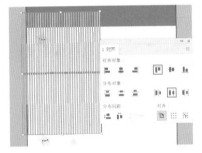

图 10-158

步骤 08 使用快捷键Ctrl+G进行编组，同时将光标放在定界框一角，按住鼠标左键适当地进行旋转，如图 10-159 所示。

步骤 09 此时，编组的图形组有部分区域是多余的，需要将其隐藏。使用"矩形工具"在图形组上方绘制一个矩形，如图 10-160 所示。

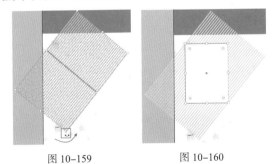

图 10-159 　　　　　　图 10-160

步骤 10 框选矩形条和前方矩形，使用快捷键Ctrl+7创建剪切蒙版，将不需要的部分隐藏，如图 10-161 所示。

步骤 11 将图形选中，执行"效果>风格化>涂抹"命令，在弹出的"涂抹选项"窗口中设置"角度"为3°，"路径重叠"为0.35mm，"变化"为3.18mm，"描边宽度"为1.5mm，"曲度"为3%，"变化"为2%，"间距"为0.01mm，"变化"为3.18mm。设置完成后单击"确定"按钮，如图 10-162 所示。效果如图 10-163 所示。

图 10-162 　　　　　　图 10-163

步骤 12 继续选择该图形，将其复制一份，放在画面的右下角位置，如图 10-164 所示。

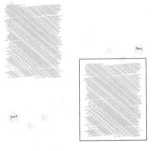

图 10-164

步骤 13 将素材3.jpg置入，调整大小放在画面左侧的变形图形上方，如图10-165所示。

图 10-165

步骤 14 为置入的素材添加"投影"效果。将素材选中，执行"效果>风格化>投影"命令，在弹出的"投影"窗口中设置"模式"为正常，"不透明度"为20%，"X位移""Y位移""模糊"数值均为2mm，"颜色"为黑色。设置完成后单击"确定"按钮，如图10-166所示。效果如图10-167所示。

图 10-166

图 10-167

步骤 15 继续将素材4.jpg和素材5.jpg置入，调整大小放在画面的合适位置，并为其添加相同的"投影"效果，如图10-168所示。

步骤 16 使用"选择工具"将画板外的文字移至画面中，此时本案例制作完成。效果如图10-169所示。

图 10-168　　　　　　图 10-169

实例：使用"羽化"效果制作朦胧感画面

扫一扫，看视频

文件路径	第10章\使用"羽化"效果制作朦胧感画面
技术掌握	"羽化"效果

实例说明

"羽化"效果可以使对象边缘产生羽化的不透明度渐隐效果，弱化图形边缘的硬度。本案例中主要通过使用"羽化"效果制作出图形朦胧感。

案例效果

案例效果如图10-170所示。

图 10-170

中文版Illustrator 2022完全案例教程（微课视频版）

操作步骤

步骤 01 执行"文件>打开"命令,将素材1.ai打开,如图10-171所示。

图 10-171

步骤 02 选择工具箱中的"矩形工具",设置"填充"为淡紫色,"描边"为无。设置完成后绘制一个和画板等大的矩形,如图10-172所示。

图 10-172

步骤 03 选择工具箱中的"椭圆工具",设置"填充"为紫色,"描边"为无。设置完成后在画面中间位置按住Shift键的同时按住鼠标左键拖动绘制一个正圆,如图10-173所示。

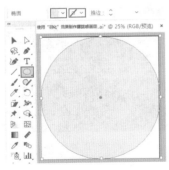

图 10-173

步骤 04 将绘制的正圆边缘进行羽化处理。在该正圆选中的状态下,执行"效果>风格化>羽化"命令,在弹出的"羽化"窗口中设置"半径"为30mm。设置完成后单击"确定"按钮,如图10-174所示。效果如图10-175所示。

图 10-174   图 10-175

步骤 05 将素材2.png置入,如图10-176所示。

图 10-176

步骤 06 继续使用"椭圆工具"在画面最上方位置绘制正圆,如图10-177所示。

图 10-177

步骤 07 在该图形选中状态下,执行"效果>风格化>羽化"命令,在弹出的"羽化"窗口中设置"半径"为30mm。设置完成后单击"确定"按钮,如图10-178所示。效果如图10-179所示。

第10章 效果

289

中文版Illustrator 2022完全案例教程（微课视频版）

图 10-178

图 10-179

步骤 08 通过操作，该矩形将下方的元素遮挡住了，需要将其显示出来。所以在该正圆选中状态下，执行"窗口>透明度"命令，在弹出的"透明度"面板中设置"混合模式"为"滤色"，"不透明度"为35%，如图 10-180 所示。效果如图 10-181 所示。

图 10-180

图 10-181

步骤 09 使用"选择工具"，将在画板外的文字移至画面中，此时本案例制作完成。效果如图 10-182 所示。

图 10-182

10.2 使用Photoshop效果

Photoshop效果可以制作出丰富的纹理和质感效果。Photoshop效果与Adobe Photoshop中的"滤镜"非常相似，而且"效果画廊"与 Photoshop中的"滤镜库"也大致相同。Photoshop效果的使用方法非常简单，通过调整滑块就能看到效果。

实例：使用"高斯模糊"效果制作单色调海报

文件路径	第10章\使用"高斯模糊"效果制作单色调海报
技术掌握	"高斯模糊"效果

扫一扫，看视频

实例说明

使用"高斯模糊"效果可以均匀柔和地将画面进行模糊，使画面看起来具有朦胧感。在本案例中，将背景图片进行模糊，制作出虚化。

案例效果

案例效果如图 10-183 所示。

图 10-183

操作步骤

步骤 01 新建一个文档，然后将背景素材 1.jpg置入，调整大小使其充满整个画板，如图 10-184 所示。

图 10-184

步骤 02 由于置入的背景素材清晰度较高，细节较多，直接在这样的背景上添加文字内容，容易使文字信息显示不清晰，从而影响阅读，所以需要将背景适当地模糊。将背景素材选中，执行"效果>模糊>高斯模糊"命令，在弹出的"高斯模糊"窗口中设置"半径"为"10像素"。设置完成后单击"确定"按钮，如图10-185所示。效果如图10-186所示。

图 10-185

图 10-186

步骤 03 打开素材1.ai，将文字复制一份，然后粘贴到操作的文档内并调整到合适位置，此时本案例制作完成。效果如图10-187所示。

图 10-187

实例：使用"颗粒"效果制作抽象风格海报

文件路径	第10章\使用"颗粒"效果制作抽象风格海报
技术掌握	"颗粒"效果

扫一扫，看视频

实例说明

使用"颗粒"效果可以为图形添加大小不一的杂点颗粒，使图形的质感更加粗糙。本案例中包含多个相同元素，为了避免过多相同元素产生枯燥感，所以在其中部分元素上添加了"颗粒"效果。

案例效果

案例效果如图10-188所示。

图 10-188

操作步骤

步骤 01 执行"文件>打开"命令，将素材1.ai打开，如图10-189所示。

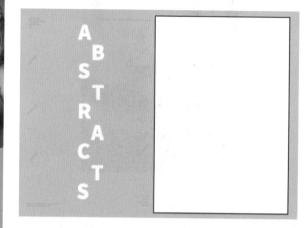

图 10-189

步骤 02 选择工具箱中的"矩形工具"，设置"填充"为黑色，"描边"为无。设置完成后绘制一个和画板等大的矩形，如图10-190所示。然后使用快捷键Ctrl+2将其锁定。

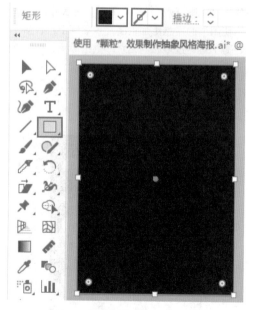

图 10-190

步骤 03 选择工具箱中的"圆角矩形工具"，在画面中绘制图形。同时将圆角的弧度调整到最大，如图10-191所示。

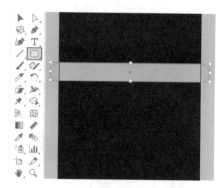

图 10-191

步骤 04 为绘制的圆角矩形填充渐变。将图形选中，执行"窗口>渐变"命令，在弹出的"渐变"面板中编辑一个从黑色到青色的线性渐变，设置"渐变角度"为-180°，如图10-192所示。

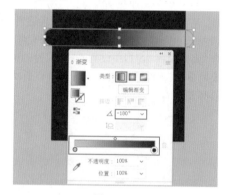

图 10-192

步骤 05 对渐变图形进行适当的旋转。将渐变图形选中，将光标放在定界框任意一角，按住鼠标左键进行旋转，如图10-193所示。

步骤 06 将该图形复制若干份，并按照一定规律摆放。效果如图10-194所示。

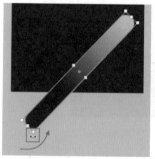

图 10-193   图 10-194

步骤 07 在原始渐变图形选中的状态下，执行"对

中文版Illustrator 2022完全案例教程（微课视频版）

象>变换>旋转"命令，在弹出的"旋转"窗口中设置"角度"为180°。设置完成后单击"复制"按钮，如图10-195所示。

图10-195

步骤 08 将复制得到的图形向右上角移动。效果如图10-196所示。

图10-196

步骤 09 将旋转180°的图形选中，复制若干份。然后将复制得到的图形放在画面中的合适位置。效果如图10-197所示。

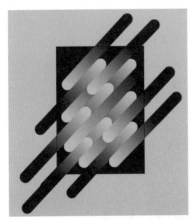

图10-197

步骤 10 为画面中的几个渐变圆角矩形添加"颗粒"效果。选中其中几个图形，执行"效果>纹理>颗粒"

命令，在弹出的"颗粒"窗口中设置"强度"为60，"对比度"为50，"颗粒类型"为"强反差"。设置完成后单击"确定"按钮，如图10-198所示。效果如图10-199所示。

图10-198

图10-199

步骤 11 继续使用该方法为另外两个渐变图形添加"颗粒"效果，如图10-200所示。然后框选所有渐变图形，使用快捷键Ctrl+G将其编组。

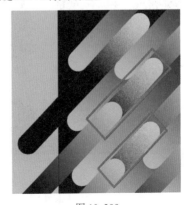

图10-200

中文版Illustrator 2022完全案例教程（微课视频版）

提示：应用上一个效果

在已经使用过一次效果之后，可以使用快捷键
Ctrl+Shift+E快速为其他图形应用上一个效果。

步骤 12 此时，渐变图形有超出画板的部分，需要将其
隐藏。使用"矩形工具"绘制一个和画板等大的矩形，
如图10-201所示。

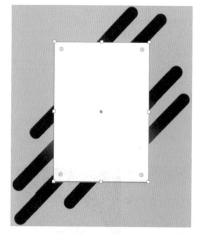

图 10-201

步骤 13 加选矩形和下方的编组图形组，使用快捷键
Ctrl+7创建剪切蒙版，将图形不需要的部分隐藏。效果
如图10-202所示。

图 10-202

步骤 14 使用"选择工具"将在画板外的文字移至画面
中，此时本案例制作完成。效果如图10-203所示。

图 10-203

实例：使用"纹理化"效果制作画布

文件路径	第10章\使用"纹理化"效果制作画布
技术掌握	"纹理化"效果

扫一扫，看视频

实例说明

执行"纹理化"命令可以让对象产生不同类型的纹
理效果。本案例就是使用该命令对置入的照片进行相关
数值的设置，使其呈现出画布的纹理效果。

案例效果

案例效果如图10-204所示。

图 10-204

操作步骤

步骤01 新建一个大小合适的横版文档。将素材1.jpg置入，调整大小放在画板中。然后单击"嵌入"按钮，将其嵌入画面，如图10-205所示。

图 10-205

步骤02 为置入的素材进行"纹理化"操作。将素材选中，执行"效果>纹理>纹理化"命令，在弹出的"纹理化"窗口中设置"纹理"为"画布"，"缩放"为100%，"凸现"为5，"光照"为"上"。设置完成后单击"确定"按钮，如图10-206所示。此时照片产生了绘画感，效果如图10-207所示。

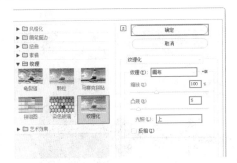

图 10-206

图 10-207

步骤03 将相框素材2.png置入，调整大小使其充满整个画板，此时本案例制作完成。效果如图10-208所示。

图 10-208

实例：使用"绘图笔"效果制作素描画

文件路径	第10章\使用"绘图笔"效果制作素描画
技术掌握	"绘图笔"效果

扫一扫，看视频

实例说明

使用"绘图笔"效果可以将图像模拟制作出绘图笔绘制的草图效果。本案例就是通过执行该命令将照片转换为素描画的效果。

案例效果

案例效果如图10-209所示。

图 10-209

操作步骤

步骤01 新建一个大小合适的横版文档。将素材1.jpg置入，调整大小使其充满整个画板，如图10-210所示。

图 10-210

步骤 02 对置入的素材进行"绘图笔"操作，使其呈现出素描效果。将素材选中，执行"效果>素描>绘图笔"命令，在弹出的"绘图笔"窗口中设置"描边长度"为15，"明/暗平衡"为50，"描边方向"为"右对角线"。设置完成后单击"确定"按钮，如图 10-211 所示。效果如图 10-212 所示。

图 10-211

图 10-212

步骤 03 将前景素材2.jpg置入，调整大小放在画面中上方位置，如图 10-213 所示。

图 10-213

步骤 04 此时，置入的素材将下方的素描画遮挡住了，需要将二者融为一体，丰富画面效果。将素材2选中，执行"窗口>透明度"命令，在弹出的"透明度"面板中设置"混合模式"为"正片叠底"，如图 10-214 所示，此时本案例制作完成。效果如图 10-215 所示。

图 10-214

图 10-215

实例：使用"绘图笔"效果制作绘画感海报

文件路径	第10章\使用"绘图笔"效果制作绘画感海报
技术掌握	"绘图笔"效果

扫一扫，看视频

实例说明

使用"绘图笔"效果可以将图像模拟制作出绘图笔绘制的草图效果。本案例就是通过执行该命令将人物照片处

中文版Illustrator 2022完全案例教程（微课视频版）

理成绘画感的效果，并通过彩色图形的叠加，丰富照片的色彩。

案例效果

案例效果如图10-216所示。

图 10-216

操作步骤

步骤 01 新建一个大小合适的竖版文档。将背景素材1.jpg置入，调整大小使其充满整个画板，如图10-217所示。然后将人物素材2.png置入，放在背景素材上方，如图10-218所示。

图 10-217　　　　　　　图 10-218

步骤 02 将置入的人物转换为素描画。在人物素材选中状态下，执行"效果>素描>绘图笔"命令，在弹出的"绘图笔"窗口中设置"描边长度"为11，"明/暗平衡"为100，"描边方向"为"右对角线"。设置完成后单击"确定"按钮，如图10-219所示。效果如图10-220所示。

步骤 03 在画面中添加颜色混合效果。选择工具箱中的"椭圆工具"，在画面右上角绘制一个正圆，如图10-221所示。

图 10-219

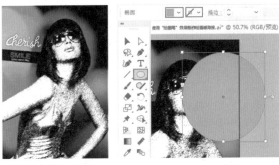

图 10-220　　　　　　　图 10-221

步骤 04 为绘制的正圆添加渐变效果。将正圆选中，执行"窗口>渐变"命令，在弹出的"渐变"面板中编辑一个蓝色到透明的径向渐变，设置"渐变角度"为0°，"长宽比"为100%，如图10-222所示。

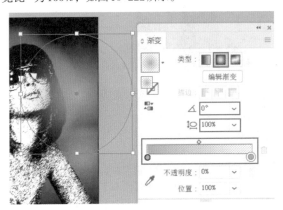

图 10-222

中文版Illustrator 2022完全案例教程（微课视频版）

步骤 05 在渐变正圆选中的状态下，执行"窗口>透明度"命令，在弹出的"透明度"面板中设置"混合模式"为"变暗"，如图10-223所示。此时，可以看到人物脸部呈现出淡淡的蓝色。

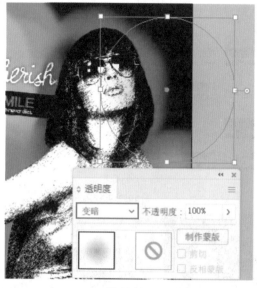

图 10-223

步骤 06 使用"椭圆工具"继续绘制一个正圆，在"渐变"面板中编辑一个从粉色到透明的径向渐变。在"透明度"面板中设置"混合模式"为"变暗"。效果如图10-224所示。

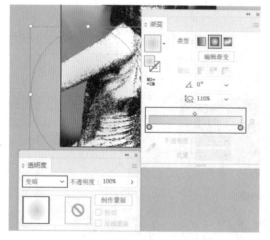

图 10-224

步骤 07 使用同样的方法在画面右下角添加一个黄色的光斑，如图10-225所示。按住Shift键依次加选三种颜色的光斑，使用快捷键Ctrl+G将其编组。

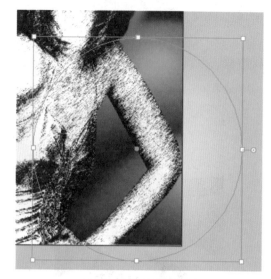

图 10-225

步骤 08 使用"矩形工具"绘制一个和画板等大的矩形，如图10-226所示。

步骤 09 加选该矩形和编组的光斑图形组，使用快捷键Ctrl+7创建剪切蒙版，将光斑不需要的部分隐藏，此时本案例制作完成。效果如图10-227所示。

图 10-226 　　　　　　　图 10-227

实例：使用"海报边缘"效果制作涂鸦感绘画

文件路径	第10章\使用"海报边缘"效果制作涂鸦感绘画
技术掌握	"海报边缘"效果

扫一扫，看视频

实例说明

使用"海报边缘"效果可以将图像转换为一种带有一定绘画感效果的图像，画面中颜色接近的区域会合并为一种颜色，并在边缘处添加黑色的描边改变图像质感。

案例效果

案例效果如图10-228所示。

图 10-228

操作步骤

步骤 01 新建一个大小合适的横版文档。将背景素材1.jpg置入，调整大小使其充满整个画板，如图10-229所示。

图 10-229

步骤 02 为置入的素材添加"海报边缘"效果。将素材选中，执行"效果>艺术效果>海报边缘"命令，在弹出的"海报边缘"窗口中设置"边缘厚度"为10，"边缘强度"为1。设置完成后单击"确定"按钮，如图10-230所示。效果如图10-231所示。

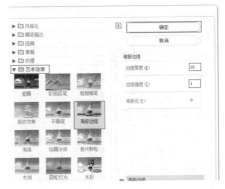

图 10-230

图 10-231

步骤 03 将前景素材2.png置入，放在画面最上方位置，此时本案例制作完成。效果如图10-232所示。

图 10-232

Chapter 11
第11章

扫码看本章介绍

扫码看基础视频

图形样式

本章内容简介：

本章主要讲解"图形样式"的使用方法。"图形样式"是指一系列已经设置好的外观属性，可供用户快速赋予所选对象（可以是图形、组或图层）特定的效果，而且可以反复使用。在Illustrator中想要应用"图形样式"，需要在"图形样式"面板中进行设置。

重点知识掌握：

- 熟练掌握"图形样式"的使用方法。
- 掌握"图形样式"面板的使用方法。

通过本章学习，我能做什么？

使用"图形样式"功能可以快速为文档中的对象赋予某种特殊效果，而且可以保证大量的对象样式是完全相同的。有了本功能，就可以轻松制作出带有相同且复杂的样式的作品。

优秀作品欣赏

11.1 "图形样式"面板

　　"图形样式"是指一系列已经设置好的外观属性，可供用户快速赋予所选对象（可以是图形、组或图层）特定的效果，而且可以反复使用。使用"图形样式"功能可以快速为文档中的对象赋予某种特殊效果，而且可以保证大量的对象样式是完全相同的。

　　想要应用"图形样式"，需要执行"窗口>图形样式"命令，打开"图形样式"面板。在这里不仅可以选择样式进行使用，而且可以创建新的样式，还可以对已有的样式进行编辑，如图11-1所示。

图 11-1

🦉 选项解读："图形样式"面板

- 图形样式库菜单：单击该按钮，在弹出的样式库菜单中执行某项命令，即可打开相应的样式库。从中选择合适的样式，即可将其赋予所选对象。
- 断开图形样式链接：选择应用了图形样式的对象、组或图层，然后单击该按钮，可以将样式的链接断开。
- 新建图形样式：选择了某一个矢量图形时，单击该按钮，能够以所选对象的外观新建样式。如果没有选中对象，那么单击该按钮，则以当前的"外观"面板中的属性进行样式的新建。
- 删除图形样式：在"图形样式"面板中选择一种图形样式，单击该按钮，即可删除所选样式。

11.2 应用图形样式

　　想要应用图形样式，首先需要打开"图形样式"面板。在"图形样式"面板中有多个样式按钮，每个按钮都是样式的缩览图，可以根据缩览图选择需要的图形样式。为图形添加样式的方法也很简单，只需单击相应的样式按钮，即可为选中的图形添加样式。

扫一扫，看视频

实例：使用3D效果样式库制作空间感海报

文件路径	第11章\使用3D效果样式库制作空间感海报
技术掌握	3D效果样式库

扫一扫，看视频

实例说明

　　默认情况下，"图形样式"面板中只显示了很少的几种样式。其实在Illustrator中内置了大量精美的样式可供使用，这些样式都位于样式库中，图形样式库是一组预设的图形样式集合。单击"图形样式"面板底部的"图形样式库菜单"按钮，或者执行"窗口>图形样式库"命令，在弹出的快捷菜单中执行相应的命令，也可以打开不同的样式库面板。本案例中就是通过快速为图形添加3D效果样式库中的样式，制作出立体效果。

案例效果

　　案例效果如图11-2所示。

图 11-2

操作步骤

步骤 01 新建一个大小合适的空白文档。绘制一个与画板等大的矩形。选中矩形，执行"窗口>渐变"命令，在弹出的"渐变"面板中编辑一个青色系的径向渐变，设置"渐变角度"为-147°，"长宽比"为100%，如图11-3所示。

图 11-3

步骤 02 选择工具箱中的"钢笔工具"，设置"填充"为浅绿色，"描边"为无。设置完成后在画面右侧绘制图形，如图11-4所示。

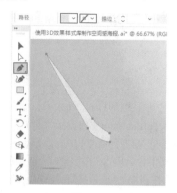

图 11-4

步骤 03 继续使用该工具，在已有图形左下角绘制一个淡蓝色的图形。效果如图11-5所示。

步骤 04 使用同样的方法在画面右下角绘制相同颜色的图形，使其组合成一个完整的曲线图形。效果如图11-6所示。

图 11-5   图 11-6

步骤 05 在绘制的图形周围添加3D效果图形。首先使用"矩形工具"在画面中绘制一个矩形，如图11-7所示。

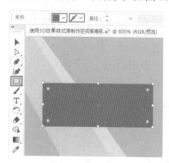

图 11-7

步骤 06 在矩形选中的状态下，执行"窗口>图形样式库>3D效果"命令，在弹出的"3D效果"面板中单击一种合适

的样式。此时，所选图形变为立体感的3D效果。效果如图11-8所示。

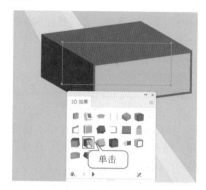

图 11-8

步骤 07 将添加3D效果的图形适当地进行旋转与缩放，摆放在合适的位置，如图11-9所示。

图 11-9

步骤 08 使用同样的方法绘制其他3D效果图形。效果如图11-10所示。在操作时不需要制作出完全相同的效果。由于绘制的图形形状、大小、添加的颜色等因素不相同，其呈现的效果也不尽相同。所以不需要追求效果的一致，只要明白3D效果样式怎么操作与使用即可。

图 11-10

步骤 09 选择工具箱中的"圆角矩形工具"，设置"填充"为无，"描边"为青色，"粗细"为28pt。设置完成后在

画面左侧绘制图形。同时将圆角调整到合适的弧度。效果如图 11-11 所示。

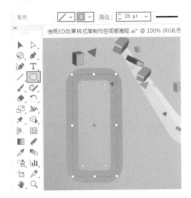

图 11-11

步骤 10 为绘制的圆角矩形添加3D效果。在图形选中状态下，执行"效果>3D和材质>3D（经典）>凸出与斜角（经典）"命令，在弹出的"3D凸出和斜角选项（经典）"窗口中设置"指定绕X轴旋转"为1°，"指定绕Y轴旋转"为31°，"指定绕Z轴旋转"为0°，"凸出厚度"为30pt，"斜角"为"无"，"表面"为"塑料效果底纹"。设置完成后单击"确定"按钮，如图 11-12 所示。效果如图 11-13 所示。

图 11-12

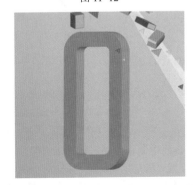

图 11-13

步骤 11 继续使用"圆角矩形工具"绘制其他圆角矩形，并在"3D 凸出和斜角选项（经典）"窗口中设置合适的数值。同时注意调整图形排列的先后顺序，使其在视觉上呈现出一定的空间感。效果如图 11-14 所示。

图 11-14

提示：制作彩带穿过的效果

灰色的圆角矩形制作完成后，可以多次执行"对象>排列>后移一层"命令，将其移到彩带的后方，制作出彩带穿过的效果。

步骤 12 为3D图形底部添加阴影，增加效果的真实感。选择工具箱中的"椭圆工具"，设置"填充"为深灰色，"描边"为无。设置完成后在青色立体图形下方绘制椭圆，如图 11-15 所示。

图 11-15

步骤 13 为绘制的椭圆边缘进行羽化，让效果更加真实。在椭圆图形选中的状态下，执行"效果>风格化>羽化"命令，在弹出的"羽化"窗口中设置"半径"为1mm。设置完成后单击"确定"按钮，如图 11-16 所示。效果如图 11-17 所示。

图 11-16

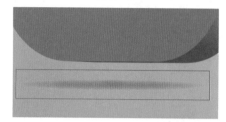

图 11-17

步骤 14 将制作的"投影"效果图形复制两份,分别放在另外两个立体图形下方,缩放到合适大小。效果如图 11-18 所示。

图 11-18

步骤 15 打开素材 1.ai,然后将文字元素进行复制,并粘贴到操作的文档内,放在左上角位置,此时本案例制作完成。效果如图 11-19 所示。

图 11-19

实例:使用图形样式库制作水晶按钮

文件路径	第11章\使用图形样式库制作水晶按钮
技术掌握	"照亮样式"面板

扫一扫,看视频

实例说明

在"照亮样式"面板中有各种各样的样式,在选中图形的状态下,单击每一个样式按钮都可以直观地看到相应的效果,操作起来非常方便。本案例就是通过为圆角矩形添加合适的样式快速制作出带有光泽感的水晶按钮。

案例效果

案例效果如图 11-20 所示。

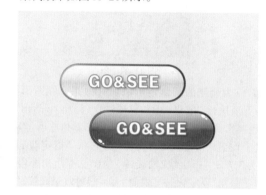

图 11-20

操作步骤

步骤 01 新建一个大小合适的横版文档。选择工具箱中的"矩形工具",设置"填充"为淡蓝色,"描边"为无。设置完成后绘制一个和画板等大的矩形,如图 11-21 所示。使用快捷键Ctrl+2将其锁定。

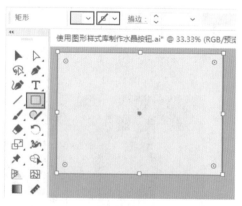

图 11-21

步骤 02 在画面中制作按钮。选择工具箱中的"圆角矩形工具",设置"填充"为橘色,"描边"为无。设置完成后在画面中绘制图形,同时将圆角的弧度调整到最大,如图11-22所示。

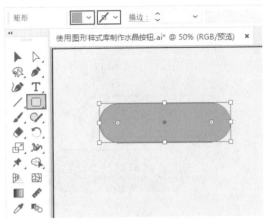

图 11-22

步骤 03 为绘制的图形添加图形样式。将图形选中，执行"窗口>图形样式库>照亮样式"命令，在弹出的"照亮样式"面板中单击选择一个颜色稍深一些的样式，该图形即可呈现出该样式效果，如图11-23所示。

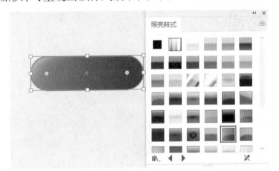

图 11-23

步骤 04 在已有圆角矩形上方绘制一个稍小一些的圆角矩形，然后在"照亮样式"面板中选择一个颜色稍浅一些的样式。效果如图11-24所示。

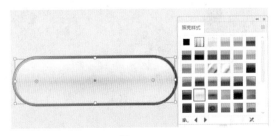

图 11-24

步骤 05 在按钮上方添加文字。选择工具箱中的"文字工具"，设置合适的字体、字号和颜色。设置完成后在

按钮上方单击输入文字，如图11-25所示。

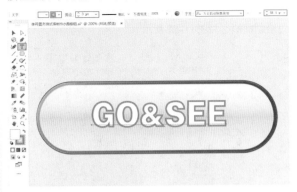

图 11-25

步骤 06 为文字添加"投影"效果，增加效果的立体感。在文字选中的状态下，执行"效果>风格化>投影"命令，在弹出的"投影"窗口中设置"模式"为"正片叠底"，"不透明度"为70%，"X位移""Y位移""模糊"数值均为1mm，"颜色"为棕褐色。设置完成后单击"确定"按钮，如图11-26所示。效果如图11-27所示。

图 11-26

图 11-27

步骤07 为按钮添加高光。选择工具箱中的"椭圆工具"，设置"填充"为白色，"描边"为无。设置完成后在左下角绘制椭圆，如图11-28所示。

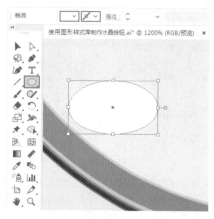

图11-28

步骤08 使用"选择工具"，将光标放在定界框一角，按住鼠标左键将其适当地进行旋转，如图11-29所示。

步骤09 将旋转完成的椭圆复制一份，调整大小，放在已有椭圆的下方位置，如图11-30所示。

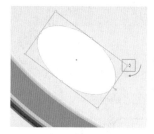

图11-29　　　　　图11-30

步骤10 按住Shift键加选这两个椭圆将其复制一份，然后将复制得到的图形放在按钮的右上角位置，如图11-31所示。

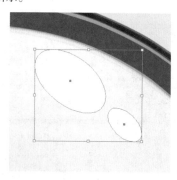

图11-31

步骤11 此时，橘色按钮制作完成，接下来制作蓝色按钮。框选橘色按钮的所有对象，将其复制一份放在画面下方位置。然后在"照亮样式"面板中更换一种样式即可，此时本案例制作完成。效果如图11-32所示。

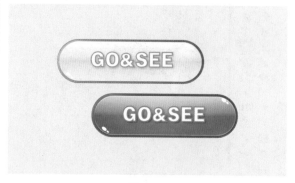

图11-32

实例：使用图形样式库制作网页广告

文件路径	第11章\使用图形样式库制作网页广告
技术掌握	涂抹效果

扫一扫，看视频

实例说明

在图形样式库中有一组"涂抹效果"，本案例就是通过该样式库中的样式快速为主标题文字添加涂抹效果，丰富画面细节。

案例效果

案例效果如图11-33所示。

图11-33

操作步骤

步骤01 新建一个大小合适的横版文档。选择工具箱中的"矩形工具"，设置"填充"为黄色，"描边"为无。设

中文版Illustrator 2022完全案例教程（微课视频版）

置完成后绘制一个与画板等大的矩形，如图 11-34 所示。

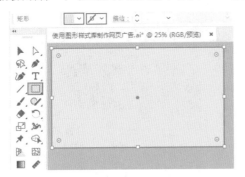

图 11-34

步骤 02 选择工具箱中的"椭圆工具"，设置"填充"为黄绿色，"描边"为无。设置完成后在画面下方位置绘制一个正圆，如图 11-35 所示。

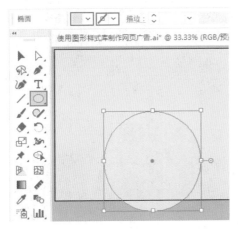

图 11-35

步骤 03 继续使用该工具在左侧绘制一个蓝色正圆，在右侧绘制一些其他颜色的小正圆。效果如图 11-36 和图 11-37 所示。

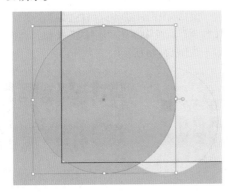

图 11-36

图 11-37

步骤 04 选择工具箱中的"直线段工具"，设置"填充"为无，"描边"为橘红色，"粗细"为6pt。设置完成后在画面中绘制直线，如图 11-38 所示。然后继续使用该工具绘制其他直线。效果如图 11-39 所示。

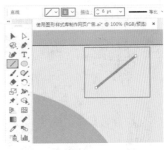

图 11-38

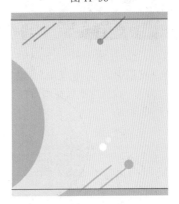

图 11-39

提示：制作角度相同的斜线

为了保证画面中出现的倾斜线条的角度一致，可以复制第一次绘制的路径，并更改其长度、颜色和粗细等属性，移到合适位置即可。

步骤 05 将人物素材1.png置入，放在画面左侧，如图11-40所示。

图 11-40

步骤 06 继续使用"椭圆工具"，设置"填充"为洋红色，"描边"为白色，"粗细"为10pt。设置完成后在人物腿部绘制正圆，将腿部缺失的部位遮挡住，如图11-41所示。

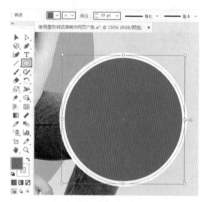

图 11-41

步骤 07 选择工具箱中的"钢笔工具"，设置"填充"为蓝色，"描边"为无。设置完成后在画面右下角位置绘制图形，如图11-42所示。

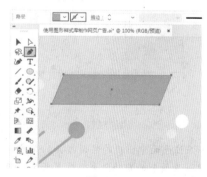

图 11-42

步骤 08 继续使用该工具绘制其他图形。效果如图11-43所示。

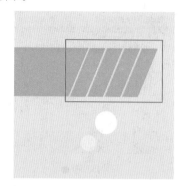

图 11-43

步骤 09 添加文字。选择工具箱中的"文字工具"，在画面中单击插入光标，接着在控制栏中设置合适的字体、字号和颜色，然后删除占位符。设置完成后输入文字，如图11-44所示。文字输入完成后按Esc键结束操作。

图 11-44

步骤 10 为文字添加合适的图形样式。在文字选中状态下，执行"窗口>图形样式库>涂抹效果"命令，在弹出的"涂抹效果"面板中单击"涂抹1"按钮，如图11-45所示。效果如图11-46所示。

图 11-45   图 11-46

中文版Illustrator 2022完全案例教程（微课视频版）

步骤 11 为该文字添加"投影"效果，增加视觉上的立体感。将文字选中，执行"效果>风格化>投影"命令，在弹出的"投影"窗口中设置"模式"为"正片叠底"，"不透明度"为40%，"X位移""Y位移""模糊"为3px，"颜色"为黑色。设置完成后单击"确定"按钮，如图11-47所示。效果如图11-48所示。

图 11-47　　　　　　　图 11-48

步骤 12 继续使用"文字工具"，在主体文字下方位置单击输入文字，如图11-49所示。

图 11-49

步骤 13 将该文字选中，使用快捷键Ctrl+C进行复制，使用快捷键Ctrl+F将其粘贴到前面。然后将复制得到的文字颜色更改为黄色，同时将其适当地向上移动，将下方的白色文字的边缘显示出来，让文字呈现出立体效果，如图11-50所示。

图 11-50

步骤 14 使用"文字工具"，在洋红色正圆上方添加文字。然后将该文字适当地进行旋转，如图11-51所示。

步骤 15 将超出画板部分的图形隐藏。使用"矩形工具"绘制一个和画板等大的矩形，如图11-52所示。

图 11-51　　　　　　　图 11-52

步骤 16 按住Shift键加选超出画板的各个图形和矩形，使用快捷键Ctrl+7创建剪切蒙版，将图形不需要的部分隐藏，此时本案例制作完成。效果如图11-53所示。

图 11-53

11.3 创建图形样式

为图形添加了如"投影""发光""模糊"等特殊效果后，可以将该效果保存到"图形样式"面板中作为图形样式，以便下次调用。

实例：制作发光文字

文件路径	第11章\制作发光文字
技术掌握	新建图形样式、"外观"面板、"外发光"效果

扫一扫，看视频

实例说明

在一个文档中，如果需要为多个图形添加一个相同的效果，可以将效果定义为图形样式，这样就可以进行快速调用，既可以节约时间，又可以提高工作效率。本案例就是将制作好的效果定义为样式，快速为图形添加样式制作发光文字效果。

案例效果

案例效果如图11-54所示。

图 11-54

操作步骤

步骤 01 执行"文件>打开"命令，将素材1.ai打开，如图11-55所示。

步骤 02 创建新的图形样式。使用"选择工具"将素材左上角的星星选中，接着设置"填充"为无，"描边"为淡蓝色，"粗细"为1pt，如图11-56所示。

图 11-55　　　　　　图 11-56

步骤 03 为星星添加"多重描边"效果。在星星选中的状态下，执行"窗口>外观"命令，在弹出的"外观"面板中单击"添加新描边"按钮添加一个新描边，并将描边"粗细"设置为3pt，如图11-57所示。

图 11-57

步骤 04 按住鼠标左键将该描边向下拖动，放在"填色"上方，如图11-58所示。下层的描边颜色比上层稍深一些即可。此时画面效果如图11-59所示。

图 11-58　　　　　　图 11-59

步骤 05 使用同样的方法创建出其他宽度和颜色不同的描边，并将尺寸较大的描边放在下层，如图11-60所示。效果如图11-61所示。

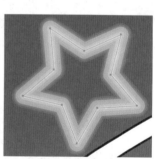

图 11-60　　　　　　图 11-61

步骤 06 为添加"多重描边"效果的星星添加"外发光"效果。将星星选中，执行"效果>风格化>外发光"命令，在弹出的"外发光"窗口中设置"模式"为"滤色"，"颜色"为青蓝色，"不透明度"为75%，"模糊"为1.76mm。设置完成后单击"确定"按钮，如图11-62所示。效果如图11-63所示。

中文版Illustrator 2022完全案例教程（微课视频版）

310

图 11-62 图 11-63

步骤 07 将编辑好的星星图形的样式作为新的样式添加到"图形样式"面板中。将当前的星星图形选中，执行"窗口>图形样式"命令，在弹出的"图形样式"面板中单击"新建图形样式"按钮，如图11-64所示。此时该样式出现在"图形样式"面板中，如图11-65所示。

图 11-64 图 11-65

步骤 08 选择背景中的其他图形，如图11-66所示。

图 11-66

步骤 09 单击"图形样式"面板中新建的样式，如图11-67所示。此时全部图形都出现了相同的样式，本案例制作完成。效果如图11-68所示。

图 11-67

图 11-68

Chapter
12
第12章

扫码看本章介绍

扫码看基础视频

使用符号对象

本章内容简介：

"符号"是一种特殊的图形对象，常用于制作大量重复的图形元素。如果使用常规的图形对象进行制作，不仅需要通过复制、粘贴得到大量对象，还需要对各个对象进行旋转、缩放、调整颜色等操作，才能实现大量对象不规则分布的效果，非常麻烦，而且还会使文档过大；而符号对象是以"链接"的形式存在于文档中，链接的源头在"符号"面板中。因此，即使有大量的符号对象，也不会为设备带来特别大的负担。

重点知识掌握：

- 学会"符号"面板的使用方法。
- 熟练掌握符号的置入方法。
- 熟练使用符号工具组中的工具。

通过本章学习，我能做什么？

通过"符号喷枪工具"可以快速添加大量的符号对象。通常"符号喷枪工具"会配合"符号"面板和符号工具组中的其他工具一起使用。通过本章学习，可以制作包含大量相同且不规则分布图形的作品。

优秀作品欣赏

12.1 "符号"面板与符号工具组

当画面中需要出现大量相同对象时，可以使用"符号"功能完成。想要创建符号，首先需要在"符号"面板中选择合适的符号，然后将其拖到画面中进行添加。如果要在画面中添加大量的符号，则需要用到"符号喷枪工具"。如果要对创建出来的符号形态进行调整，需要使用符号工具组中的其他工具完成。

扫一扫，看视频

执行"窗口>符号"命令（快捷键为Ctrl+Shift+F11），打开"符号"面板。在该面板中可以选择不同类型的符号，也可以对符号库类型进行更改，还可以对符号进行新建、删除、编辑等，如图12-1所示。想要在画面中添加符号，首先就需要在"符号"面板中进行选择。

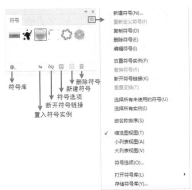

图 12-1

12.2 添加符号对象

想要向文档中添加符号对象，可以通过"符号"面板直接添加，但这种方法每次只能添加一个；而使用"符号喷枪工具"可以快速添加多个符号对象。

实例：使用符号制作波普风格广告

文件路径	第12章\使用符号制作波普风格广告
技术掌握	"符号"面板

扫一扫，看视频

实例说明

"符号"面板和各种符号库中包含大量的不同风格的符号元素，这些符号不需要使用工具，就能够直接拖到画面中。本案例就是利用"点状图案矢量包"符号库中的符号制作广告的背景元素。

案例效果

案例效果如图12-2所示。

图 12-2

操作步骤

步骤 01 新建一个大小合适的横版文档。选择工具箱中的"钢笔工具"，设置"填充"为橘色，"描边"为无。设置完成后在画板中绘制图形，如图12-3所示。

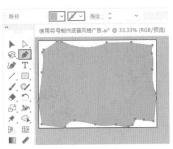

图 12-3

步骤 02 在绘制的图形上方添加符号元素。执行"窗口>符号库>点状图案矢量包"命令，在弹出的"点状图案矢量包"面板中选择一个合适的符号，按住鼠标左键不放将其向画面中拖动，如图12-4所示。

步骤 03 释放鼠标即可将该符号添加到画面中，同时调整符号大小，将其放在画面左侧。效果如图12-5所示。

按住鼠标左键不放拖动

图 12-4

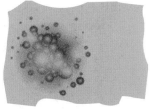

图 12-5

步骤 04 在"点状图案矢量包"面板打开的状态下，将另一个符号拖到画面中，放在右下角位置。同时将其适当地进行缩小与旋转。效果如图12-6所示。

313

步骤05 继续在画面右上角添加其他符号，如图12-7所示。

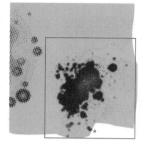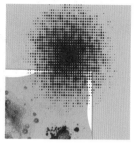

图 12-6 　　　　　　　图 12-7

步骤06 在该图案选中状态下，执行"窗口>透明度"命令，在弹出的"透明度"面板中设置"混合模式"为"叠加"，如图12-8所示。

步骤07 使用同样的方法在画面左下角添加另一个符号。同时在"透明度"面板中设置"混合模式"为"柔光"。效果如图12-9所示。

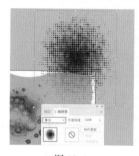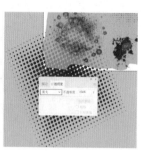

图 12-8 　　　　　　　图 12-9

步骤08 通过操作，在画面右上角和左下角添加的符号有多余的部分，需要将其隐藏。使用"选择工具"将橘色背景图形选中，使用快捷键Ctrl+C进行复制，使用快捷键Ctrl+F将其粘贴到前面。接着在复制得到的图形选中状态下，执行"对象>排列>置于顶层"命令，将其放置在画面最上方，如图12-10所示。

图 12-10

步骤09 按住Shift键加选两个符号和复制出的橙色图形，使用快捷键Ctrl+7创建剪切蒙版，将图案不需要的部分隐藏。效果如图12-11所示。

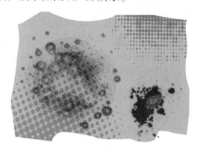

图 12-11

> 💡 **提示：如何把对象粘贴到最前面**
>
> 如果要将橘色背景图形粘贴到整个画面的最前面，可以在复制完成后，在画面中的空白位置单击，然后按快捷键Ctrl+F将复制的对象粘贴到整个画面的最前面。

步骤10 执行"文件>打开"命令，将素材1.ai打开。接着将该文档中的所有对象选中，使用快捷键Ctrl+C进行复制，然后回到最初的文档中使用快捷键Ctrl+V进行粘贴。同时将复制得到的图形放在画面中间位置，此时本案例制作完成。效果如图12-12所示。

图 12-12

实例：使用"符号"面板制作思维导图

文件路径	第12章\使用"符号"面板制作思维导图
技术掌握	符号库、断开符号链接

扫一扫，看视频　**实例说明**

打开"照亮组织结构图"面板，其中包括各种各样的组织结构图，在制作思维导图或其他节点式的图表时非常方便、实用。

中文版Illustrator 2022完全案例教程（微课视频版）

案例效果

案例效果如图12-13所示。

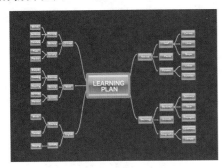

图 12-13

操作步骤

步骤 01 新建一个大小合适的横版文档。选择工具箱中的"矩形工具"，设置"填充"为黑色，"描边"为无。设置完成后绘制一个和画板等大的矩形，如图12-14所示。

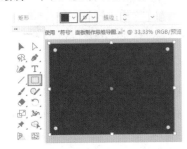

图 12-14

步骤 02 执行"窗口>符号库>照亮组织结构图"命令，在弹出的"照亮组织结构图"面板中选择"右对齐图表曲线 1"，将其拖到画面中，如图12-15所示。

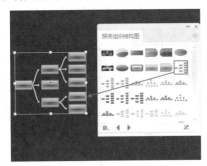

图 12-15

步骤 03 将添加的组织结构图选中，执行"对象>变换>镜像"命令，在弹出的"镜像"窗口中选中"垂直"单选

按钮。设置完成后单击"复制"按钮，如图12-16所示。

步骤 04 调整两个组织结构图的位置与大小。效果如图12-17所示。

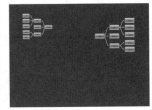

图 12-16   图 12-17

步骤 05 将画面中的组织结构图各复制一份，放在画面中已有图形的下方位置，如图12-18所示。

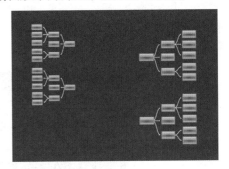

图 12-18

步骤 06 制作中间的大按钮。将左边的图形再次复制一份，放在画面的左下角位置。然后在其选中状态下，单击控制栏中的"断开链接"按钮，将链接断开，如图12-19所示。

步骤 07 符号断开链接后，选中一个绿色的按钮将其放大后放在图形中央，然后选择线段调整大小放在绿色按钮左右两侧。效果如图12-20所示。

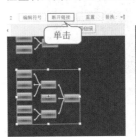

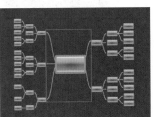

图 12-19   图 12-20

步骤 08 添加文字。选择工具箱中的"文字工具"，在画面中单击插入光标，接着在控制栏中设置合适的字体、

字号和颜色，然后删除占位符。设置完成后输入文字，如图12-21所示。文字输入完成后按Esc键结束操作。

图 12-21

步骤 09 对文字的行间距进行调整。将文字选中，执行"窗口>文字>字符"命令，在弹出的"字符"面板中设置"行距"为24pt，如图12-22所示。效果如图12-23所示。

图 12-22　　　　图 12-23

步骤 10 继续使用"文字工具"在其他组织结构图上方添加文字，此时本案例制作完成。效果如图12-24所示。

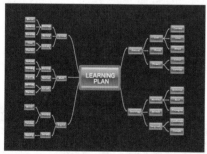

图 12-24

实例：使用"符号"面板制作美食宣传海报

文件路径	第12章\使用"符号"面板制作美食宣传海报
技术掌握	"符号"面板、断开符号链接

扫一扫，看视频

实例说明

在进行设计过程中，添加的符号或图案不能够进行颜色的更改等操作。如果要进行颜色的更改，首先需要在该符号选中状态下，在控制栏中单击"断开链接"按钮，将符号的链接断开，将其转换为矢量图形就可以进行操作了。

案例效果

案例效果如图12-25所示。

图 12-25

操作步骤

步骤 01 新建一个大小合适的竖版文档。为了便于操作，执行"窗口>控制"命令，使控制栏处于启用状态。接着单击工具箱中的"矩形工具"按钮，设置"填充"为深粉色，"描边"为无，绘制一个矩形，如图12-26所示。

步骤 02 将素材1.png置入，单击控制栏中的"嵌入"按钮，将其嵌入画板，如图12-27所示。

图 12-26　　　　图 12-27

步骤 03 选中图片素材，执行"效果>风格化>投影"命令，在弹出的"投影"窗口中设置"模式"为"正片叠底"，"不透明度"为75%，"X位移""Y位移"数值均为

中文版Illustrator 2022完全案例教程（微课视频版）

1mm，"模糊"为2mm，选中"颜色"单选按钮，设置"颜色"为深粉色，单击"确定"按钮，如图12-28所示。效果如图12-29所示。

图12-28 　　　　　　　　图12-29

步骤 04 选中图片素材对象，双击工具箱中的"镜像工具"按钮 ，在弹出的"镜像"窗口中选中"垂直"单选按钮，单击"复制"按钮，如图12-30所示。接着将复制出的对象缩小，并摆放在原始对象的右下方，如图12-31所示。

图12-30 　　　　　　　　图12-31

步骤 05 单击工具箱中的"钢笔工具"按钮，设置"填充"为比上方背景色稍浅一些的颜色，"描边"为无，绘制一个不规则图形，如图12-32所示。

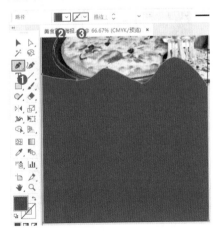

图12-32

步骤 06 继续使用"钢笔工具"，设置"填充"为无，"描

边"为绿色，"粗细"为16pt，绘制一段曲线路径，如图12-33所示。

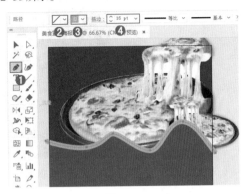

图12-33

提示：得到相同弧度曲线的技巧

　　选中绘制的图形，使用快捷键Ctrl+C进行复制，使用快捷键Ctrl+F将其粘贴到前方，去除填充，设置"描边"为绿色，如图12-34所示。

图12-34

　　选择"直接选择工具"，选中左下角和右下角的锚点，如图12-35所示。

　　接着按Delete键删除选中的锚点，即可得到一条与绘制图形相同的曲线，免去再次绘制的麻烦，如图12-36所示。

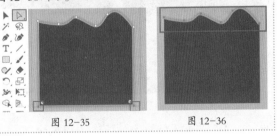

图12-35 　　　　　　图12-36

步骤 07 此时，置入的素材有超出画板的部分，需要将其隐藏。使用"矩形工具"，绘制一个与画板等大的矩形，如图12-37所示。框选所有对象，右击执行"建立剪切蒙版"命令，将素材不需要的部分隐藏，如

图12-38所示。

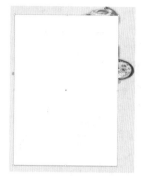
图12-37

图12-38

图12-43

图12-44

步骤 08 单击工具箱中的"圆角矩形工具"按钮，设置"填充"为灰色，"描边"为无，在画板上单击，在弹出的"圆角矩形"窗口中设置"宽度"为41mm，"高度"为28mm，"圆角半径"为5mm，单击"确定"按钮，如图12-39所示。图形效果如图12-40所示。

图12-39

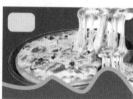
图12-40

步骤 13 在画面中添加文字。单击工具箱中的"文字工具"按钮，设置"填充"为白色，"描边"为无，选择一种合适的字体，设置"字体大小"为47pt，对齐方式为"左对齐"，然后输入文字，如图12-45所示。

图12-45

步骤 09 使用上述方法再次置入素材1.png，调整合适的大小，移到相应位置，单击控制栏中的"图像描摹"按钮，此时图像变为矢量效果，如图12-41所示。

步骤 10 再次单击"扩展"按钮，如图12-42所示。

图12-41

图12-42

步骤 14 继续使用"文字工具"添加其他文字，设置合适的字体、字号和颜色，并在相应文字下方绘制一个圆角矩形作为背景，如图12-46所示。

图12-46

步骤 11 保持图片素材的选中状态，右击执行"取消编组"命令，选中图片素材的白色部分，按Delete键删除，如图12-43所示。

步骤 12 加选描摹后的图形，将填充色更改为粉色，如图12-44所示。

步骤 15 继续使用"钢笔工具"在文字左右两侧绘制4条绿色的直线路径，作为文字的装饰线，如图12-47所示。

图 12-47

步骤 16 执行 "窗口>符号库>地图" 命令，选择 "餐厅" 样式，按住鼠标左键向画面中拖动以添加符号，调整到合适的大小，如图 12-48 和图 12-49 所示。

图 12-48 　　　　　图 12-49

步骤 17 选中符号对象，右击执行 "断开符号链接" 命令，如图 12-50 所示。

步骤 18 保持符号的选中状态，多次执行 "取消编组" 命令，如图 12-51 所示。

图 12-50 　　　　　图 12-51

步骤 19 选择除了刀和叉以外的对象，按 Delete 键删除，如图 12-52 所示。

步骤 20 将刀和叉图形的填充色更改为灰色，并依次旋转至合适的角度，同时移到画板中文字两侧的合适位置，如图 12-53 所示。

图 12-52 　　　　　图 12-53

步骤 21 复制另外 4 组刀和叉图形，调整到合适的大小和距离，依次移到画面底部的每组文字的两侧，如图 12-54 所示。此时本案例制作完成。

图 12-54

12.3 调整符号效果

使用 "符号喷枪工具" 可以快速地向画面中添加大量的符号，但是使用 "符号喷枪工具" 置入的符号对象是等大的，角度也是相同的。若要对符号对象的位置、大小、不透明度、方向、颜色、样式等属性进行调整，就需要配合符号工具组中的其他工具完成。

右击 "符号工具组" 按钮，在弹出的工具组中有 8 种工具，如图 12-55 所示。利用这些工具不仅可以将符号置入画板，而且可以调整符号的间距、大小、颜色及样式等。

符号喷枪工具 (Shift+S)
符号移位器工具
符号紧缩器工具
符号缩放器工具
符号旋转器工具
符号着色器工具
符号滤色器工具
符号样式器工具

图 12-55

选项解读：符号工具组

● 符号喷枪工具：该工具能够快捷地将所选符号批量置入画板。

● 符号移位器工具：该工具能够更改画板中已存在符号的位置和堆叠顺序。

● 符号紧缩器工具：该工具能够调整画板中已存在符号分布的密度，使符号更集中或更分散。

- 符号缩放器工具：该工具可以调整画板中已存在符号的大小。
- 符号旋转器工具：该工具能够旋转画板中已存在的符号。
- 符号着色器工具：该工具用于对选中的符号进行着色。
- 符号滤色器工具：该工具可以改变选中符号的透明度。
- 符号样式器工具：该工具需要配合"图形样式"面板使用，可以为画板中已存在的符号添加或删除图层样式。

实例：使用"符号缩放器工具"制作发散构图海报

扫一扫，看视频

文件路径	第12章\使用"符号缩放器工具"制作发散构图海报
技术掌握	符号喷枪工具、符号移位器工具、符号缩放器工具

实例说明

本案例的画面中包括大量的花朵元素，可以通过"符号喷枪工具"轻松地创建出来，而为了使大量的花朵元素的分布能够更加灵活，可以配合"符号移位器工具"进行符号排列距离的调整，配合"符号缩放器工具"对符号的大小进行调整。

案例效果

案例效果如图12-56所示。

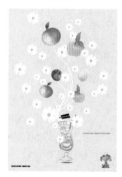

图 12-56

操作步骤

步骤 01 执行"文件>打开"命令，将素材1.ai打开，如图12-57所示。

步骤 02 选择工具箱中的"矩形工具"，设置"填充"为蓝色，"描边"为无。设置完成后绘制一个和画板等大的矩形，如图12-58所示。

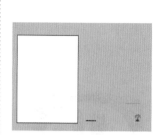

图 12-57　　　　　图 12-58

步骤 03 将素材2.png置入，放在画面中间位置，如图12-59所示。接着使用"选择工具"将在画板外的文字等对象移至画面中。效果如图12-60所示。

图 12-59　　　　　图 12-60

步骤 04 在画面中添加大量的花朵。执行"窗口>符号库>花朵"命令，打开"花朵"面板。首先在该面板中将"雏菊"单击选中，接着选择工具箱中的"符号喷枪工具"，在画面中单击并拖动鼠标，批量地添加花朵，如图12-61所示。

图 12-61

中文版Illustrator 2022完全案例教程（微课视频版）

选项解读：符号工具选项

双击符号工具组中的任意一个工具，都会弹出"符号工具选项"窗口。在该窗口中，"直径""强度""符号组密度"等常规工具选项位于上方；特定于某一工具的选项则位于底部。在该窗口中可以通过单击不同的工具按钮，对不同的符号工具进行调整，如图12-62所示。

常规工具选项
指定某一工具
特定工具选项

图 12-62

步骤 05 对花朵之间的距离进行调整。选中花朵符号组，选择符号工具组中的"符号移位器工具"，将光标放在需要调整间距的花朵上方，按住鼠标左键不放进行拖动，即可调整花朵符号的分布位置，如图12-63所示。

步骤 06 释放鼠标即可完成调整。然后继续使用该方法对其他花朵的间距进行调整。效果如图12-64所示。

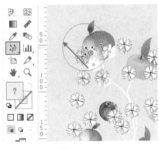
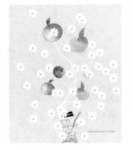

图 12-63　　　　　　图 12-64

提示：更改符号的堆叠顺序

使用"符号移位器工具"可以更改符号的堆叠顺序，按住Alt键和Shift键并单击符号实例，可以将符号向后层排列。

步骤 07 对花朵的大小进行适当调整，使其呈现出大小不一的错落感。将花朵符号组选中，选择工具箱中的"符号缩放器工具"，将光标放在花朵上方，按住鼠标左键不放，如图12-65所示。

步骤 08 将花朵放大到合适大小时，释放鼠标即可。效果如图12-66所示。在操作时，如果长按鼠标左键不能

很好地控制大小，可以通过多次单击的方式。因为每单击一次，图形就会产生相应的放大效果。

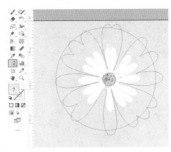

图 12-65　　　　　　图 12-66

提示：减小符号实例大小

选择"符号缩放器工具"，按住Alt键，并单击或拖动可减小符号实例大小。

步骤 09 使用同样的方法对其他花朵的大小进行调整，此时本案例制作完成。效果如图12-67所示。

图 12-67

实例：使用符号功能制作星星背景

文件路径	第12章\使用符号功能制作星星背景
技术掌握	符号喷枪工具、符号缩放器工具、符号旋转器工具、符号着色器工具

扫一扫，看视频

实例说明

"符号旋转器工具"可以将画板中存在的符号进行旋转；"符号着色器工具"可以在设置好"填色"的前提下，对已经存在的符号进行着色。本案例中，通过"符号喷枪工具"添加星星，然后将其调整为其他色调。

案例效果

案例效果如图12-68所示。

图 12-68

操作步骤

步骤 01 新建一个大小合适的横版文档。绘制一个与画板等大的矩形。选中矩形，执行"窗口>渐变"命令，在弹出的"渐变"面板中编辑一个从青色到蓝色的线性渐变，设置"渐变角度"为-40°，如图12-69所示。

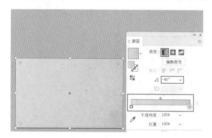

图 12-69

步骤 02 制作星星背景。执行"窗口>符号库>庆祝"命令，在弹出的"庆祝"面板中单击选择一个合适的符号类型，如图12-70所示。

步骤 03 选择工具箱中的"符号喷枪工具"，在画板外拖动鼠标添加符号，如图12-71所示。

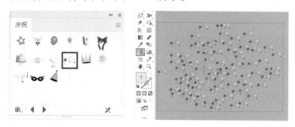

图 12-70　　　　　图 12-71

步骤 04 对符号的大小进行调整。在符号选中状态下，选择工具箱中的"符号缩放器工具"，在需要放大的符号上方多次单击，将符号进行不同程度地放大。效果如图12-72所示。在需要缩小的部分按住Alt键单击，即可缩小部分符号。

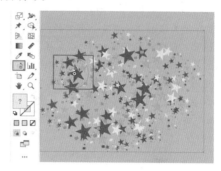

图 12-72

步骤 05 将符号适当地进行旋转。在符号选中状态下，选择工具箱中的"符号旋转器工具"，将光标放在需要旋转的符号上方，按住鼠标左键拖动，随着拖动可以看到旋转的箭头指向，如图12-73所示。使用该方法继续对其他符号进行旋转调整。

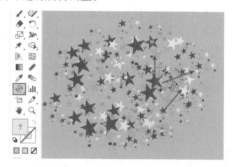

图 12-73

步骤 06 对符号的颜色进行调整。将符号选中，设置"填充色"为蓝色。设置完成后选择工具箱中的"符号着色器工具"，在符号上方通过多次单击的方式更改符号的颜色，如图12-74所示。

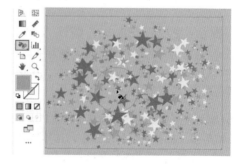

图 12-74

步骤 07 将调整完成的符号选中，使用"选择工具"将其移至画板中间位置，如图12-75所示。

图 12-75

步骤 08 将素材1.ai打开，将文档中的素材选中，使用快捷键Ctrl+C进行复制，然后回到原始文档中，使用快捷键Ctrl+V进行粘贴，调整大小放在画面中间位置，此时本案例制作完成。效果如图12-76所示。

图 12-76

实例：使用"符号滤色器工具"制作浪漫背景

文件路径	第12章\使用"符号滤色器工具"制作浪漫背景
技术掌握	创建新符号、符号喷枪工具、符号滤色器工具

扫一扫，看视频

实例说明

　　"符号喷枪工具"对于大量符号的置入是非常方便的，但是符号库中的符号可能无法完全满足我们的需要，这时可以将绘制好的图形定义为符号，以便使用，从而节省时间，提高工作效率。

案例效果

　　案例效果如图12-77所示。

图 12-77

操作步骤

步骤 01 新建一个大小合适的横版文档。将背景素材

1.jpg置入，调整大小使其充满整个画板，如图12-78所示。

图 12-78

步骤 02 创建符号，并将其添加到"符号"面板中。首先选择工具箱中的"钢笔工具"，设置"填充"为洋红色，"描边"为无。设置完成后在画面中绘制心形，如图12-79所示。

步骤 03 将创建的符号添加到"符号"面板中。执行"窗口>符号"命令，将"符号"面板打开。接着选中要用作符号的心形，然后单击"符号"面板中的"新建符号"按钮或将图形拖到"符号"面板中，如图12-80所示。

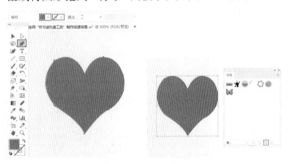

图 12-79　　　　　图 12-80

步骤 04 在弹出的"符号选项"窗口中进行相应的设置。设置完成后单击"确定"按钮，如图12-81所示。

步骤 05 随即选择的图形变为了符号，在图形中间位置出现了一个黑色的"+"形状，如图12-82所示。而且在"符号"面板中也可以看到该符号。

图 12-81　　　　　图 12-82

中文版Illustrator 2022完全案例教程（微课视频版）

步骤 06 在画面中添加新建的符号。将该符号选中，使用"符号喷枪工具"在画面中以多次单击的方式添加多个心形符号，如图12-83所示。

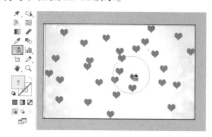

图 12-83

步骤 07 对添加的符号的透明度进行调整。在符号选中状态下，选择工具箱中的"符号滤色器工具"，在符号组上不同的位置多次单击，即可降低符号的透明度。如果想让符号的透明度低一些，在同一位置多次单击即可。效果如图12-84所示。

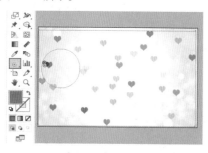

图 12-84

> **提示：减少符号的透明度**
>
> 选中"符号滤色器工具"，按住Alt键并单击或拖动，可以减少符号的透明度，使其变得更清晰。

步骤 08 使用"符号缩放器工具"在画面中进行涂抹，减小部分符号元素的大小。效果如图12-85所示（为了使效果更加丰富，也可以再次创建一些符号元素，并适当地进行调整）。

图 12-85

步骤 09 将素材1.ai打开。将文档中的素材全部选中，使用快捷键Ctrl+C进行复制，然后回到原始文档使用快捷键Ctrl+V进行粘贴，放在画面中间位置，此时本案例制作完成。效果如图12-86所示。

图 12-86

实例：创建新符号制作古风海报

文件路径	第12章\创建新符号制作古风海报
技术掌握	创建新符号、符号喷枪工具

扫一扫，看视频

实例说明

不仅可以将矢量图形创建为新的符号，而且可以将位图对象创建为新的符号。本案例中将位图花瓣素材定义为符号，通过"符号喷枪工具"在画面中添加大量的花朵符号，制作古风海报的背景。

案例效果

案例效果如图12-87所示。

图 12-87

操作步骤

步骤 01 新建一个大小合适的横版文档。将背景素材1.jpg置入画面，如图12-88所示。

步骤 02 将花瓣素材2.png也置入画面，并进行嵌入。效果如图12-89所示。

图 12-88

图 12-89

步骤 03 将花瓣素材变为符号。执行"窗口>符号"命令，打开"符号"面板。然后将花瓣素材图拖到"符号"面板中，添加新符号，如图12-90所示。

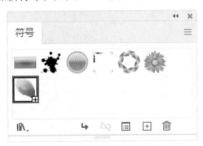
图 12-90

步骤 04 选择工具箱中的"符号喷枪工具"，在画面中按住鼠标左键拖动，创建出大量的花瓣符号。效果如图12-91所示。

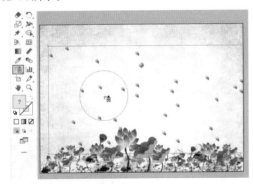
图 12-91

步骤 05 在选择符号组的状态下，执行"窗口>透明度"命令，在弹出的"透明度"面板中设置"不透明度"为20%，如图12-92所示。效果如图12-93所示。

图 12-92

图 12-93

步骤 06 复制花瓣符号组，并调整角度、大小和位置，如图12-94所示。

图 12-94

步骤 07 将素材3.ai打开。将文档中的素材全部选中，使用快捷键Ctrl+C进行复制，然后回到原始文档使用快捷键Ctrl+V进行粘贴，放在画面中间位置，此时本案例制作完成。效果如图12-95所示。

图 12-95

扫码看本章介绍

扫码看基础视频

图表

本章内容简介：

　　"图表"是一种非常直观和明确的数据展示方式，常用于企业画册、数据分析、图示设计中。在Illustrator中可以绘制柱形图、堆积柱形图、条形图、堆积条形图、折线图、面积图、散点图、饼图和雷达图。本章主要学习这些工具的使用方法。

重点知识掌握：

- 熟练掌握图表工具的使用方法。
- 熟练掌握图表类型的切换以及数据的编辑方法。

通过本章学习，我能做什么？

　　通过本章学习，可以掌握各种图表的创建方法。通过这些图表工具的使用，可以制作企业画册、数据分析图等带有图形化数据展示的文档。

优秀作品欣赏

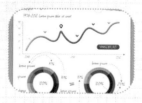

13.1 图表的创建方法

"图表"是一种非常直观和明确的数据展示方式，常用于企业画册、数据分析、图示设计中。Illustrator的工具箱中包含9种类型的图表工具，基本囊括常用的图表类型，可以绘制出柱形图、堆积柱形图、条形图、堆积条形图、折线图、面积图、散点图、饼图和雷达图。虽然各种图表的展示方式不同，但其创建方法基本相同。右击"图表工具组"按钮，在弹出的工具组中可以看到多种工具，如图13-1和图13-2所示。

扫一扫，看视频

图 13-1

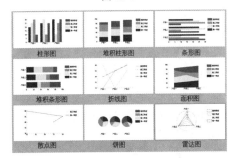

图 13-2

实例：使用"柱形图工具"制作带有柱形图表的画册内页

文件路径	第13章\使用"柱形图工具"制作带有柱形图表的画册内页
技术掌握	柱形图工具

扫一扫，看视频

实例说明

利用"柱形图工具"创建的图表可以用垂直柱形表示数值。柱形图常用于显示某个阶段内的数据变化和对比。例如，展示各季度某一种或某几种产品的销量。本案例使用"柱形图工具"绘制柱形图，直观地展示数据。其他图表工具的使用方法基本相同，通过本案例的学习，

读者也可以尝试使用其他图表工具展示数据。

案例效果

案例效果如图13-3所示。

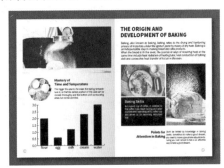

图 13-3

操作步骤

步骤 01 执行"文件>打开"命令，将素材1.ai打开，如图13-4所示。

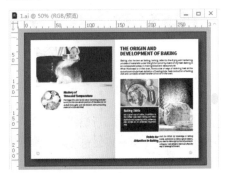

图 13-4

步骤 02 在打开素材文档的空白位置添加柱形图。选择工具箱中的"柱形图工具"，在画面中按住鼠标左键拖动，绘制一个图表的范围，如图13-5所示。

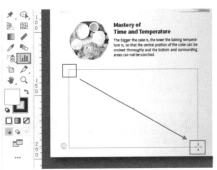

图 13-5

提示：绘制精确大小的图表

选择一种图表工具，在要创建图表的位置单击，在弹出的"图表"窗口中输入"宽度""高度"的数值，然后单击"确定"按钮，即可得到一个特定尺寸的图表，如图13-6所示。

图 13-6

步骤 03 在弹出的窗口中，最左侧的一列可以用来设置柱形图的"类别标签"，单击选中左上角第一个单元格，然后在数值框内输入文字，如图13-7所示。

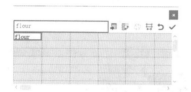

图 13-7

选项解读：图表参数设置窗口

- 导入数据：不仅可以在图表中手动输入数值，而且可以导入已有的数据文档。单击该按钮，选择所需文件即可。
- 换位行/列：单击该按钮，可以切换数据行和数据列，如图13-8和图13-9所示。

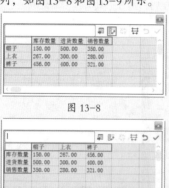

图 13-8

图 13-9

- 切换x/y：要切换散点图的 *x* 轴和 *y* 轴，可以单击该按钮。
- 单元格样式：单击该按钮，在弹出的"单元格样式"窗口中可以对"小数位数""列宽度"进行设置。
- 恢复：单击该按钮，即可恢复到上一次数值输入状态。
- 应用：单击"应用"按钮，或者按Enter键，以重新生成图表。

步骤 04 在左侧一列输入相应的名称，如图13-10所示。

步骤 05 在第二列输入相应的数值，如图13-11所示。输入完成后单击"应用"按钮。

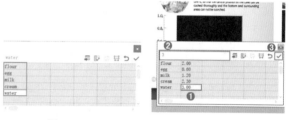

图 13-10   图 13-11

提示：重新在图表数据窗口中编辑参数

当图表创建完成后，如果要修改图表中的数据，执行"对象>图表>数据"命令，即可重新显示图表数据窗口。

步骤 06 随即画面中出现了由刚刚输入的数据构成的柱形图，如图13-12所示。

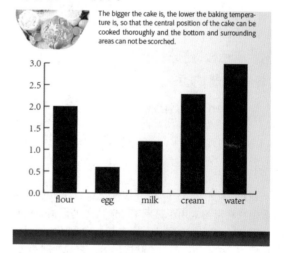

图 13-12

中文版Illustrator 2022完全案例教程（微课视频版）

提示：数据输入的技巧

图表数据窗口用来输入图表的数据，数据的输入会直接影响到图表的效果。例如，需要绘制一个带有图例的图表，左侧第一列的单元格为"类别标签"，在此位置输入的文字将会显示在柱状图的下方。单击左侧第二个单元格，在文本框中输入文字，按Enter键完成输入，如图13-13所示。

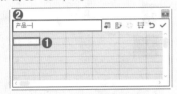

图 13-13

横向第一行的单元格为"数据组标签"，此处的文字将会显示在图例中。继续在单元格中输入文字，如图13-14所示。效果如图13-15所示。

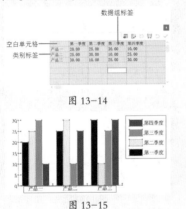

图 13-14

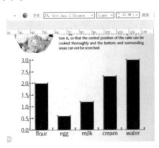

图 13-15

步骤 07 对柱形图x轴和y轴的文字进行调整。使用"选择工具"将柱形图选中，接着在控制栏中设置合适的字体样式和大小。此时，图表中的文字属性均发生了相应的变化，如图13-16所示，此时本案例制作完成。效果如图13-17所示。

图 13-16

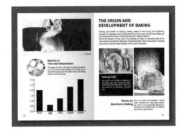

图 13-17

提示：如何自定义图表效果

默认情况下创建出来的图表会以深浅不同的灰色显示，由最基本的字体组成，这种效果往往不美观。在图表制作完成后，不仅可以对图表的颜色进行更改，而且可以对图表上的文字字体、大小、内容等方面进行更改。

但在更改时需要注意的是，图表对象是具有特殊属性的编组对象。如果取消编组，图表的属性将不复存在，也就无法更改图表的数据。所以，想要对图表进行美化，需要在图表属性全部设置完成后，使用"直接选择工具"或"编组选择工具"，在不取消图表编组的情况下选择并修改编辑的部分。

实例：使用"堆积条形图工具"制作统计图

文件路径	第13章\使用"堆积条形图工具"制作统计图
技术掌握	堆积条形图工具

扫一扫，看视频

实例说明

使用"堆积条形图工具"创建的堆积条形图与堆积柱形图非常相似，区别在于堆积条形图是横向的，而堆积柱形图是竖向的。本案例主要使用"堆积条形图工具"在手机立体展示效果中间的空白位置创建统计图。

案例效果

案例效果如图13-18所示。

图 13-18

操作步骤

步骤 01 执行"文件>打开"命令，将素材1.ai打开，如图13-19所示。

图13-19

步骤 02 在手机中间的空白位置创建图表。选择工具箱中的"堆积条形图工具"，在画面中按住鼠标左键拖动，绘制出图表的范围。释放鼠标后，在弹出的图表数据窗口中依次输入数据，然后单击"应用"按钮，如图13-20所示。效果如图13-21所示。

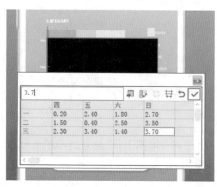

图13-20

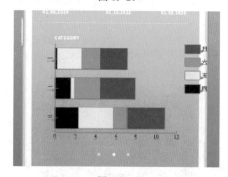

图13-21

步骤 03 对条形图的矩形颜色进行更改。选择工具箱中

的"直接选择工具"，将条形图最右侧的三个矩形以及数据组标签中的第一个矩形选中，设置"填充"为淡橘色，"描边"为无，如图13-22所示。

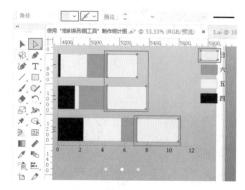

图13-22

步骤 04 使用同样的方法分别对其他的矩形颜色进行更改。效果如图13-23所示。

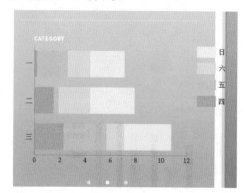

图13-23

步骤 05 继续使用"直接选择工具"，将条形图中的黑色直线段全部选中，在控制栏中将其"描边"更改为白色，如图13-24所示。

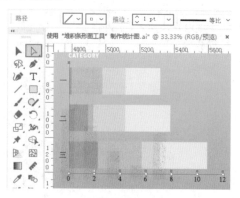

图13-24

中文版Illustrator 2022完全案例教程（微课视频版）

步骤 06 在该工具使用状态下，将4个图例小矩形右侧的锚点选中，多次按 ← 键，将锚点向左移动，调整这4个矩形的形态。效果如图13-25所示。

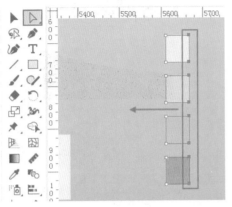

图 13-25

步骤 07 对条形图中的文字进行调整。在"文字工具"使用状态下，在每组文字上方双击将文字选中，然后在控制栏中对文字的字体、字号和颜色进行更改。调整完成后也可以使用"直接选择工具"将文字摆放在合适的位置。效果如图13-26所示，此时本案例制作完成。效果如图13-27所示。

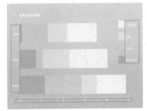

图 13-26　　　　　图 13-27

实例：使用"面积图工具"制作背景

文件路径	第13章\使用"面积图工具"制作背景
技术掌握	面积图工具

扫一扫，看视频

实例说明

使用"面积图工具"创建出来的图表是以堆积面积的形式显示多个数据序列，在图表数据窗口中，每一列数据代表一组面积图。本案例使用"面积图工具"创建出一个较大的图表，作为画面的背景。

案例效果

案例效果如图13-28所示。

图 13-28

操作步骤

步骤 01 新建一个大小合适的横版文档。选择工具箱中的"矩形工具"，设置"填充"为洋红色，"描边"为无。设置完成后绘制一个和画板等大的矩形，如图13-29所示。

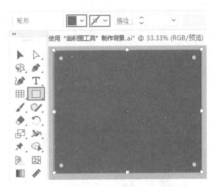

图 13-29

步骤 02 使用"面积图工具"制作背景。选择工具箱中的"面积图工具"，在画面中按住鼠标左键拖动，绘制出图表的范围；释放鼠标后，在弹出的图表数据窗口中依次输入数据，然后单击"应用"按钮，如图13-30所示。效果如图13-31所示。

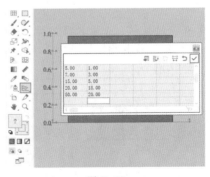

图 13-30

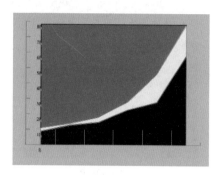

图 13-31

中文版Illustrator 2022完全案例教程（微课视频版）

提示：为什么要绘制稍大一些的图表

因为是制作背景，所以在绘制时需注意，绘制的图表一定要超出画板，因为在本案例中只需要面积图的一部分，而超出画板的区域可以通过执行"创建剪切蒙版"命令创建剪切蒙版，将其隐藏。

步骤 03 对图表中的面积图颜色进行更改。选择工具箱中的"直接选择工具"，将黑色图形选中，将其"填充"更改为紫色，设置"描边"为无，如图 13-32 所示。

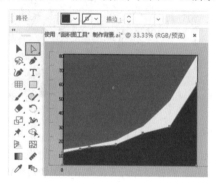

图 13-32

提示：多组数据会形成多个面积图

如果有多组数据，在输入数值时，每列数据都会形成单独的面积图，图表效果如图 13-33 和图 13-34 所示。

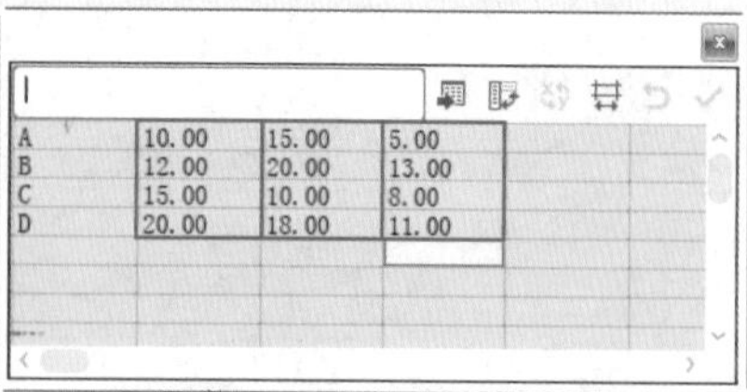

A	10.00	15.00	5.00
B	12.00	20.00	13.00
C	15.00	10.00	8.00
D	20.00	18.00	11.00

图 13-33

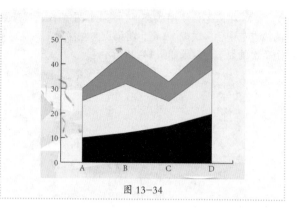

图 13-34

步骤 04 使用同样的方法将灰色图形的"填充"更改为深洋红色，如图 13-35 所示。

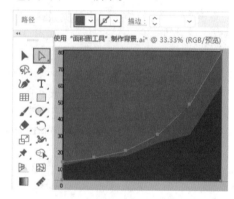

图 13-35

步骤 05 此时，创建的面积图有超出画板的部分，需要将其隐藏。使用"矩形工具"绘制一个和画板等大的矩形，如图 13-36 所示。

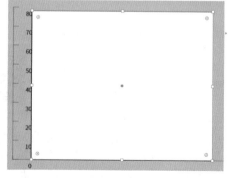

图 13-36

步骤 06 按住Shift键依次加选该矩形和下方的面积图，使用快捷键Ctrl+7创建剪切蒙版，将面积图不需要的部分隐藏，如图 13-37 所示。

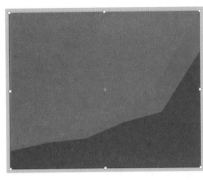

图 13-37

步骤 07 选择工具箱中的"钢笔工具"，设置"填充"为无，"描边"为黄色，"粗细"为3pt。设置完成后在面积图上方绘制折线段，如图13-38所示。

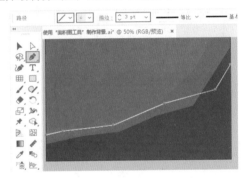

图 13-38

步骤 08 继续使用该工具绘制另外一条折线段，如图13-39所示。

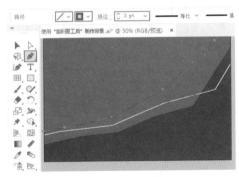

图 13-39

步骤 09 在绘制折线段的转折点位置添加描边正圆，相当于折线图上方的标记数据点。选择工具箱中的"椭圆工具"，设置"填充"为紫色，"描边"为黄色，"粗细"为3pt。设置完成后在黄色折线段上方绘制正圆，如图13-40所示。

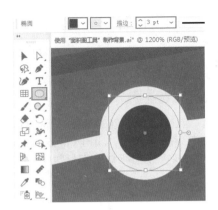

图 13-40

步骤 10 将该正圆复制若干份放在折线段的转折点处，同时对填充和描边的颜色进行更改。效果如图13-41所示。

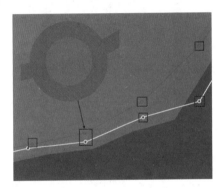

图 13-41

步骤 11 将素材1.ai打开。接着将文档中的所有对象选中，使用快捷键Ctrl+C进行复制，然后回到原始文档中使用快捷键Ctrl+V进行粘贴，将复制得到的内容放在画面中的合适位置，此时本案例制作完成。效果如图13-42所示。

图 13-42

扫一扫，看视频

实例：使用"雷达图工具"制作趋势图

文件路径	第13章\使用"雷达图工具"制作趋势图
技术掌握	雷达图工具

实例说明

使用"雷达图工具"创建出来的雷达图又可称为"戴布拉图""蜘蛛网图"，常用于财务分析报表。本案例主要使用"雷达图工具"创建雷达图制作趋势图。

案例效果

案例效果如图13-43所示。

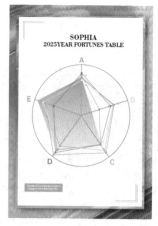

图 13-43

操作步骤

步骤 01 执行"文件>打开"命令，将素材1.ai打开，如图13-44所示。

图 13-44

步骤 02 选择工具箱中的"雷达图工具"，在画面中按住鼠标左键拖动，绘制出图表的范围；释放鼠标后，在弹

出的图表数据窗口中依次输入5组数据，然后单击"应用"按钮，如图13-45所示。效果如图13-46所示。

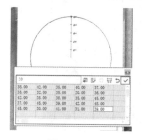
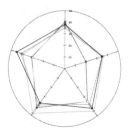

图 13-45 图 13-46

步骤 03 对雷达图的各条线段和标记数据点的颜色进行调整。选择工具箱中的"直接选择工具"，将最外围的大圆和中间的几条直线段选中，然后设置"填充"为无，"描边"为青色，"粗细"为3pt，如图13-47所示。

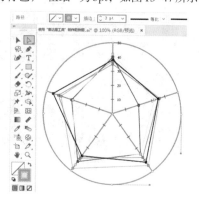

图 13-47

步骤 04 继续使用"直接选择工具"，按住Shift键加选中间的黑色小线段，设置"描边"为青色，"粗细"为2pt，如图13-48所示。

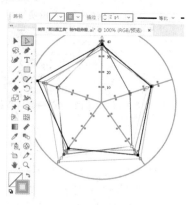

图 13-48

步骤 05 使用同样的方法对雷达图的其他线段颜色进行

中文版Illustrator 2022完全案例教程（微课视频版）

调整。效果如图13-49所示（在加选各个线段和标记数据点时，需要将颜色相同的部分选中，不然会呈现出整体不协调的效果）。

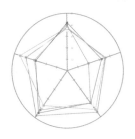

图 13-49

步骤 06 添加文字。选择工具箱中的"文字工具"，在画面中单击插入光标，接着在控制栏中设置合适的字体、字号和颜色，然后删除占位符。设置完成后输入文字，如图13-50所示。文字输入完成后按Esc键结束操作。

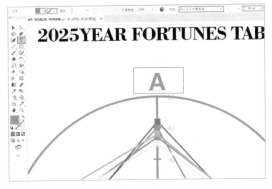

图 13-50

步骤 07 继续使用该工具，在其他位置输入文字。效果如图13-51所示。

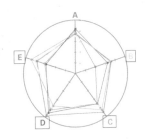

图 13-51

步骤 08 选择工具箱中的"钢笔工具"，设置"填充"为黄色，"描边"为无。设置完成后在画面中绘制一个不规则形状。同时调整排列顺序，将其放置在雷达图下方位置，如图13-52所示。

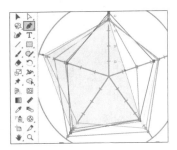

图 13-52

步骤 09 为绘制的形状填充渐变色。将图形选中，执行"窗口>渐变"命令，在弹出的"渐变"面板中编辑一个从黄色到橘色的线性渐变。设置"渐变角度"为90°，如图13-53所示，此时本案例制作完成。效果如图13-54所示。

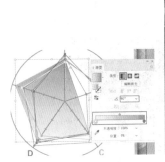

图 13-53 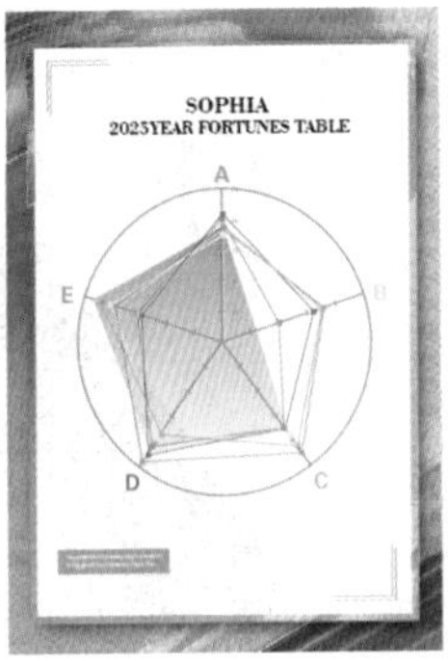　　　　　图 13-54

13.2 编辑图表

选中图表对象，执行"对象>图表"命令，在弹出的子菜单中包括多个对图表进行编辑的命令，如图13-55所示。其中，"类型"命令主要用于切换图表的样式，或对样式属性进行设置；"数据"命令可以重新打开图表数据窗口，对图表数据进行更改；"设计"命令用于定义新的图表"设计"方案；"柱形图""标记"命令是将新定义的"设计"方案应用于图表。另外，在选中图表对象的情况下右击，在弹出的快捷菜单中也可以看到图表编辑命令。

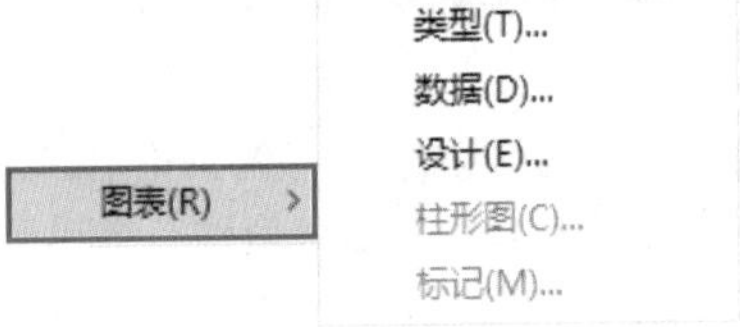

图表(R) >

类型(T)...
数据(D)...
设计(E)...
柱形图(C)...
标记(M)...

图 13-55

实例：将折线图转换为柱形图

扫一扫，看视频

文件路径	第13章\将折线图转换为柱形图
技术掌握	折线图工具

实例说明

　　创建完成的图表对象，可以在已有的图表类型之间进行轻松转换。选择已经创建完成的图表，接着执行"对象>图表>类型"命令，或者双击工具箱中的"图表工具组"按钮，弹出"图表类型"窗口。在这里可以转换图表的类型，也可以进行样式的设置。本案例主要将创建完成的折线图在"图表类型"窗口中将其转换为柱形图，并对柱形图的外观进行调整。

案例效果

　　案例效果如图13-56所示。

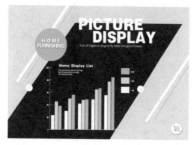

图 13-56

操作步骤

步骤 01 执行"文件>打开"命令，将素材1.ai打开，如图13-57所示。

图 13-57

步骤 02 尝试创建折线图。选择工具箱中的"折线图工具"，在画板以外按住鼠标左键拖动，绘制出图表的范围；释放鼠标后，在弹出的图表数据窗口中依次输入数据，然后单击"应用"按钮，如图13-58所示。效果如

图13-59所示。

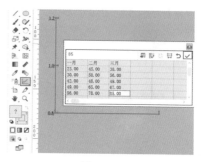

图 13-58

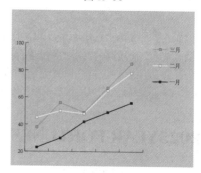

图 13-59

步骤 03 此时，如果对图表类型不满意，可以转换图表类型。将折线图选中，执行"对象>图表>类型"命令，在弹出的"图表类型"窗口中单击选中"柱形图"，然后单击"确定"按钮，如图13-60所示，即可将折线图转换为柱形图。效果如图13-61所示。

图 13-60

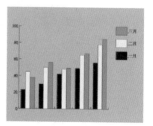

图 13-61

提示：如何更改图表数据

　　如果要更改数据，可以执行"对象>图表>数据"命令，打开数据设置窗口。重新输入数值后单击"应用"按钮，即可完成数据的更改操作。

步骤 04 对柱形图的外观进行调整。首先对矩形的颜色进行调整，使用"直接选择工具"，将相同颜色

中文版Illustrator 2022完全案例教程（微课视频版）

的矩形选中，设置"填充"为白色，"描边"为无，如图13-62所示。

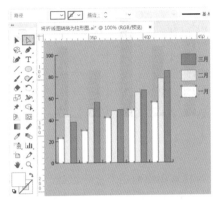

图 13-62

步骤 05 继续使用该方法对其他矩形的颜色进行调整。效果如图13-63所示。

步骤 06 继续使用"直接选择工具"，将 x 轴和 y 轴的直线段颜色更改为白色，如图13-64所示。

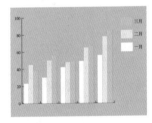

图 13-63　　　　　图 13-64

步骤 07 继续使用该工具将文字选中，在控制栏中设置合适的字体、字号和颜色，如图13-65所示。

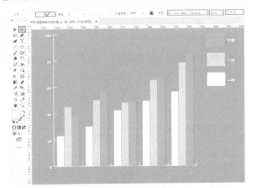

图 13-65

步骤 08 使用"选择工具"将调整完成的柱形图移至画面中间的空白位置，此时本案例制作完成。效果如图13-66所示。

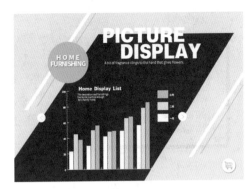

图 13-66

实例：制作儿童杂志内页统计图

文件路径	第13章\制作儿童杂志内页统计图
技术掌握	柱形图工具

扫一扫，看视频

实例说明

在Illustrator中还可以更改图表局部的细节。例如，将柱形图更改为其他图形，或者在图表上添加一些图形作为"标记"。想要进行这些操作，都需要新建一个图表的"设计"方案。这些新的"设计"方案可以用来替换图表中默认的"矩形柱"或"点"。本案例就是通过这个功能将柱形图制作成花朵的样子，丰富画面效果，使画面充满童趣。

案例效果

案例效果如图13-67所示。

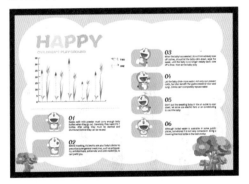

图 13-67

操作步骤

步骤 01 执行"文件>打开"命令，将素材1.ai打开，如图13-68所示。

图 13-68

在画面的左上角空白位置创建柱形图。选择工具箱中的"柱形图工具"，在画面中按住鼠标左键拖动，绘制出图表的范围；释放鼠标后，在弹出的图表数据窗口中依次输入数据，然后单击"应用"按钮，如图 13-69 所示。效果如图 13-70 所示。

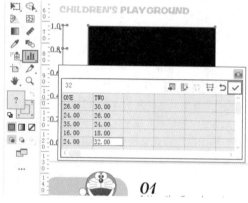

图 13-69

图 13-70

使用"直接选择工具"将柱形图中的所有文字选中，然后在控制栏中设置合适的字体和字号。效果如图 13-71 所示。

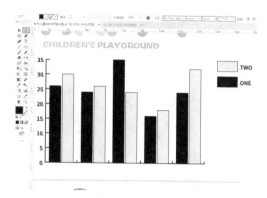

图 13-71

对柱形图中的矩形进行设计。将在画板右侧的花朵素材选中，执行"对象>图表>设计"命令，在弹出的"图表设计"窗口中单击"新建设计"按钮，如图 13-72 所示。

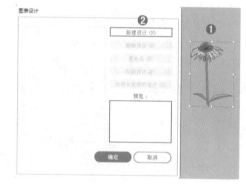

图 13-72

选择新建的设计，单击"重命名"按钮，在弹出的"图表设计"窗口中进行重命名，名字命名完成后单击"确定"按钮，如图 13-73 所示。

此时在"图表设计"窗口中就出现了新建的设计，最后单击"确定"按钮即可，如图 13-74 所示。

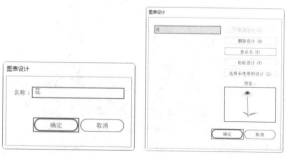

图 13-73　　　　　　图 13-74

使用同样的方法将另外一朵花也进行设计，如

中文版Illustrator 2022完全案例教程（微课视频版）

图13-75所示。

步骤 08 使用"直接选择工具"，按住Shift键依次单击柱形图中的黑色矩形，进行选中，如图13-76所示。

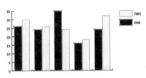

图 13-75　　　　　　　图 13-76

步骤 09 执行"对象>图表>柱形图"命令，在弹出的"图表列"窗口的"选取列设计"列表中选择合适的自定义图案，在"列类型"下拉列表框中选择"垂直缩放"选项。设置完成后单击"确定"按钮，如图13-77所示。效果如图13-78所示。

图 13-77　　　　　　　图 13-78

步骤 10 继续使用"直接选择工具"，将柱形图中的其他矩形选中，如图13-79所示。

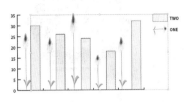

图 13-79

步骤 11 在"图表列"窗口中选择合适的自定义图案，如图13-80所示。效果如图13-81所示。

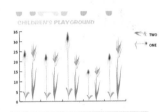

图 13-80　　　　　　　图 13-81

步骤 12 此时本案例制作完成。效果如图13-82所示。

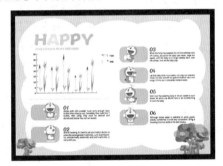

图 13-82

扫码看本章介绍　　扫码看基础视频

Chapter 14
第 14 章

切片与网页输出

本章内容简介：

　　网页设计是近年来比较热门的设计类型。与其他类型的平面设计不同，网页设计由于其呈现介质的不同，在设计制作的过程中需要注意一些问题，如颜色、文件大小等。当打开一个网页时，系统会自动从服务器上下载网站页面上的图像内容，那么图像内容的大小在很大程度上会影响网页的浏览速度。因此，在输出网页内容时就需要设置合适的输出格式以及图像压缩比率。

重点知识掌握：

- 掌握安全色的设置与使用方法。
- 掌握切片的划分方法。
- 掌握将网页导出为合适的格式的方法。

通过本章学习，我能做什么？

　　通过本章学习，能够完成网页设计的后面几个步骤——切片的划分与网页内容的输出。这些步骤虽然看起来与设计过程无关，但是网页输出得恰当与否在很大程度上决定了网页的浏览速度。

优秀作品欣赏

14.1 使用Web安全色

Web安全色是指在不同操作系统和不同浏览器中均能正常显示的颜色。为什么在设计网页时需要使用安全色呢？这是由于网页需要在不同的操作系统下或不同的显示器中浏览，而不同的操作系统或显示器的颜色会有一些细微的差别，所以确保制作出的网页颜色能够在所有显示器中显示相同的效果是非常重要的，这就需要在制作网页时使用Web安全色，如图14-1所示。

扫一扫，看视频

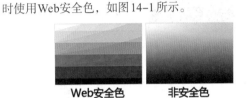

图 14-1

实例：切换为安全色使用模式

文件路径	第14章\切换为安全色使用模式
技术掌握	在安全色使用模式下选择颜色

扫一扫，看视频

实例说明

在"拾色器"窗口中选择颜色时，勾选窗口左下角的"仅限Web颜色"复选框，勾选之后，拾色器色域中的颜色明显减少，此时选择的颜色皆为安全色。本案例中，便是在安全色使用模式下选择颜色。

案例效果

案例效果如图14-2所示。

图 14-2

操作步骤

步骤 01 执行"文件>打开"命令，将素材1.ai打开。接着绘制按钮的底色。首先双击工具箱底部的"填色"按

钮，在弹出的"拾色器"窗口中勾选底部的"仅限Web颜色"复选框，此时颜色数量变少，但是所选择的所有颜色均为安全色。接着将"颜色"设置为粉色，然后单击"确定"按钮，如图14-3所示。

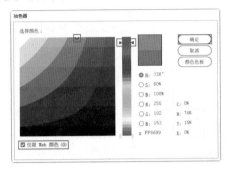

图 14-3

步骤 02 选择工具箱中的"圆角矩形工具"，在画面中按住鼠标左键拖动绘制一个圆角矩形，如图14-4所示。

图 14-4

步骤 03 添加文字。选择工具箱中的"文字工具"，在画面中单击插入光标，然后删除占位符。接着在控制栏中设置合适的字体、字号和颜色。设置完成后输入文字，如图14-5所示。

图 14-5

步骤 04 文字输入完成后按Esc键结束操作。此时案例效果如图14-6所示。

图 14-6

实例：将已有的网页颜色更改为安全色

扫一扫，看视频

文件路径	第14章\将已有的网页颜色更改为安全色
技术掌握	更改安全色

实例说明

在"拾色器"窗口中选择颜色时，在所选颜色右侧出现⚠警告图标，就说明当前选择的颜色不是Web安全色。本案例中，需要将所选颜色更改为相似的安全色。

案例效果

案例效果如图14-7所示。

图 14-7

操作步骤

步骤01 执行"文件>打开"命令，将素材1.ai打开。接着选择工具箱中的"魔棒工具"，在紫色的图形上单击即可选中画面中相同颜色的对象，如图14-8所示。

图 14-8

步骤02 双击工具箱底部的"填色"按钮，会弹出"拾色器"窗口。在该窗口中可以看到右侧出现⚠警告图标，就说明当前选择的颜色不是Web安全色，如图14-9所示。

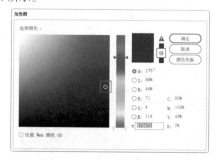

图 14-9

步骤03 单击该图标⚠，即可将当前颜色替换为与其最接近的Web安全色，然后单击"确定"按钮，如图14-10所示。

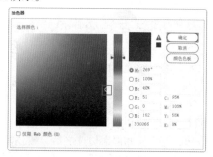

图 14-10

步骤04 此时画面色彩发生了一些变化，如图14-11所示，至此本案例制作完成。

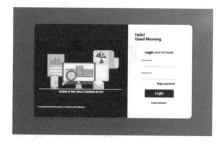

图 14-11

实例：使用安全色色板

扫一扫，看视频

文件路径	第14章\使用安全色色板
技术掌握	安全色色板

实例说明

在色板库中，Web面板中所有的颜色均为安全色，在制图的过程中，可以将该面板打开，直接以单击的方式选择颜色。

案例效果

案例效果如图14-12所示。

图14-12

操作步骤

步骤 01 执行"文件>打开"命令，将素材1.ai打开。接着执行"窗口>色板库>Web"命令，随即会打开Web面板。在该面板中，所有的颜色均为安全色，如图14-13所示。

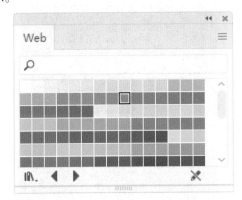

图14-13

步骤 02 或者执行"窗口>色板"命令，打开"色板"面板，然后单击"符号库菜单"按钮执行Web命令，也可以打开Web面板，如图14-14所示。

图14-14

步骤 03 加选画面中深灰色的图形，如图14-15所示。

图14-15

步骤 04 单击Web色板中的橘色，即可为选中的图形填充安全色。效果如图14-16所示。

图14-16

提示：在"颜色"面板中使用安全色

执行"窗口>颜色"命令，打开"颜色"面板。单击面板菜单按钮，执行"Web安全RGB"命令即可切换到安全色模式，如图14-17所示。

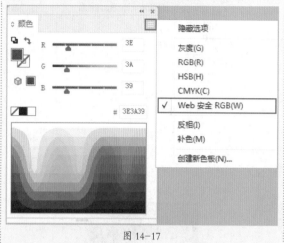

图 14-17

14.2 切片

扫一扫，看视频

在网页设计中，页面的美化是至关重要的一步。页面设计师在Illustrator中完成版面内容的编排后，并不能直接将整张网页图片传到网络上，而是需要将网页进行"切片"。"切片"是将图片转换成可编辑网页的中间环节，通过切片可以将普通图片变成DreamWeaver可以编辑的网页格式，而且切分后的图片可以更快地在网络上传播。

实例：按照参考线为网页划分切片

扫一扫，看视频

文件路径	第14章\按照参考线为网页划分切片
技术掌握	创建参考线、按照参考线为网页划分切片

实例说明

按照参考线创建切片是一种常用的创建切片的方式。首先按照网页布局创建出参考线；其次基于参考线创建切片；最后根据需要进行切片的组合操作。

案例效果

案例效果如图14-18所示。

图 14-18

操作步骤

步骤 01 使用快捷键Ctrl+R调出标尺，接着将光标移到顶部的标尺位置，按住鼠标左键向下拖动，如图14-19所示。释放鼠标完成参考线的创建操作。此处的参考线位于导航栏的下方，如图14-20所示。

图 14-19

图 14-20

步骤 02 根据画面的构图创建参考线，如图14-21所示。

图 14-21

步骤 03 参考线创建完成后，执行"对象>切片>从参考线创建"命令，接着会以当前参考线创建切片，如图14-22所示。

图 14-22

步骤 04 对导航栏处的两个切片进行组合。使用"切片选择工具"，按住Shift键单击选择顶部两个切片，如

图14-23所示。接着执行"对象>切片>组合"命令，加选的两个切片就会被合并，如图14-24所示。

图 14-23

图 14-24

步骤 05 使用同样的方法加选底部的两个切片，然后进行组合，如图14-25和图14-26所示。

图 14-25

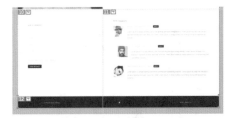

图 14-26

步骤 06 执行"视图>参考线>隐藏参考线"命令。效果如图14-27所示。

图 14-27

实例：划分规则的切片

文件路径	第14章\划分规则的切片
技术掌握	"划分切片"命令

扫一扫，看视频

实例说明

遇到包含大量相同尺寸的模块的网页时，逐个去绘制切片既耗费时间，又无法保证准确性。这时可以绘制一个大的切片，然后进行划分，即可将大的切片均匀地切分为多个小切片。其操作与"拆分单元格"类似。

案例效果

案例效果如图 14-28 所示。

图 14-28

操作步骤

步骤 01 执行"文件>打开"命令，将素材 1.ai打开。在文档中，网页中下部的排版是非常规则的。接着选择工具箱中的"切片工具"，然后在下方的位置按住鼠标左键拖动进行绘制。此时页面被切分为多个部分，如图 14-29 所示。

图 14-29

步骤 02 选中下半部分的大切片，执行"对象>切片>划分切片"命令，在弹出的"划分切片"窗口中设置纵向切片为2个，横向切片为4个。然后单击"确定"按钮，如图 14-30 所示。

图 14-30

步骤 03 大切片被均匀地切分为8个小切片，与页面的8个模块范围完全匹配，如图 14-31 所示。

图 14-31

实例：为复杂网页划分切片

文件路径	第14章\为复杂网页划分切片
技术掌握	切片工具、切片选择工具、"划分切片"命令

扫一扫，看视频

实例说明

在对网页进行切片的过程中，可以根据网页的布局采用不同的切片方式。在本案例中，网页上半部分采用手动绘制切片的方式，下半部分则通过"划分切片"窗口进行切片的划分。

案例效果

案例效果如图 14-32 所示。

图 14-32

操作步骤

步骤 01 执行"文件>打开"命令，将素材 1.ai打开。选择工具箱中的"切片工具"，在导航栏的位置按住鼠标左键拖动绘制切片，如图14-33所示.

图 14-33

步骤 02 如果要调整切片的大小，可以选择工具箱中的"切片选择工具"，在绘制的切片上单击进行选择，如图14-34所示。

图 14-34

步骤 03 将光标移到切片的底边位置，按住鼠标左键拖动即可调整切片的大小或高度，如图14-35所示。

图 14-35

中文版Illustrator 2022完全案例教程（微课视频版）

提示：移动切片的位置

如果要移动切片的位置，使用"切片选择工具"，单击选中切片，按住鼠标左键拖动即可移动切片的位置。

步骤 04 继续进行中间区域的几个切片的绘制，如图14-36所示。

图14-36

步骤 05 使用"切片工具"在网页的下方位置绘制一个较大的切片，该切片能够覆盖此区域，如图14-37所示。

图14-37

步骤 06 使用"切片选择工具"选中该切片，执行"对象>切片>划分切片"命令，在弹出的"划分切片"窗口中设置纵向切片为2个，横向切片为4个。然后单击"确定"按钮，如图14-38所示。效果如图14-39所示。

图14-38

图14-39

步骤 07 使用"切片工具"在底部绘制底栏处的切片。案例完成效果如图14-40所示。

图14-40

14.3 Web 图形输出

对于网页设计师而言，在Illustrator中完成了网页制图工作后，需要对网页进行切片。创建切片后对图像进行优化可以减小图像的大小，而较小的图像可以使Web服务器更加高效地存储、传输和下载图像。接下来需要对切分为碎片的网站页面进行导出。执行"文件>导出>存储为Web所用格式（旧版）"命令，在弹出的"存储为Web所用格式"窗口中对图像格式以及压缩比率等进行设置，然后单击"存储"按钮，如图14-41所示。

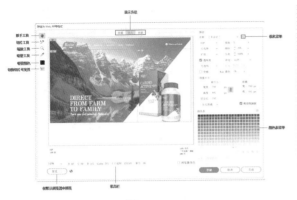

图 14-41

在弹出的"将优化结果存储为"窗口中选择存储的位置，单击"存储"按钮。这样就能在所设置的存储位置看到导出为切片的图像文件，如图14-42所示。

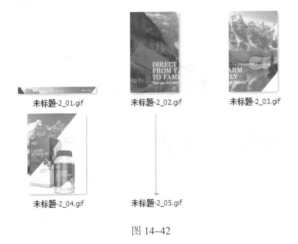

图 14-42

实例：将网页输出为合适的格式

文件路径	第14章\将网页输出为合适的格式
技术掌握	"存储为Web所用格式(旧版)"命令

扫一扫，看视频

实例说明

网页制作完成后需要先进行切片，然后进行输出。通过"存储为Web所用格式(旧版)"命令进行输出。执行该命令后，会打开"存储为Web所用格式"窗口，在该窗口中可以对图像格式以及压缩比率等进行设置。

案例效果

案例效果如图14-43所示。

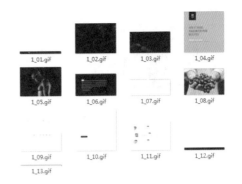

图 14-43

操作步骤

步骤 01 执行"文件>打开"命令，将素材1.ai打开。在该文档中，切片已经划分好了，如图14-44所示。

图 14-44

步骤 02 执行"文件>导出>存储为Web所用格式(旧版)"命令，打开"存储为Web所用格式"窗口，在该窗口中，设置格式为GIF，"颜色"为258，"仿色"为100%。设置完成后单击"存储"按钮，如图14-45所示。

中文版Illustrator 2022完全案例教程（微课视频版）

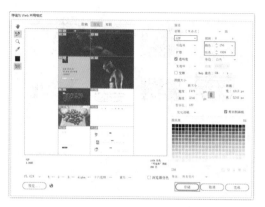

图 14-45

选项解读：存储为Web所用格式(旧版)

- 显示方法：单击"原稿"选项卡，窗口只显示没有优化的图像；单击"优化"选项卡，窗口只显示优化的图像；单击"双联"选项卡，窗口会显示优化前和优化后的图像。

- 缩放工具 🔍：可以放大图像窗口，按住Alt键单击窗口则会缩小显示比例。

- 切片工具 ✂：当一张图像上包含多个切片时，可以使用该工具选择相应的切片，以进行优化。

- 吸管工具 🖊/吸管颜色 ■：使用"吸管工具" 🖊 在图像上单击，可以吸取单击处的颜色，并显示在"显示颜色"图标中。

- 切换切片可见性 🔲：激活该按钮，在窗口中才能显示出切片。

- 优化菜单：在该菜单中可以存储优化设置、设置优化文件大小等。

- 颜色表：将图像优化为GIF、PNG-8、WBMP格式时，可以在"颜色表"中对图像的颜色进行优化设置。

- 状态栏：这里显示光标所在位置的图像的颜色值等信息。

- 在默认浏览器中预览：单击 预览... 按钮，可以在Web浏览器中预览优化后的图像。

步骤 03 在弹出的"将优化结果存储为"窗口中找到合适的存储位置，然后单击"保存"按钮，如图14-46所示。存储完成后，打开文件夹，即可看到输出结果。效果如图14-47所示。

图 14-46

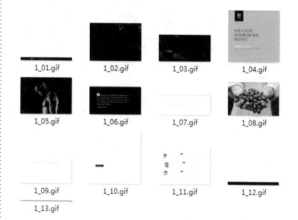

图 14-47

Chapter
15
第15章

综合实战

本章内容简介：

　　这是本书的最后一个章节，由多个中大型案例组成，其中包括标志设计、名片设计、书籍设计、UI设计等。通过整本书的学习，在制作案例的过程中，不仅要熟练掌握软件中的各项功能，而且要考虑其中的设计原理，要勤于思考，懂得借鉴。

通过本章学习，我能做什么？

　　本章中涵盖了多个行业的实战案例，如平面设计、网页设计、书籍装帧、电商美工等，通过本章的学习与操作能够增加工作的适应能力，在未来的工作中得心应手。

优秀作品欣赏

扫一扫，看视频

文件路径	第15章\童装品牌标志
技术掌握	偏移路径、文字工具

实例说明

本案例制作了一款童装品牌标志，面向儿童的产品标志通常具有可爱、活泼、卡通的特点。本案例中首先使用"文字工具"添加文字；其次使用"偏移路径"的方式制作多重描边效果。

案例效果

案例效果如图15-1所示。

图 15-1

15.1.1 制作标志中的文字部分

步骤 01 新建一个大小合适的空白文档。选择工具箱中的"矩形工具"，绘制一个与画板等大的矩形。选中矩形，双击工具箱中的"渐变工具"，在弹出的"渐变"面板中设置"类型"为"径向渐变"，然后编辑一个蓝色系的渐变，如图15-2所示。

图 15-2

步骤 02 按住鼠标左键拖动调整渐变效果，如图15-3所示。渐变调整完成后，选中矩形，使用快捷键Ctrl+2进行锁定。

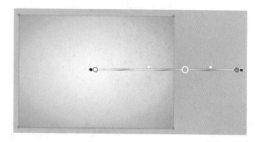

图 15-3

步骤 03 选择工具箱中的"文字工具"，在画面中单击插入光标，然后输入文字，选中文字设置填充色为黄绿色，设置合适的字体和字号，如图15-4所示。

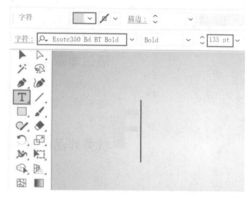

图 15-4

步骤 04 制作文字下方的阴影。选中文字，使用快捷键Ctrl+C进行复制，使用快捷键Ctrl+B将复制的文字粘贴到选中对象后侧。然后向左下方移动，并将其更改为稍深一些的绿色。效果如图15-5所示。

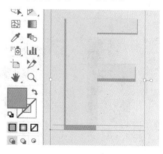

图 15-5

步骤 05 选中深绿色文字，使用快捷键Ctrl+C进行复制，使用快捷键Ctrl+B将复制的文字粘贴到选中对象后侧。

中文版Illustrator 2022完全案例教程（微课视频版）

然后再选中复制得到的文字，执行"效果>路径>偏移路径"命令，在弹出的"偏移路径"窗口中设置"位移"为3.5mm，"连接"为"斜接"，"斜接限制"为4。设置完成后单击"确定"按钮，如图15-6所示。

步骤 06 此时效果如图15-7所示。

图 15-6　　　　　　　　　　图 15-7

步骤 07 设置填充色为蓝紫色。此时效果如图15-8所示。

步骤 08 制作第二个字母。框选字母F的几个部分，使用快捷键Ctrl+C进行复制，使用快捷键Ctrl+V进行粘贴，如图15-9所示。

 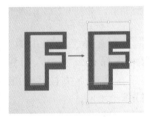

图 15-8　　　　　　　　　　图 15-9

步骤 09 为了便于操作，可以接着调整字母的位置，然后使用"文字工具"，选中字母F将其更改为字母O，如图15-10所示。

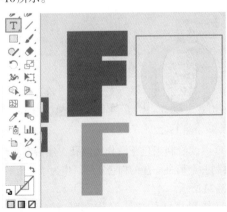

图 15-10

步骤 10 继续更改另外两个字母，如图15-11所示。

步骤 11 调整三个字母的位置，使三个字母堆叠在一起。效果如图15-12所示。

图 15-11　　　　　　　　　　图 15-12

步骤 12 框选三个字母O，然后调整字母的大小和位置。效果如图15-13所示。

步骤 13 继续使用相同的方法制作其他字母。效果如图15-14所示。

图 15-13　　　　　　　　　　图 15-14

步骤 14 制作最后一个字母。使用"文字工具"输入字母，如图15-15所示。

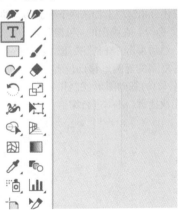

图 15-15

步骤 15 选择工具箱中的"钢笔工具"，然后在字母I的上方绘制图形，设置相同的填充色。效果如图15-16所示。

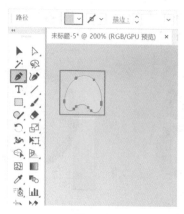

图 15-16

步骤 16 选择工具箱中的"椭圆工具"，绘制一个椭圆形，设置填充色为黄绿色，绘制完成后适当地进行旋转，如图 15-17 所示。

步骤 17 继续绘制一个稍大一些的椭圆形。效果如图 15-18 所示。

图 15-17

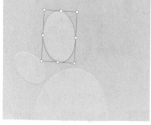

图 15-18

步骤 18 按住 Shift 键单击加选两个椭圆形，执行"对象>变换>镜像"命令，在弹出的"镜像"窗口中选中"垂直"单选按钮，然后单击"复制"按钮，如图 15-19 所示。

步骤 19 将复制的椭圆形移动位置。效果如图 15-20 所示。此时字母 I 的基础图形就制作完成了，然后框选此图形，使用快捷键 Ctrl+G 进行编组。

图 15-19

图 15-20

步骤 20 使用相同的方法制作多层次的字母 I，然后移到合适位置。框选标志图形使用快捷键 Ctrl+G 进行编组，如图 15-21 所示。

图 15-21

15.1.2 制作卡通眼睛

步骤 01 选择工具箱中的"椭圆工具"，设置"填充"为淡青绿色，"描边"为深青绿色，"粗细"为 0.5pt，然后在文字上方按住 Shift 键拖动绘制一个正圆，如图 15-22 所示。

步骤 02 继续使用"椭圆工具"绘制一个稍小一些的正圆，并填充为白色，如图 15-23 所示。

图 15-22

图 15-23

步骤 03 继续绘制黑色正圆作为瞳孔，然后在黑色正圆上方绘制一个稍小一些的白色正圆，作为眼球上的高光，如图 15-24 所示。

步骤 04 使用相同的方法制作右眼。效果如图 15-25 所示。

图 15-24　　　　　图 15-25

15.1.3　制作整体描边效果

步骤 01 制作标志的整体描边。选中标志图形，执行"编辑>扩展外观"命令。然后执行"编辑>扩展"命令，在弹出的"扩展"窗口中勾选"对象""填充"复选框，然后单击"确定"按钮，如图 15-26 所示。

图 15-26

步骤 02 选择标志图形，使用快捷键 Ctrl+C 进行复制，使用快捷键 Ctrl+V 进行粘贴。然后选中复制得到的标志图形，执行"窗口>路径查找器"命令，在"路径查找器"面板中单击"联集"按钮。得到标志整体合并后的效果，如图 15-27 所示。

图 15-27

步骤 03 执行"效果>路径>偏移路径"命令，在弹出的"偏移路径"窗口中设置"位移"为 2mm，"连接"为"斜接"，然后单击"确定"按钮，如图 15-28 所示。

步骤 04 将添加"偏移路径"的图形填充为白色，如图 15-29 所示。

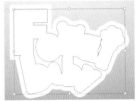

图 15-28　　　　　图 15-29

步骤 05 将白色的图形移到文字上方，多次执行"对象>排列>后移一层"命令，将白色图形移到文字后方，并适当地调整位置。效果如图 15-30 所示。

步骤 06 使用相同的方法制作最下方的淡青色描边。效果如图 15-31 所示。

图 15-30　　　　　图 15-31

步骤 07 选中淡青色描边，执行"效果>风格化>投影"命令，在弹出的"投影"窗口中设置"模式"为"正片叠底"，"不透明度"为 30%，"X位移""Y位移""模糊"数值均为 1mm，"颜色"为深蓝色，如图 15-32 所示。

图 15-32

步骤 08 设置完成后单击"确定"按钮。效果如图 15-33 所示。

图 15-33

中文版Illustrator 2022完全案例教程（微课视频版）

15.2 名片设计：单色简约企业名片

文件路径	第15章\单色简约企业名片
技术掌握	创建轮廓、自由变换工具、"投影"效果、高斯模糊

扫一扫，看视频

实例说明

本案例制作一款简约的单色调名片，整张名片简约、商务。使用的功能比较少，主要使用"矩形工具""文字工具""直线段工具"进行绘制。首先制作名片的平面图；其次制作名片的立体展示效果。

案例效果

案例效果如图15-34所示。

图 15-34

15.2.1 制作名片平面图

步骤 01 新建一个大小合适的空白文档。选择工具箱中的"矩形工具"，在画面中单击，在弹出的"矩形"窗口中设置"宽度"为90mm，"高度"为45mm。设置完成后单击"确定"按钮，如图15-35所示。

步骤 02 选中矩形，双击工具箱中的"渐变工具"，在弹出的"渐变"面板中设置渐变"类型"为"径向渐变"，编辑一个蓝色系的渐变色，如图15-36所示。

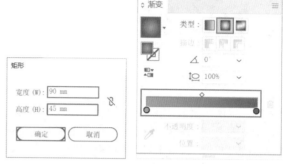

图 15-35　　　　　　　　图 15-36

步骤 03 此时矩形效果如图15-37所示。

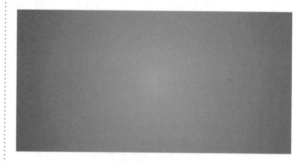

图 15-37

步骤 04 选择工具箱中的"文字工具"，在画面中单击插入光标，然后输入文字，如图15-38所示。

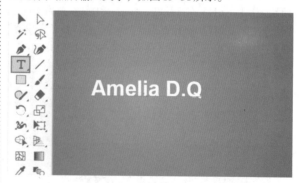

图 15-38

步骤 05 选中文字，执行"效果>风格化>投影"命令，在弹出的"投影"窗口中设置"模式"为"正片叠底"，"不透明度"为50%，"X位移""Y位移""模糊"数值均为0.1mm，"颜色"为黑色，如图15-39所示。

图 15-39

步骤 06 设置完成后单击"确定"按钮。"投影"效果如图 15-40 所示。

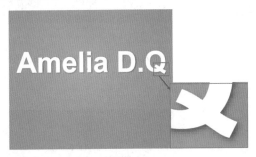

图 15-40

步骤 07 继续使用"文字工具"添加文字，然后添加"投影"效果，如图 15-41 所示。

图 15-41

步骤 08 继续使用"文字工具"在名片的左右两侧添加其他文字，如图 15-42 所示。

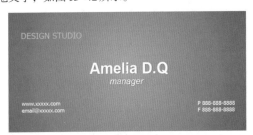

图 15-42

步骤 09 选择工具箱中的"直线段工具"，设置"填充"为无，"描边"为蓝灰色，"粗细"为1pt，然后在名片顶部位置按Shift键绘制一段直线，如图 15-43 所示。

图 15-43

步骤 10 选中直线，按住Alt键向下拖动，进行垂直方向的移动并复制，如图 15-44 所示。

图 15-44

步骤 11 加选作为名片背景的蓝色矩形和两段蓝灰色线段，然后按住Alt键向右侧拖动，进行移动并复制的操作，如图 15-45 所示。

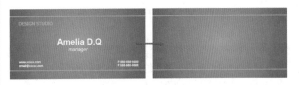

图 15-45

步骤 12 选中作为名片背景的蓝色矩形，设置其填充色为白色，如图 15-46 所示。

图 15-46

步骤 13 选中两段直线，设置描边"颜色"为深蓝灰色。

效果如图15-47所示。

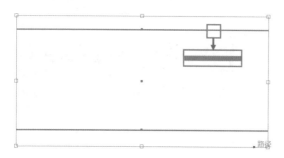

图 15-47

步骤 14 在白色名片上方添加文字。效果如图15-48所示。

图 15-48

15.2.2 制作名片立体展示效果

步骤 01 将制作的名片移至画板以外作为备份。接着选择工具箱中的"矩形工具"绘制一个与画板等大的矩形。选中矩形,打开"渐变"面板,设置渐变"类型"为"径向渐变",编辑一个深灰色系的渐变,如图15-49所示。

步骤 02 矩形效果如图15-50所示。

图 15-49   图 15-50

步骤 03 选中白色名片,使用快捷键Ctrl+C进行复制,然后使用快捷键Ctrl+V进行粘贴,并将其移至深灰色矩

形上方。然后执行"文字>创建轮廓"命令,将文字转换为形状,如图15-51所示。

图 15-51

步骤 04 选中名片,接着选择工具箱中的"自由变换工具",单击选择"自由扭曲工具",拖动控制点将名片进行变形,如图15-52所示。

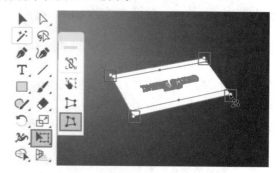

图 15-52

步骤 05 选择名片,执行"效果>风格化>投影"命令,在弹出的"投影"窗口中设置"模式"为"正常","不透明度"为100%,"X位移""Y位移"数值均为0.2mm,"模糊"为0.1mm,"颜色"为深灰色,如图15-53所示。

图 15-53

步骤 06 设置完成后单击"确定"按钮,此时名片产生了厚度感。效果如图15-54所示。

中文版Illustrator 2022完全案例教程(微课视频版)

图 15-54

步骤 07 选中名片，按住 Alt 键向左上方拖动，进行较小距离的移动并复制的操作，如图 15-55 所示。

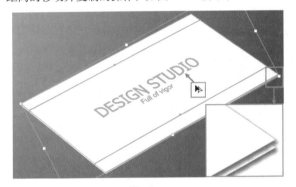

图 15-55

步骤 08 在选中复制得到的名片的状态下，多次按快捷键 Ctrl+D 进行重复并复制，复制大概 15 份，使名片呈现出堆叠效果，如图 15-56 所示。

图 15-56

步骤 09 对名片立面的明暗关系进行调整。选择工具箱中的"钢笔工具"，设置"填充"为黑色，然后在名片的立面绘制四边形，如图 15-57 所示。

图 15-57

步骤 10 选中黑色四边形，在控制栏中设置"不透明度"为 20%，这样可以压暗侧面的亮度。效果如图 15-58 所示。

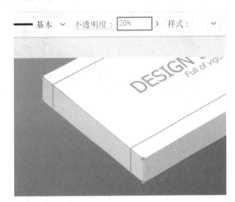

图 15-58

步骤 11 使用"钢笔工具"在另一个立面绘制黑色四边形，并设置"不透明度"为 50%。效果如图 15-59 所示。

图 15-59

步骤 12 制作名片的阴影。使用"钢笔工具"绘制一个黑色多边形，如图 15-60 所示。

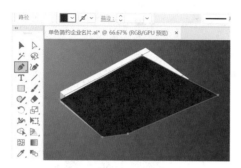

图 15-60

步骤 13 选中黑色图形，多次执行"对象>排列>后移一层"命令，将黑色图形移至名片最下方，如图15-61所示。

图 15-61

步骤 14 选中黑色图形，执行"效果>模糊>高斯模糊"命令，在弹出的"高斯模糊"窗口中设置"半径"为"60像素"，如图15-62所示。

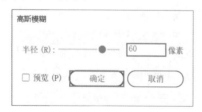

图 15-62

步骤 15 设置完成后单击"确定"按钮，"阴影"效果如图15-63所示。

图 15-63

步骤 16 使用相同的方法制作名片的另一面的立体效果。最终效果如图15-64所示。

图 15-64

15.3 海报设计：简洁房地产海报

扫一扫，看视频

文件路径	第15章\简洁房地产海报
技术掌握	"属性"面板、矩形网格工具、"美工刀"工具、色板库、"透明度"面板

实例说明

本案例制作的是一款房地产海报，画面左侧由几何图形和图像组成。右侧为主体文字区域，为了体现数据还添加了表格元素。

案例效果

案例效果如图15-65所示。

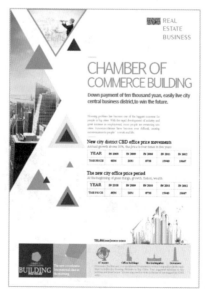

图 15-65

中文版Illustrator 2022完全案例教程（微课视频版）

15.3.1 绘制海报主体图形

步骤 01 执行"文件>新建"命令，新建一个大小为A4、"方向"为纵向的文档。为了便于操作，执行"窗口>控制"命令，使控制栏处于启用状态。执行"文件>置入"命令，置入素材1.jpg。调整到合适的大小，移到合适的位置，单击控制栏中的"嵌入"按钮，将其嵌入画板，如图15-66所示。

图 15-66

步骤 02 单击工具箱中的"钢笔工具"按钮，设置"填充"为白色，"描边"为无，绘制一个三角形，如图15-67所示。选中图片素材和三角形，右击执行"建立剪切蒙版"命令。

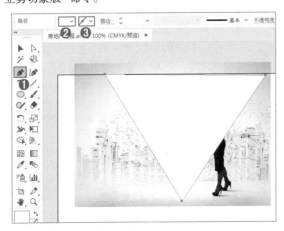

图 15-67

步骤 03 使用"钢笔工具"，设置"填充"为无，"描边"为棕色，"粗细"为4pt，绘制一个三角形，作为图片的边框，如图15-68所示。

图 15-68

步骤 04 使用上述方法继续添加素材2.jpg，将其嵌入画板，执行"建立剪切蒙版"命令，如图15-69和图15-70所示。

图 15-69　　　　　　　图 15-70

步骤 05 使用"钢笔工具"绘制多个三角形，依次填充合适的颜色，如图15-71和图15-72所示。

图 15-71　　　　　　　图 15-72

15.3.2 制作海报主体文字

步骤 01 单击工具箱中的"矩形工具"按钮，去除填充和描边，绘制一个矩形，如图15-73所示。

图15-73

步骤 02 保持矩形的选中状态，执行"窗口>色板库>图案>基本图形>基本图形_纹理"命令，在弹出的"基本图形_纹理"面板中选择一种合适的样式，如图15-74所示。效果如图15-75所示。

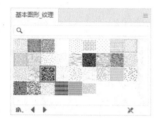

图15-74   图15-75

步骤 03 在不选中任何矢量图形的状态下，单击工具箱中的"矩形工具"按钮，设置"填充"为棕色，"描边"为无，绘制一个矩形，如图15-76所示。

图15-76

步骤 04 保持矩形的选中状态，执行"窗口>透明度"命令，在弹出的"透明度"面板中设置"混合模式"为"混色"，如图15-77所示。效果如图15-78所示。

图15-77   图15-78

步骤 05 选择工具箱中的"文字工具"，在图形的右侧单击插入光标，然后输入文字。选中文字，在"属性"面板中设置合适的字体和字号，设置对齐方式为"左对齐"，如图15-79所示。

图15-79

步骤 06 选择工具箱中的"直线段工具"，设置"填充"为无，"描边"为褐色，"粗细"为1pt。设置完成后在画面中绘制一段直线，如图15-80所示。

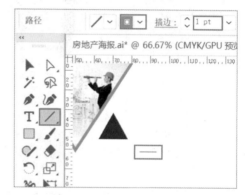

图15-80

步骤 07 单击工具箱中的"文字工具"按钮，在直线下方单击并输入文字，选中文字，设置"填色"为褐色，然后设置合适的字体和字号，如图15-81所示。

图15-81

步骤 08 在下方添加相应的文字，如图15-82所示。

步骤 09 单击工具箱中的"矩形网格工具"按钮 ▦，设置"填充"为无，"描边"为黑色，"粗细"为0.25pt。在

中文版Illustrator 2022完全案例教程（微课视频版）

画板上单击，在弹出的"矩形网格工具选项"窗口中设置"默认大小"的"宽度"为113mm，"高度"为15mm，"水平分隔线"的"数量"为1，"垂直分隔线"的"数量"为5，勾选"使用外部矩形作为框架"复选框，单击"确定"按钮，如图15-83所示。

图15-82　　　　　　　　图15-83

步骤 10 网格绘制完成后，将其移到右侧文字之间的空隙处，如图15-84所示。

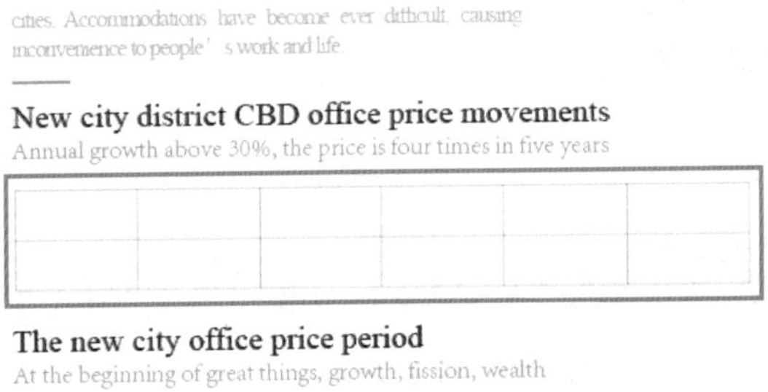

cities. Accommodations have become ever difficult, causing inconvenience to people's work and life

New city district CBD office price movements
Annual growth above 30%, the price is four times in five years

The new city office price period
At the beginning of great things, growth, fission, wealth

图15-84

步骤 11 使用"文字工具"依次在网格内添加文字，如图15-85所示。

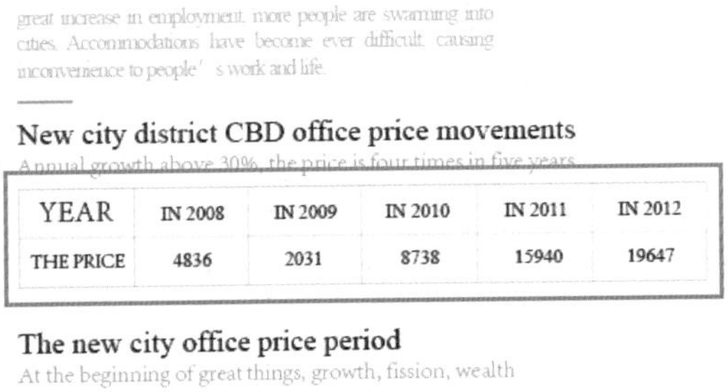

great increase in employment, more people are swarming into cities. Accommodations have become ever difficult, causing inconvenience to people's work and life

New city district CBD office price movements
Annual growth above 30%, the price is four times in five years

YEAR	IN 2008	IN 2009	IN 2010	IN 2011	IN 2012
THE PRICE	4836	2031	8738	15940	19647

The new city office price period
At the beginning of great things, growth, fission, wealth

图15-85

步骤 12 将网格复制一份，并向下移动，然后在网格内继续添加文字，如图15-86所示。

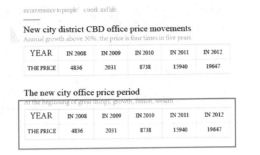

图15-86

15.3.3　制作画面底部内容

步骤 01 使用"矩形工具"，设置"填充"为深青蓝色，在画面左下角绘制一个矩形，如图15-87所示。

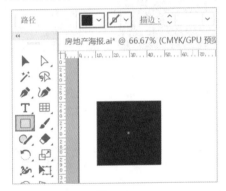

图15-87

步骤 02 单击工具箱中的"多边形工具"按钮，设置"填充"为棕色，"描边"为无，在画面中单击，在弹出的"多边形"窗口中设置"半径"为5mm，"边数"为5，单击"确定"按钮，如图15-88所示。将该图形摆放在深青蓝色矩形上。效果如图15-89所示。

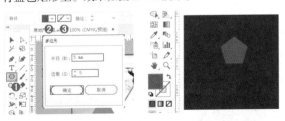

图15-88　　　　　　　图15-89

步骤 03 将五边形复制一份更改为棕橘色，并适当地进行旋转，如图15-90所示。

步骤 04 使用"文字工具"在图形下方依次添加文字。效果如图15-91所示。

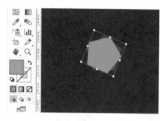

图 15-90   图 15-91

步骤 05 选择深青蓝色矩形,按住Alt键向右拖动进行移动并复制,然后将其更改为卡其色,如图15-92所示。

图 15-92

步骤 06 选中卡其色矩形,选择工具箱中的"美工刀"工具,按住Alt键的同时按住鼠标左键拖动,将矩形进行分割,如图15-93所示。

步骤 07 继续进行分割,然后更改每个局部图形的颜色,如图15-94所示。

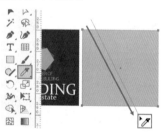

图 15-93   图 15-94

步骤 08 使用"矩形工具"在右侧绘制一个等高的矩形,"填充"为灰色。如图15-95所示。

图 15-95

步骤 09 执行"文件>打开"命令,打开素材3.ai。框选所有素材,执行"编辑>复制"命令,回到刚才工作的文档中,然后执行"编辑>粘贴"命令,将粘贴出的对象移到相应位置,如图15-96所示。

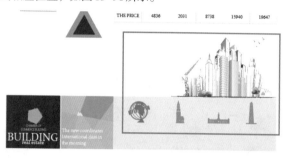

图 15-96

步骤 10 使用"文字工具"在画面右下方添加文字,如图15-97所示。至此本案例制作完成。

图 15-97

15.4 版式设计:复古色调书籍内页排版

文件路径	第15章\复古色调书籍内页排版
技术掌握	文字工具、剪切蒙版、"透明度"面板、串接文本

扫一扫,看视频

实例说明

这是一个图文结合的书籍内页版式,在当前版面中将文字与图片紧密结合,为了使画面整体风格统一,需要将图片色彩进行调整。本案例通过混合模式统一图片色调,并通过多次使用"文字工具"进行文字的添加与排版。

案例效果

案例效果如图15-98所示。

图 15-98

15.4.1 左侧页面排版

步骤 01 执行"文件>新建"命令，新建一个"大小"为A4、"方向"为横向的文档。为了便于操作，执行"窗口>控制"命令，使控制栏处于启用状态。执行"文件>置入"命令，置入素材1.jpg。调整到合适的大小，单击控制栏中的"嵌入"按钮，将其嵌入画板，如图15-99所示。

图 15-99

步骤 02 单击工具箱中的"矩形工具"按钮，设置"填充"为白色，"描边"为无，在左侧页面绘制一个比页面稍小一些的矩形，如图15-100所示。

图 15-100

步骤 03 选中图片素材和矩形对象，右击执行"建立剪切蒙版"命令，此时超出矩形范围的图像被隐藏，如图15-101所示。

图 15-101

步骤 04 使用"矩形工具"绘制与图像等大的黑色矩形，如图15-102所示。

图 15-102

步骤 05 选中黑色矩形，执行"窗口>透明度"命令，在弹出的"透明度"面板中设置"混合模式"为"混色"，如图15-103所示。此时照片变为单色效果，如图15-104所示。

图 15-103

图 15-104

步骤 06 单击工具箱中的"文字工具"按钮，设置"填充"为黑色，"描边"为无，选择一种合适的字体，设置

"字体大小"为36pt，"段落"对齐方式为"左对齐"，然后输入文字，如图15-105所示。

图 15-105

步骤 07 单击工具箱中的"钢笔工具"按钮，设置"填充"为无，"描边"为黑色，"粗细"为2pt，在文字下方按住Shift键绘制一条直线路径，如图15-106所示。

步骤 08 使用"文字工具"添加其他文字，设置合适的字体、字号和颜色，如图15-107所示。

图 15-106　　　　　　图 15-107

步骤 09 输入左侧页面的正文。使用"文字工具"在左下方按住鼠标左键并拖动绘制一个文本框，然后输入文字。接着选中文字对象，设置"文字颜色"为灰色，"描边"为无，选择一种合适的字体，设置"字体大小"为10pt，"段落"对齐方式为"左对齐"。单击"字符"按钮，在弹出的下拉面板中设置"行距"为12pt，如图15-108所示。

图 15-108

15.4.2　右侧页面排版

步骤 01 单击工具箱中的"矩形工具"按钮，设置"填充"为灰色，"描边"为无，在右侧页面的上方绘制一个矩形，如图15-109所示。

图 15-109

步骤 02 执行"文件>置入"命令，置入素材2.jpg，调整合适的大小，放在灰色矩形上。单击控制栏中的"嵌入"按钮，将其嵌入画板，如图15-110所示。

图 15-110

步骤 03 选中图片素材，然后执行"窗口>透明度"命令，在弹出的"透明度"面板中设置"混合模式"为"明度"，如图15-111所示。

步骤 04 此时图像显示为单色。效果如图15-112所示。

图 15-111　　　　　　图 15-112

步骤 05 在右侧页面添加另外两张图像素材，并且使用"矩形工具"，绘制这两张图像需要显示的区域大小的矩形，如图15-113所示。

中文版Illustrator 2022完全案例教程（微课视频版）

图 15-113

步骤 06 分别选中每张图像和其上方的矩形，右击执行"建立剪切蒙版"命令，使多余的部分隐藏，如图 15-114 所示。

图 15-114

步骤 07 更改图像的颜色，绘制与图像等大的黑色矩形，如图 15-115 所示。

图 15-115

步骤 08 在"透明度"面板中设置其"混合模式"为"色相"，如图 15-116 所示。

步骤 09 此时图像颜色发生改变，如图 15-117 所示。

图 15-116　　　　　　图 15-117

步骤 10 为了使图像产生偏黄色的效果，可以再次在上方绘制一个等大的土黄色的矩形，如图 15-118 所示。

步骤 11 设置该图形的"混合模式"为"混色"，如图 15-119 所示。

图 15-118　　　　　　图 15-119

步骤 12 此时图像变为复古感的土黄色调，如图 15-120 所示。

图 15-120

步骤 13 复制这两个矩形，摆放在右下角的图像上，并将两个矩形调整到与右下角的图像等大的效果，如

图15-121所示。

图 15-121

步骤 14 使用"文字工具"绘制两个文本框，如图15-122所示。

图 15-122

步骤 15 保持选中状态，将光标置于第一段文本对象的输出连接点上，当其变为 形状时单击。当形状变为 形状时，移至第二个文本对象的输出连接点上，单击即可连接对象，如图15-123所示。

步骤 16 设置"文字颜色"为灰色，"描边"为无。在"字符"面板中选择一种合适的字体，设置"字体大小"为7pt，在"字符"下拉面板中设置"行距"为13pt，设置所选字符的"字距调整"为-50，如图15-124所示。

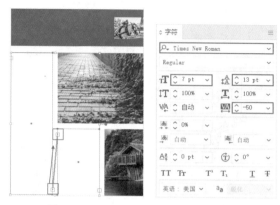

图 15-123   图 15-124

步骤 17 在"段落"面板中设置对齐方式为"两端对齐，末行左对齐"，"首行左缩进"为14pt，"段前间距"为4pt，如图15-125所示。

步骤 18 在文本框上单击，输入文字，输入过程中超出第一个文本框的文字会自动出现在下一个文本框中，如图15-126所示。

步骤 19 选中文本中的标题文字，更改合适的字体和字号，如图15-127所示。

图 15-125

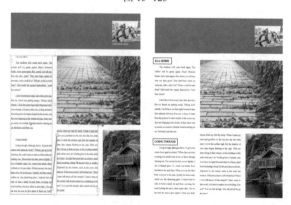

图 15-126   图 15-127

中文版Illustrator 2022完全案例教程（微课视频版）

步骤 20 使用"文字工具"添加顶部灰色矩形上的文字，以及其他文本，设置合适的字体、字号和颜色。完成效果如图15-128所示。

图 15-128

15.5 书籍设计：书籍封面设计

文件路径	第15章\书籍封面设计
技术掌握	画板工具、符号库、路径查找器、直排文字工具、自由变换工具、设置混合模式

扫一扫，看视频

实例说明

本案例制作了一款书籍封面，整个封面内容简单、清晰，留有大面积的留白。本案例首先制作出平面图，然后再制作书籍的立体效果。

案例效果

案例效果如图15-129所示。

图 15-129

15.5.1 制作封面

步骤 01 执行"文件>新建"命令，在弹出的"新建文档"窗口中设置文件名称，单位为"毫米"，"宽度"为130mm，"高度"为185mm，"方向"为"纵向"，"画板"为3。设置完成后单击"创建"按钮，如图15-130所示。

步骤 02 选择"画板工具" ，选中第二个画板，单击控制栏中的"画板选项"按钮 ，在弹出的"画板选项"窗口中设置"宽度"为20mm，如图15-131所示。

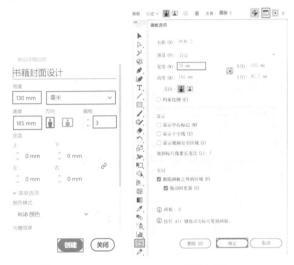

图 15-130　　　　　图 15-131

步骤 03 调整三个画板的位置，两个较大的画板作为封面和封底，小的画板作为书脊，如图15-132所示。

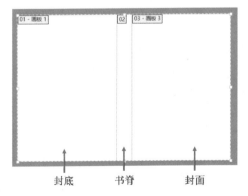

图 15-132

步骤 04 执行"文件>置入"命令，将素材1.jpg置入文档，移到右侧的画板中，然后单击"嵌入"按钮进行嵌入，如图15-133所示。

图 15-133

步骤 05 制作封面右上角的标志。执行"窗口>符号库>庆祝"命令，在弹出的"庆祝"窗口中选择"蝴蝶结"符号将其拖至封面的右上角，然后单击控制栏中的"断开链接"按钮，如图 15-134 所示。

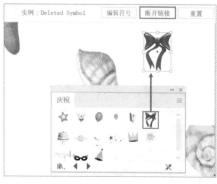

图 15-134

步骤 06 选中蝴蝶结，执行"窗口>属性"命令，打开"属性"面板。单击"属性"面板中的"联集"按钮。得到一个完整的蝴蝶结图形，如图 15-135 所示。

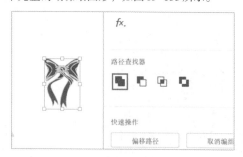

图 15-135

步骤 07 选中蝴蝶结，更改其填充色。效果如图 15-136 所示。

步骤 08 选择工具箱中的"文字工具"，在蝴蝶结下方单击插入光标，然后输入文字，如图 15-137 所示。

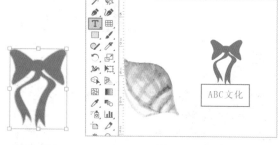

图 15-136   图 15-137

步骤 09 制作书名文字。选择工具箱中的"圆角矩形工具"，在画面中单击，在弹出的"圆角矩形"窗口中设置"宽度""高度"数值均为30mm，"圆角半径"为4mm。设置完成后单击"确定"按钮，如图 15-138 所示。

步骤 10 将绘制的圆角矩形填充为深蓝色，并移到相应位置，如图 15-139 所示。

图 15-138   图 15-139

步骤 11 选择工具箱中的"直排文字工具"，在画面中单击插入光标，输入文字，如图 15-140 所示。

图 15-140

步骤 12 使用"直排文字工具""文字工具"依次添加文字。封面效果如图15-141所示。

图 15-141

15.5.2 制作书脊

步骤 01 选择工具箱中的"矩形工具",在中间的画板上方按住鼠标左键拖动绘制一个与画板等大的矩形,然后将其填充为深蓝色,如图15-142所示。

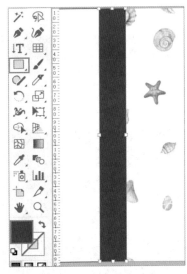

图 15-142

步骤 02 加选封面右上角作为标志的蝴蝶结和文字,使用快捷键Ctrl+C进行复制,使用快捷键Ctrl+V进行粘贴。然后移到书脊上方,并调整到合适大小,如图15-143所示。

图 15-143

步骤 03 使用"直排文字工具""文字工具",依次添加文字。书脊效果如图15-144所示。

图 15-144

> **提示:复制已有文字快速制作书脊**
>
> 制作书脊上的文字,可以将封面中的文字进行复制,然后移动位置、大小和方向等属性。

15.5.3 制作封底

步骤 01 使用"矩形工具",在最左侧的画板中绘制一个与画板等大的矩形,然后填充为深蓝色,如图15-145所示。

图 15-145

步骤 02 将蝴蝶结标志复制一份，移到画板的左上角，如图 15-146 所示。

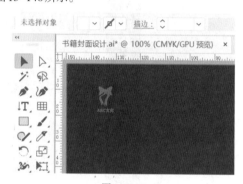

图 15-146

步骤 03 使用"直排文字工具"在左侧画板中间位置添加文字，如图 15-147 所示。

步骤 04 使用"矩形工具"在画板的右下方绘制一个矩形，然后将其填充为白色，作为条形码的预留区域，如图 15-148 所示。

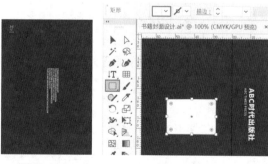

图 15-147   图 15-148

步骤 05 此时书籍平面图制作完成。效果如图 15-149 所示。

图 15-149

15.5.4 制作书籍立体展示效果

步骤 01 选择工具箱中的"画板工具"，在空白位置按住鼠标拖动绘制画板，如图 15-150 所示。

图 15-150

步骤 02 将背景素材 2 置入文档，放置在画板 4 上方，并进行嵌入，如图 15-151 所示。

图 15-151

步骤 03 框选封面部分的内容，使用快捷键 Ctrl+C 进行复制，使用快捷键 Ctrl+V 进行粘贴，然后移到画板 4 上

中文版 Illustrator 2022 完全案例教程（微课视频版）

方，如图15-152所示。选中封面对象，执行"文字>创建轮廓"命令，将文字创建轮廓。

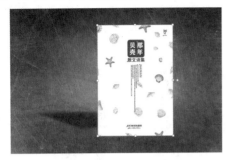

图 15-152

步骤 04 选中封面，单击工具箱中的"自由变换工具"，单击"透视扭曲"按钮，然后拖动控制点进行透视变形，如图15-153所示。

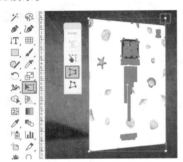

图 15-153

步骤 05 使用相同的方法制作书脊部分。效果如图15-154所示。

图 15-154

步骤 06 制作封面和书脊转折的位置。首先使用"钢笔工具"在书脊和封面位置绘制多边形（黄色图形部分），如图15-155所示。

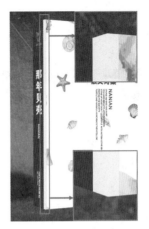

图 15-155

步骤 07 选中绘制的图形，双击工具箱中的"渐变工具"，在打开的"渐变"面板中编辑一个半透明的黑色渐变，设置"类型"为"线性"，如图15-156所示。效果如图15-157所示。

图 15-156   图 15-157

步骤 08 选中该图形，单击控制栏中的"不透明度"按钮，在弹出的下拉面板中设置"混合模式"为"正片叠底"。效果如图15-158所示。

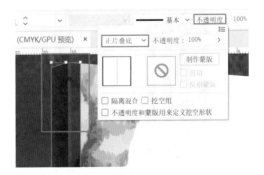

图 15-158

步骤 09 压暗书脊区域的亮度。使用"钢笔工具"绘制书脊位置的图形，然后填充深灰色系的半透明渐变，如图15-159所示。

图 15-159

步骤 10 选中该图形，设置"混合模式"为"正片叠底"。效果如图15-160所示。

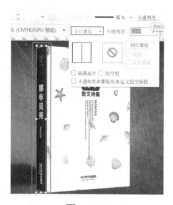

图 15-160

步骤 11 框选制作好的立体书脊，使用快捷键Ctrl+G进行编组。然后将书籍复制两份，调整位置及大小。效果如图15-161所示。

图 15-161

步骤 12 制作书籍之间的阴影。首先使用"钢笔工具"在书籍之间绘制四边形，如图15-162所示。

步骤 13 选中该图形，多次执行"对象>排列>后移一层"命令，将图形移至书籍后侧，也就是两本书之间，如图15-163所示。

图 15-162　　　　　　图 15-163

步骤 14 选中该图形，在"渐变"面板中编辑一个半透明的渐变，设置"类型"为"线性"。效果如图15-164所示。

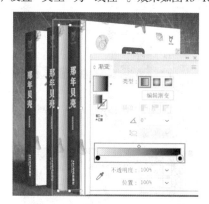

图 15-164

步骤 15 将该图形再复制一份，并向书籍后侧移动，然后调整大小。案例完成效果如图15-165所示。

图 15-165

15.6 UI设计: 手机社交软件界面

文件路径	第15章\手机社交软件界面
技术掌握	混合工具、路径查找器、"符号库"面板

扫一扫，看视频

实例说明

　　这是一款手机社交软件界面设计，首先需要制作出平面图，然后制作展示效果。本案例中包括多个相同或相似的元素，可以先制作其中一个元素，然后再进行复制并更改部分内容。这样既能统一视觉效果，又能提高工作效率。

案例效果

　　案例效果如图15-166所示。

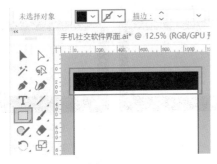

图 15-166

15.6.1　制作界面底色和状态栏

步骤 01 选择工具箱中的"矩形工具"，设置"填充"为黑色，"描边"为无，然后在画板的顶部绘制一个矩形，如图15-167所示。

图 15-167

步骤 02 在画板底部绘制一个矩形并填充为浅褐色，如图15-168所示。

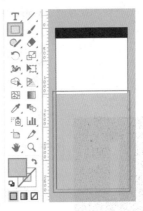

图 15-168

步骤 03 继续使用"矩形工具"，在画板中间绘制一个矩形并填充为深褐色。选择"直接选择工具"，按住Shift键单击加选顶部的两个控制点，然后向内进行拖动，将顶部两个直角更改为圆角。效果如图15-169所示。

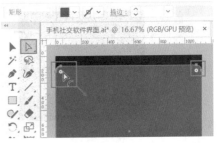

图 15-169

步骤 04 制作信号标志。首先使用"矩形工具"绘制一个细长的矩形并填充为灰色，如图15-170所示。

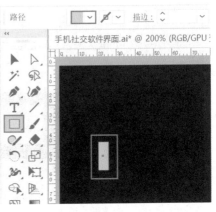

图 15-170

步骤 05 选中灰色矩形，使用快捷键Ctrl+C进行复制，使用快捷键Ctrl+V进行粘贴，将复制的矩形向右拖动，然后增加矩形的高度。此时两个矩形需要底边对齐，如图15-171所示。

步骤 06 制作信号图标的阶梯变化。双击工具箱中的"混合工具"，在弹出的"混合选项"窗口中设置"间距"为"指定的步数"，步数为3。设置完成后单击"确定"按钮，如图15-172所示。

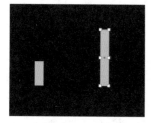
图 15-171

图 15-172

步骤 07 加选两个灰色矩形，使用"混合工具"分别在矩形上单击，或者执行"对象>混合>建立"命令。效果如图15-173所示。

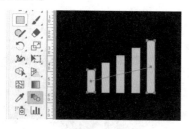
图 15-173

步骤 08 制作时间。选择工具箱中的"文字工具"，在画面中单击插入光标，接着输入文字，然后设置合适的字体和字号，文字颜色为白色，将文字移到状态栏中间位置，如图15-174所示。

步骤 09 制作状态栏最右侧的电量图标。首先使用"矩形工具"绘制一个矩形并填充为灰色，如图15-175所示。

图 15-174　　　　　图 15-175

步骤 10 制作矩形四角缺失的效果。在灰色矩形的左上角绘制一个小的矩形，加选两个矩形，单击"属性"面板中的"水平左对齐""垂直顶对齐"按钮，使小矩形位于灰色矩形的左上角，如图15-176所示。

图 15-176

步骤 11 将小矩形复制三份，分别移至灰色矩形的右上角、左下角和右下角，如图15-177所示。

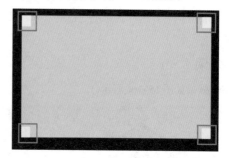
图 15-177

步骤 12 选中此处的5个矩形，单击"属性"面板中的"减去顶层"按钮，如图15-178所示。

图 15-178

步骤 13 此时图形效果如图15-179所示。

步骤 14 将灰色图形复制一份，缩小后移到灰色图形的右侧，如图15-180所示。

图 15-179　　　　　图 15-180

步骤 15 使用"矩形工具"绘制两个矩形并填充为黑色，如图15-181所示。

中文版Illustrator 2022完全案例教程（微课视频版）

步骤 16 继续使用"矩形工具"绘制一个灰色矩形，如图15-182所示。

图 15-181　　　　　　图 15-182

步骤 17 使用"钢笔工具"，设置"填充"为黑色，然后绘制一个闪电图形，如图15-183所示。此时电量指示图标制作完成，可以加选构成电量图标的几个部分，使用快捷键Ctrl+G进行编组。

图 15-183

15.6.2 制作用户信息区

步骤 01 制作菜单按钮。选择工具箱中的"圆角矩形工具"，设置"填充"为白色，然后在深褐色图形的左上方绘制一个圆角矩形，如图15-184所示。

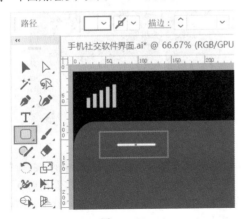

图 15-184

步骤 02 选中白色圆角矩形。按住Alt键向下拖动进行移动并复制，将圆角矩形复制两份。效果如图15-185所示。

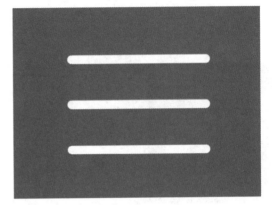

图 15-185

步骤 03 将三个圆角矩形加选后编组，然后按住Alt键将图形组向上拖动进行移动并复制，如图15-186所示。

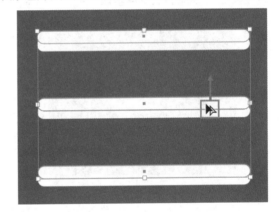

图 15-186

步骤 04 选中位于下方的图形组，先将其更改为深褐色，然后单击控制栏中的"不透明度"按钮，设置"不透明度"为80%，此时菜单按钮的阴影效果制作完成，如图15-187所示。

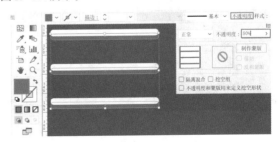

图 15-187

步骤 05 制作深褐色图形右上角的对话框图标。执行"窗口>符合库>Web按钮和条形"命令，选中相应的符号，按住鼠标左键向画面中拖动，然后单击控制栏中的"断开链接"按钮断开链接，如图15-188所示。

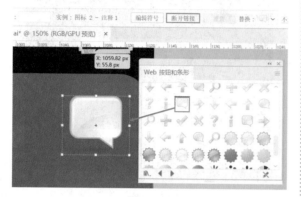

图 15-188

步骤 06 断开链接后，将图标下方的阴影选中，如图15-189所示。之后按Delete键删除。

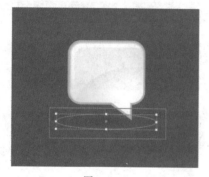

图 15-189

步骤 07 选中图形部分，单击"属性"面板中的"联集"按钮，如图15-190所示。

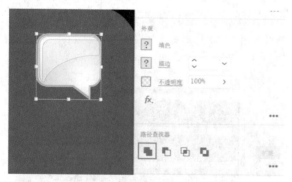

图 15-190

步骤 08 得到合并图形后，将其填充色去除，设置"描边"为白色。接着执行"窗口>描边"命令，在弹出的"描边"面板中设置"粗细"为3pt，"边角"为"圆角连接"，"对齐描边"为"外侧"。图形效果如图15-191所示。

图 15-191

步骤 09 选中图形，执行"对象>变换>镜像"命令，在弹出的"镜像"窗口中选中"垂直"单选按钮，然后单击"确定"按钮，然后适当调整图形的宽度，如图15-192和图15-193所示。

图 15-192　　　　　图 15-193

步骤 10 使用制作菜单按钮阴影的方法为该按钮制作阴影。效果如图15-194所示。

图 15-194

步骤 11 制作头像部分。选择工具箱中的"椭圆工具"，设置"填充"为白色，"描边"为无，接着在褐色图形中间位置按住Shift键的同时按住鼠标左键拖动绘制一个正圆，如图15-195所示。

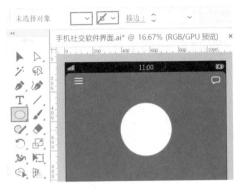

图 15-195

步骤 12 将人物素材1置入文档并进行嵌入，移至白色正圆的上方。使用"椭圆工具"在人像上方再次绘制一个正圆，如图15-196所示。

图 15-196

步骤 13 加选正圆和下方的人像图片，使用快捷键Ctrl+7创建剪切蒙版。然后适当调整大小放置在白色正圆的上方。效果如图15-197所示。

图 15-197

步骤 14 使用"矩形工具"在头像下方绘制一个矩形并填充为浅棕色，如图15-198所示。

图 15-198

步骤 15 使用"文字工具"在矩形上方添加文字，如图15-199所示。

图 15-199

步骤 16 使用制作菜单按钮阴影的方法为文字添加阴影。效果如图15-200所示。

图 15-200

步骤 17 继续使用"文字工具"，在人物头像的下方添加其他文字。效果如图15-201所示。

图 15-201

15.6.3　制作下方聊天框

步骤 01 使用之前制作菜单按钮的方法制作蓝灰色的菜单按钮。效果如图 15-202 所示。

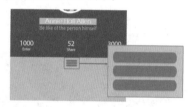

图 15-202

步骤 02 选择工具箱中的"直线段工具"，设置"填充"为无，"描边"为蓝灰色，"粗细"为 8pt，然后在浅褐色图形的左侧按住 Shift 键绘制一段直线段，如图 15-203 所示。

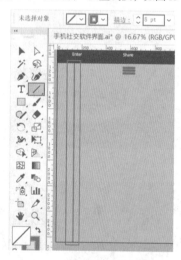

图 15-203

步骤 03 选择工具箱中的"椭圆工具"，设置"填充"为青绿色，"描边"为白色，"粗细"为 8pt，然后绘制一个正圆，如图 15-204 所示。

步骤 04 为青绿色正圆添加阴影效果，如图 15-205 所示。

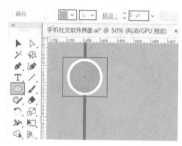

图 15-204　　　　　　　图 15-205

步骤 05 选择工具箱中的"钢笔工具"，设置"填充"为白色，"描边"为无，然后绘制一个倒置的水滴图形，如图 15-206 所示。

步骤 06 使用"椭圆工具"在水滴图形上方绘制一个正圆，设置"填充"为青绿色，至此定位图标制作完成。效果如图 15-207 所示。

图 15-206　　　　　　　图 15-207

步骤 07 使用"椭圆工具"在定位图标的正下方绘制一个浅蓝灰色正圆，并添加投影效果，如图 15-208 所示。

步骤 08 将定位图标选中后按住 Alt 键向下拖动进行移动并复制，然后将上方的图形进行删除，只保留正圆，如图 15-209 所示。

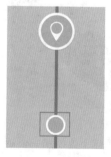
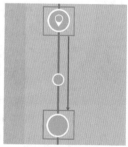

图 15-208　　　　　　　图 15-209

中文版 Illustrator 2022 完全案例教程（微课视频版）

步骤 09 使用"钢笔工具",设置"填充"为白色,然后在正圆上方绘制电话图标,如图15-210所示。

步骤 10 将电话图标复制两份,移到相应位置。效果如图15-211所示。

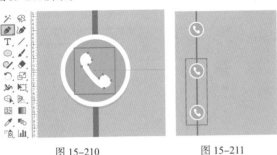

图 15-210　　　　图 15-211

步骤 11 制作右侧的对话框。选择工具箱中的"圆角矩形工具",设置"填充"为白色,然后绘制一个圆角矩形,如图15-212所示。

图 15-212

步骤 12 选择工具箱中的"钢笔工具",设置"填充"为白色,然后在圆角矩形的左上角绘制三角形,如图15-213所示。

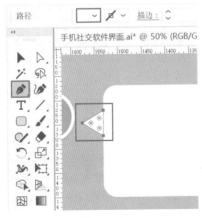

图 15-213

步骤 13 加选三角形和圆角矩形,单击"属性"面板中的"联集"按钮,将两个图形合并成一个图形。效果如图15-214所示。

图 15-214

步骤 14 复制该图形,将下层图形填充为稍深一些的颜色,适当地向下移动,作为该图形的阴影,如图15-215所示。

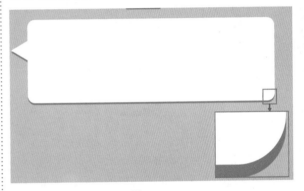

图 15-215

步骤 15 使用"文字工具"在对话框图形上方添加文字,如图15-216所示。

With Helen for dinner in the garden.
21:00pm　Sunday 10 May 2014

图 15-216

步骤 16 制作对话框左下方时钟图标。选择工具箱中的"椭圆工具",设置"填充"为白色,"描边"为灰色,"粗细"为0.25pt,然后在对话框图形的左下角绘制正圆,如图15-217所示。

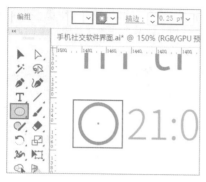

图 15-217

步骤 17 使用"矩形工具"在正圆上方绘制矩形，作为时钟的指针。效果如图 15-218 所示。

图 15-218

步骤 18 制作浅蓝灰色正圆右侧的头像。效果如图 15-219 所示。

图 15-219

步骤 19 使用"文字工具"在头像的右侧添加文字，如图 15-220 所示。

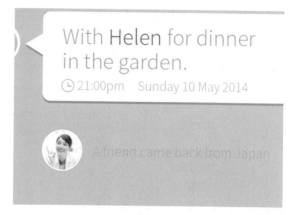

图 15-220

步骤 20 将白色对话框中的图形和文字框选后复制并向下移动，如图 15-221 所示。

图 15-221

步骤 21 将文字部分进行更改，如图 15-222 所示。

图 15-222

步骤 22 使用相同的方法制作剩余两组对话框。界面平面图制作完成后，使用快捷键Ctrl+G进行编组。效果如图 15-223 所示。

图 15-223

15.6.4　制作UI展示效果

步骤 01 执行"文件>置入"命令，将背景素材3置入文档，然后框选平面图后使用快捷键Ctrl+C进行复制，使用快捷键Ctrl+V进行粘贴。然后移到背景素材上方，如图15-224所示。

图 15-224

步骤 02 选中平面图，然后执行"文字>创建轮廓"命令创建文字窗口轮廓。选择工具箱中的"自由变换工具"，单击"自由扭曲"按钮，拖动控制点到手机屏幕的一角处，如图15-225所示。

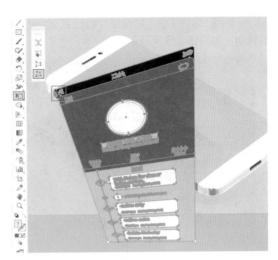

图 15-225

步骤 03 继续拖动另外三个控制点，分别对齐到另外三个角的位置，如图15-226所示。

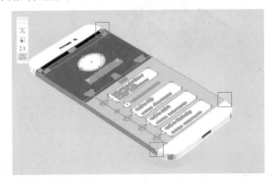

图 15-226

步骤 04 经过一系列变换，照片部分并没有跟着产生相应的变换，需要单独进行调整。使用"直接选择工具"单击选中照片，如图15-227所示。

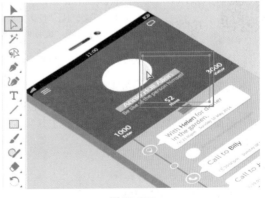

图 15-227

步骤 05 使用"选择工具"调整照片的位置，并适当地进行移动，如图15-228所示。

图 15-228

步骤 06 变形完成后，案例效果如图15-229所示。

图 15-229

15.7 包装设计：盒装食品包装设计

扫一扫，看视频

文件路径	第15章\盒装食品包装设计
技术掌握	自由变换、镜像工具、"投影"效果、封套扭曲、高斯模糊、"透明度"面板

实例说明

本案例制作了一款食品包装盒。本案例需要先制作平面图部分，平面图部分主要由图形、文字及位图元素构成。平面图制作完成后借助"自由变换工具"制作立体效果。

案例效果

案例效果如图15-230所示。

图 15-230

15.7.1 绘制平面图底色

步骤 01 新建一个大小合适的空白文档。选择工具箱中的"矩形工具"，在画面中单击，在弹出的"矩形"窗口中设置"宽度"为85mm，"高度"为110mm。设置完成后单击"确定"按钮，如图15-231所示。

图 15-231

步骤 02 选中绘制的矩形，双击工具箱中的"渐变工具"，在弹出的"渐变"面板中编辑一个蓝色系的渐变色，设置"类型"为"线性"，如图15-232所示。该矩形作为包装盒的正面。此时矩形效果如图15-233所示。

图 15-232   图 15-233

步骤 03 选择工具箱中的"矩形工具"，在渐变色矩形上方绘制一个矩形，然后设置"填充"为蓝色，如图15-234所示。

中文版Illustrator 2022完全案例教程（微课视频版）

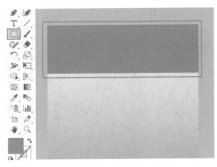

图 15-234

步骤 04 在矩形上方绘制一个稍窄一些的矩形，填充为深一些的蓝色，如图 15-235 所示。

图 15-235

步骤 05 对深蓝色矩形进行变形。选中深蓝色矩形，选择工具箱中的"自由变换工具"，单击选中"透视扭曲"工具。然后将左上方的控制点向右水平方向拖动进行扭曲变形，如图 15-236 所示。

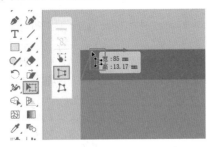

图 15-236

步骤 06 释放鼠标后，效果如图 15-237 所示。

图 15-237

步骤 07 使用"矩形工具"在左侧绘制一个矩形，并填充为深蓝色，如图 15-238 所示。

图 15-238

步骤 08 选中矩形，选择工具箱中的"直接选择工具"，在矩形左上角的锚点上单击将其选中，然后向下移动，如图 15-239 所示。

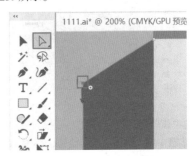

图 15-239

步骤 09 使用相同的方法选中左下角的锚点向上移动进行变形，如图 15-240 所示。

图 15-240

中文版Illustrator 2022完全案例教程（微课视频版）

步骤 10 使用"矩形工具"在渐变色矩形的右侧绘制一个矩形，并填充为深蓝色，如图15-241所示。

图 15-241

步骤 11 在矩形上方绘制一个稍小一些的矩形，然后使用"直接选择工具"将其进行变形，如图15-242所示。

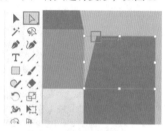

图 15-242

步骤 12 选中该图形，执行"对象>变换>镜像"命令，或者双击工具箱中的"镜像工具"按钮，在弹出的"镜像"窗口中选中"水平"单选按钮，单击"复制"按钮，如图15-243所示。

图 15-243

步骤 13 将复制的四边形向下移动，移至矩形的底部，如图15-244所示。

步骤 14 至此，平面图的基本图形便制作完成，其余的部分可以通过复制进行制作。框选渐变色矩形和其上方的两个四边形。然后按住快捷键Shift+Alt向右侧拖动进行水平方向的移动并复制，如图15-245所示。

图 15-244   图 15-245

步骤 15 以水平为轴向进行镜像操作，如图15-246所示。

步骤 16 选中中间位置的三个图形，按住快捷键Shift+Alt向右侧拖动进行移动并复制，然后将其垂直镜像，如图15-247所示。

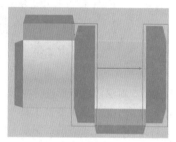

图 15-246   图 15-247

15.7.2 制作平面图主体内容

步骤 01 执行"文件>置入"命令，将燕麦素材1置入文档，然后单击"嵌入"按钮进行嵌入，如图15-248所示。

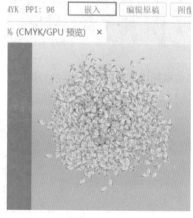

图 15-248

步骤 02 将苹果素材2置入文档并进行嵌入，适当旋转移到燕麦左上角位置，如图15-249所示。

图 15-249

步骤 03 选中苹果素材，按住Alt键拖动进行移动并复制，然后适当地缩小并旋转，如图15-250所示。

图 15-250

步骤 04 继续复制两份苹果，移动位置并调整大小，如图15-251所示。加选燕麦和苹果素材，使用快捷键Ctrl+G进行编组。

图 15-251

步骤 05 将超出渐变矩形以外的内容隐藏。选择工具

箱中的"矩形工具"，在素材上方绘制一个矩形，如图15-252所示。

图 15-252

步骤 06 加选素材组和上方的矩形，使用快捷键Ctrl+7创建剪切蒙版。效果如图15-253所示。

图 15-253

步骤 07 选择工具箱中的"钢笔工具"，然后绘制一个苹果图形，如图15-254所示。

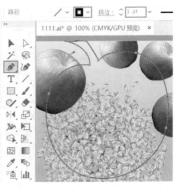

图 15-254

步骤 08 选中苹果图形，双击工具箱中的"渐变工具"按钮，在弹出的"渐变"面板中编辑一个洋红色系的渐变，设置"类型"为"径向"，如图15-255所示。

图 15-255

步骤 09 使用"渐变工具"在图形上方拖动调整渐变效果，如图15-256所示。

图 15-256

步骤 10 使用"钢笔工具"在苹果左上角绘制叶子图形，然后将其填充为绿色，如图15-257所示。

图 15-257

步骤 11 选中叶子图形，双击工具箱中的"镜像工具"按钮，在弹出的"镜像"窗口中设置"轴"为"垂直"，然后单击"复制"按钮，如图15-258所示。

步骤 12 将复制的图形适当地缩小，然后进行旋转，如图15-259所示。

图 15-258　　　　　　　　　图 15-259

步骤 13 将小叶子填充为稍深一些的绿色，接着加选两个叶子图形，使用快捷键Ctrl+G进行编组，如图15-260所示。

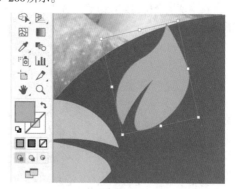

图 15-260

步骤 14 制作商品名称。选择工具箱中的"文字工具"，在画面中单击插入光标，然后输入文字，选中文字，设置"填充"为淡粉色，然后将文字适当地进行旋转，如图15-261所示。

图 15-261

中文版Illustrator 2022完全案例教程（微课视频版）

步骤 15 选中文字，执行"效果>风格化>投影"命令，在弹出的"投影"窗口中设置"模式"为"正片叠底"，"不透明度"为50%，"X位移""Y位移"数值均为0.5mm，"模糊"为0mm，"颜色"为黑色，如图15-262所示。设置完成后单击"确定"按钮。效果如图15-263所示。

图 15-262

图 15-263

步骤 16 选中文字，执行"对象>封套扭曲>用变形建立"命令，在弹出的"变形选项"窗口中设置"样式"为"上弧形"，选中"水平"单选按钮，"弯曲"为40%，"水平"为-43%，"垂直"为-18%，如图15-264所示。

步骤 17 设置完成后单击"确定"按钮，文字效果如图15-265所示。

图 15-264

图 15-265

步骤 18 继续使用"文字工具"依次在商品名称下方添加文字，如图15-266所示。

图 15-266

步骤 19 使用"钢笔工具"在右上角绘制稍小一些的苹果图形并填充为粉色，如图15-267所示。

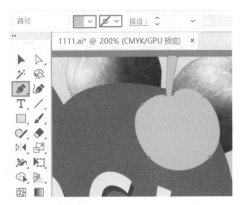
图 15-267

步骤 20 选中该图形，执行"效果>风格化>投影"命令，在弹出的"投影"窗口中设置"模式"为"正片叠底"，"不透明度"为50%，"X位移""Y位移"数值均为0.5mm，"模糊"为0mm，"颜色"为黑色，如图15-268所示。设置完成后单击"确定"按钮。效果如图15-269所示。

图 15-268

图 15-269

步骤 21 使用"文字工具"在图形上方依次添加文字，如图15-270所示。

图 15-270

步骤 22 选中最下方的文字，执行"对象>封套扭曲>用变形建立"命令，在弹出的"变形选项"窗口中设置"样式"为"弧形",选中"水平"单选按钮,"弯曲"为-54%,"水平"为0%,"垂直"为0%,如图15-271所示。设置完成后单击"确定"按钮,文字效果如图15-272所示。此处图标制作完成后可以加选相应的图形和文字,并使用快捷键Ctrl+G进行编组。

图 15-271   图 15-272

步骤 23 使用相同的方法制作左下角的图标,如图15-273所示。

图 15-273

步骤 24 此时包装盒正面制作完成。效果如图15-274所示。

图 15-274

步骤 25 制作盒盖部分。首先使用"文字工具"在盒盖位置的矩形上方添加三行文字。选中文字,设置"填充"为白色,设置合适的字体和字号,文本对齐方式为"右对齐",如图15-275所示。

图 15-275

步骤 26 将包装盒正面中的苹果图标选中,按住Alt键向上拖动进行移动并复制,然后适当地对图形进行缩放,如图15-276所示。

图 15-276

步骤 27 将盒盖处的文字和图形加选后按住Alt键向另一个盒盖处拖动进行移动并复制,如图15-277所示。

图 15-277

中文版Illustrator 2022完全案例教程(微课视频版)

步骤 28 制作盒子的侧面。使用"文字工具"添加多段文字，如图15-278所示。

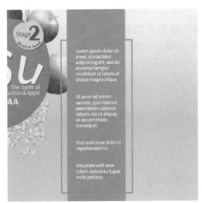

图 15-278

步骤 29 将叶子复制一份，调整大小后放置在文字左上角，如图15-279所示。

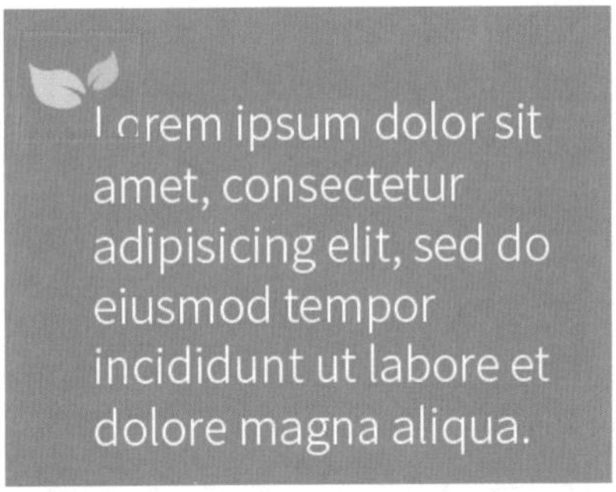

图 15-279

步骤 30 选中叶子，按住Alt键向下拖动进行移动并复制。在每一段文字前方添加叶子，如图15-280所示。

图 15-280

步骤 31 将叶子复制一份移到包装盒背面的渐变色矩形上方，然后使用"文字工具"依次添加文字，如图15-281所示。

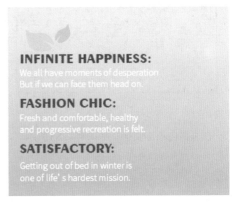

图 15-281

步骤 32 选择工具箱中的"矩形工具"，在选项中设置"填充"为无，"描边"为黑色，"粗细"为0.5pt，然后在渐变色矩形右下角绘制一个矩形，如图15-282所示。

图 15-282

步骤 33 选择工具箱中的"直线段工具"，在控制栏中设置"填充"为无，"描边"为黑色，"粗细"为0.25pt，然后按住Shift键拖动绘制一段直线作为表格的分隔线，如图15-283所示。

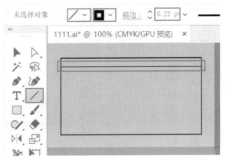

图 15-283

步骤 34 继续在下方绘制两段直线，如图15-284所示。

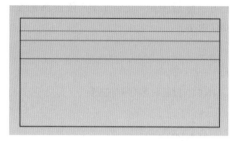

图 15-284

步骤 35 在表格内添加文字，如图15-285所示。

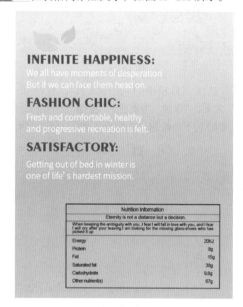

图 15-285

步骤 36 将包装盒正面中的商品名称和叶子图形复制一份移至包装盒侧面并进行旋转，如图15-286所示。包装盒平面图效果如图15-287所示。

图 15-286   图 15-287

15.7.3　制作包装盒立体展示效果

步骤 01 使用"矩形工具"绘制一个与画板等大的矩形。选中矩形，双击工具箱中的"渐变工具"按钮，在"渐变"面板中编辑一个绿色系的渐变，设置"类型"为"径向"，如图15-288所示。矩形效果如图15-289所示。

图 15-288   图 15-289

步骤 02 将包装盒正面的图形部分框选，然后进行编组。接着使用快捷键Ctrl+C进行复制，使用快捷键Ctrl+V进行粘贴。然后移至绿色矩形上方，然后执行"文字>创建轮廓"命令，将文字转换为图形，如图15-290所示。

图 15-290

步骤 03 选中包装盒正面，选择工具箱中的"自由变换工具"，选择"透视扭曲"工具，然后向下拖动右上角的控制点进行透视扭曲，如图15-291所示。

图 15-291

步骤 04 将其横向缩放，调整透视效果，如图15-292所示。

图 15-292

步骤 05 使用相同的方法，制作包装盒的侧面。效果如图15-293所示。

图 15-293

步骤 06 制作正面和侧面的转角。选择工具箱中的"钢笔工具"，在转折的位置绘制图形，如图15-294所示。

图 15-294

步骤 07 选中该图形，打开"渐变"面板，编辑一个由透明到青蓝色再到透明的渐变，设置"类型"为"线性"，转折效果如图15-295所示。

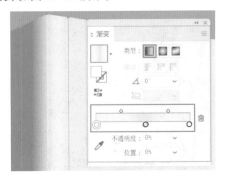

图 15-295

步骤 08 使用"钢笔工具"参照包装盒侧面的形状绘制四边形，然后填充黑色到透明的渐变。效果如图15-296所示。

图 15-296

步骤 09 选中该图形，单击控制栏中的"不透明度"按钮，在弹出的下拉面板中设置"混合模式"为"正片叠底"，"不透明度"为50%，此时包装盒侧面有了明暗变化，如图15-297所示。

图 15-297

步骤 10 制作包装盒上的高光。使用"钢笔工具"在包装盒上绘制一个三角形，然后填充白色半透明的渐变，设置"类型"为"线性"，如图15-298所示。

图 15-298

步骤 11 框选包装盒立体图形部分，使用快捷键Ctrl+G进行编组。然后按住Alt键拖动进行移动并复制，如图15-299所示。

图 15-299

步骤 12 制作两个包装盒之间的阴影。使用"钢笔工具"绘制与后方包装盒正面相近的图形，然后填充半透明的渐变，如图15-300所示。

图 15-300

步骤 13 选中该图形，执行"对象>排列>后移一层"命令，将图形移至两个包装盒之间，然后设置"混合模式"为"正片叠底"，如图15-301所示。

图 15-301

步骤 14 制作包装盒底部的阴影。使用"钢笔工具"在底部绘制图形并填充为黑色，如图15-302所示。

图 15-302

步骤 15 选中图形，执行"效果>风格化>高斯模糊"命令，在弹出的"高斯模糊"窗口中设置"半径"为"30像素"。设置完成后单击"确定"按钮，如图15-303所示。效果如图15-304所示。

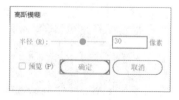

图 15-303

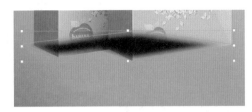

图 15-304

步骤 16 选中该图形，多次执行"对象>排列>后移一层"命令，将图形移至包装盒下方，然后设置"混合模式"为"正片叠底"，如图 15-305 所示。案例完成效果如图 15-306 所示。

图 15-305

图 15-306

15.8 电商广告：电商节日活动海报

文件路径	第15章\电商节日活动海报
技术掌握	色板库、"投影"效果、"透明度"面板、螺旋线工具、宽度工具、扩展外观、路径查找器、倾斜工具、偏移路径、旋转工具

扫一扫，看视频

实例说明

电商广告为了突出气氛通常会采用对比较为鲜明的色彩作为主色，这样能够更加吸引人的注意。本案例中，以蓝紫色搭配橘红色，强烈的对比给人一种活力、激情的视觉感受。本案例的制作重点在于字体的设计，需要在已有文字的基础上进行变形、置换以及元素的添加，这也是字体设计常用的手法。

案例效果

案例效果如图 15-307 所示。

图 15-307

15.8.1 制作广告背景

步骤 01 新建一个大小合适的空白文档，绘制一个与画板等大的矩形。选中矩形，双击工具箱中的"渐变工具"按钮，在弹出的"渐变"面板中编辑一个紫色渐变，设置"类型"为"径向"，如图 15-308 所示。

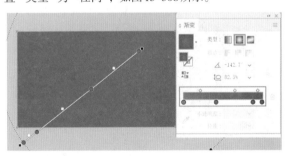

图 15-308

步骤 02 选中渐变色矩形，使用快捷键Ctrl+C进行复制，使用快捷键Ctrl+F将其粘贴到前方。选中该矩形，执行"窗口>色板库>图案>基本图形>基本图形_点"命令，然后单击选择合适的图案进行填充。效果如图 15-309 所示。

图 15-309

步骤 03 选中该图案，单击控制栏中的"不透明度"按钮，在弹出的下拉面板中设置"混合模式"为"滤色"。效果如图 15-310 所示。

图 15-310

步骤 04 选择工具箱中的"椭圆工具"，在画面中按住 Shift 键拖动绘制一个正圆，如图 15-311 所示。

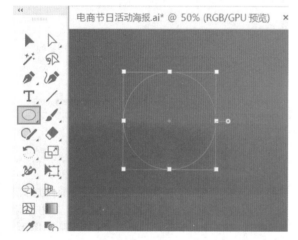

图 15-311

步骤 05 选中该正圆，为其填充红色系的线性渐变，如

图 15-312 所示。

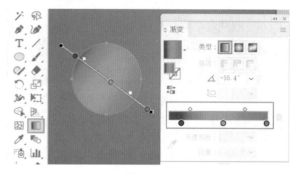

图 15-312

步骤 06 使用相同的方法绘制一个正圆并填充蓝色系渐变，如图 15-313 所示。

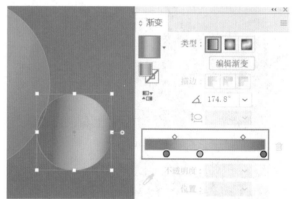

图 15-313

步骤 07 选中蓝色正圆，执行"效果>风格化>投影"命令，在弹出的"投影"窗口中设置"模式"为"正片叠底"，"不透明度"为40%，"X位移""Y位移""模糊"数值均为0.85px，"颜色"为黑色，如图 15-314 所示。设置完成后单击"确定"按钮。效果如图 15-315 所示。

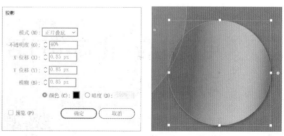

图 15-314   图 15-315

步骤 08 选中蓝色正圆，按住 Alt 键拖动进行移动并复制的操作，如图 15-316 所示。

中文版 Illustrator 2022完全案例教程（微课视频版）

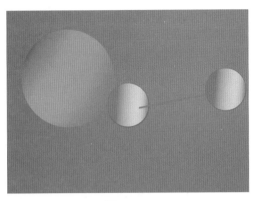

图 15-316

步骤 09 继续进行复制,并调整正圆的大小,如图 15-317 所示。

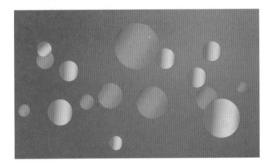

图 15-317

步骤 10 将正圆加选,使用快捷键Ctrl+G进行编组。然后单击控制栏中的"不透明度"按钮,在弹出的下拉面板中设置"不透明度"为20%,如图 15-318 所示。

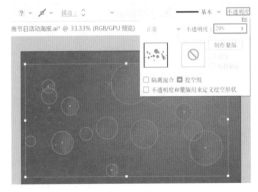

图 15-318

步骤 11 选择工具箱中的"多边形工具",在画面中按住鼠标左键拖动进行绘制,绘制过程中多次按"↓"键,将多边形的边数减少到3边。绘制完成后在控制栏中设置"粗细"为35pt,如图 15-319 所示。

步骤 12 选中三角形,使用"直接选择工具"向内拖动圆形控制点将尖角更改为圆角,如图 15-320 所示。

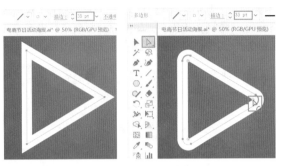

图 15-319   图 15-320

步骤 13 选中三角形,打开"渐变"面板,单击面板中的"描边"按钮使其位于前方,然后编辑一个橘黄色系的渐变色,设置"类型"为"线性"。此时描边产生了渐变效果,如图 15-321 所示。

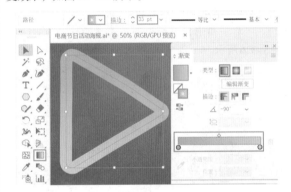

图 15-321

步骤 14 选中该图形,使用快捷键Ctrl+C进行复制,使用快捷键Ctrl+F进行粘贴。然后设置"描边"为黄色,"粗细"为6pt,如图 15-322 所示。

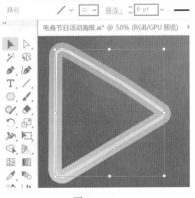

图 15-322

步骤 15 选中三角形，执行"效果>风格化>投影"命令，在弹出的"投影"窗口中设置"模式"为"正片叠底"，"不透明度"为40%，"X位移""Y位移""模糊"数值均为2.8px，"颜色"为黑色，如图15-323所示。设置完成后单击"确定"按钮。效果如图15-324所示。

图 15-323　　　　　图 15-324

步骤 16 将两个三角形选中，使用快捷键Ctrl+G进行编组。接着执行"效果>应用上一个效果"命令，快速为其添加"投影"效果，如图15-325所示。

步骤 17 将三角形复制两份调整大小后移动位置，如图15-326所示。

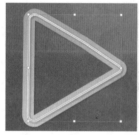

图 15-325　　　　　图 15-326

15.8.2　制作主体文字

步骤 01 使用"文字工具"在画板以外添加文字，如图15-327所示。

图 15-327

步骤 02 选中文字，执行"文字>创建轮廓"命令，将其创建轮廓。接着右击执行"取消编组"命令，如图15-328所示。

图 15-328

步骤 03 将"愚"进行变形。选择工具箱中的"套索工具"，在底部"心"处按住鼠标左键拖动绘制进行选择，如图15-329所示。

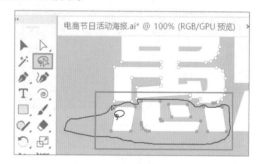

图 15-329

步骤 04 选中后按Delete键删除，如图15-330所示。

图 15-330

步骤 05 制作"心"字左侧的撇。选择工具箱中的"螺旋线工具"，在空白位置按住鼠标左键拖动进行绘制。在拖动的过程中可以按"↑"键和"↓"键调整螺旋线的段数，如图15-331所示。

步骤 06 设置"描边"为白色，然后选择工具箱中的"宽度工具"，将光标移至螺旋线上方，然后按住鼠标左键拖动。效果如图15-332所示。

中文版Illustrator 2022完全案例教程（微课视频版）

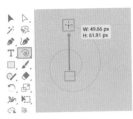
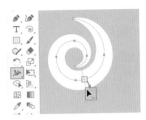

图 15-331   图 15-332

步骤 07 执行"对象>扩展外观"命令，此时描边部分转换为图形，如图15-333所示。选中该图形，接着执行"对象>路径>简化"命令，简化形状上的锚点，如图15-334所示。

图 15-333   图 15-334

步骤 08 选择工具箱中的"矩形工具"，在图形顶部绘制矩形，如图15-335所示。

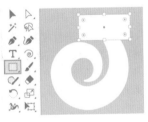

图 15-335

步骤 09 选择两个图形，单击"属性"面板中的"减去顶层"按钮。图形效果如图15-336所示。

图 15-336

步骤 10 将图形右上角的位置进行更改。首先创建辅助线，然后使用"直接选择工具"拖动锚点，进行图形的更改。效果如图15-337所示。

步骤 11 将图形移到文字的下方，如图15-338所示。

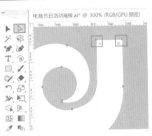

图 15-337   图 15-338

步骤 12 选择工具箱中的"钢笔工具"，设置"填充"为白色，然后绘制图形，如图15-339所示。

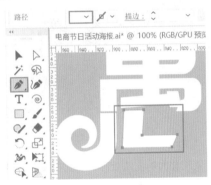

图 15-339

步骤 13 选择工具箱中的"椭圆工具"，设置"填充"为白色，然后按住Shift键绘制一个正圆，如图15-340所示。

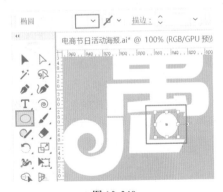

图 15-340

步骤 14 将文字圆角的位置更改为直角。首先需要将多余的锚点删除，转折位置需要两个锚点即可。使用"直接选择工具"选中需要删除的锚点，然后单击控制栏中的"删除所选锚点"按钮，如图15–341所示。效果如图15–342所示。

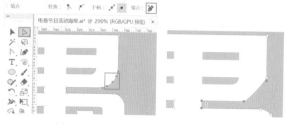

图 15–341　　　　图 15–342

步骤 15 此时所剩的锚点为平滑点，选择工具箱中的"锚点工具"，在两个锚点上方单击将平滑点转换为角点，这样两个锚点之间为一段直线路径，如图15–343所示。

步骤 16 使用相同的方法处理其他位置。效果如图15–344所示。

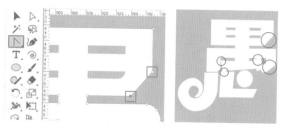

图 15–343　　　　图 15–344

步骤 17 使用相同的方法处理其余三个文字。效果如图15–345所示。

图 15–345

步骤 18 选择相应的图形并更改颜色。效果如图15–346所示。加选文字使用快捷键Ctrl+G进行编组。

图 15–346

步骤 19 选中文字，设置"描边"为紫色，"粗细"为4pt，如图15–347所示。

图 15–347

步骤 20 制作文字"乐"黄色图形上的图案装饰。执行"窗口>图层"命令，打开"图层"面板，然后在"图层"面板中选中文字"乐"中的黄色图形部分，如图15–348所示。

图 15–348

步骤 21 使用快捷键Ctrl+C进行复制，然后在空白位置单击，这样能够退出选中状态。接着使用快捷键Ctrl+F进行粘贴。选中图形，在打开的"基本图形_点"面板中单击选中图案进行填充，然后设置"描边"为无，如图15–349所示。

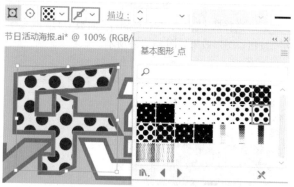

图 15–349

中文版Illustrator 2022完全案例教程（微课视频版）

提示：为什么要在空白处单击

在复制以后，如果不在空白位置单击，直接进行粘贴，会将复制的对象粘贴到图层组中。

步骤 22 选中该图层，单击控制栏中的"不透明度"按钮，在弹出的下拉面板中设置"混合模式"为"颜色减淡"。效果如图15-350所示。

图 15-350

步骤 23 选中三角形，执行"效果>风格化>投影"命令，在弹出的"投影"窗口中设置"模式"为"正片叠底"，"不透明度"为20%，"X位移""Y位移"数值均为5.5px，"模糊"为0px，颜色"为黑色，如图15-351所示。设置完成后单击"确定"按钮。效果如图15-352所示。

图 15-351

图 15-352

步骤 24 选择工具箱中的"圆角矩形工具"，设置"填充"为橘黄色，"描边"为无，然后在文字下方按住鼠标左键拖动绘制一个圆角矩形，如图15-353所示。

图 15-353

步骤 25 选中圆角矩形，按住Alt键向左上方拖动进行移动并复制的操作。复制完成后，选中位于下方的圆角矩形，将其填充为褐色。效果如图15-354所示。

图 15-354

步骤 26 选中褐色圆角矩形，执行"效果>风格化>投影"命令，在弹出的"投影"窗口中设置"模式"为"正片叠底"，"不透明度"为40%，"X位移""Y位移"数值均为5.5px，"模糊"为2.8px，"颜色"为黑色，如图15-355所示。设置完成后单击"确定"按钮。效果如图15-356所示。

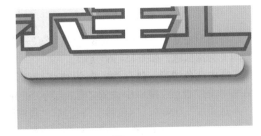

图 15-355

图 15-356

步骤 27 在主体文字的左上方和右下方添加文字，如图 15-357 所示。

图 15-357

步骤 28 制作文字右侧的装饰。首先使用"矩形工具"绘制三个矩形，并填充相应的颜色，绘制完成后加选三个矩形使用快捷键Ctrl+G进行编组，如图 15-358 所示。

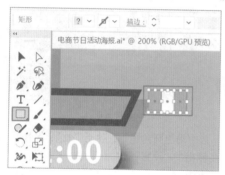

图 15-358

步骤 29 选中矩形组，选择工具箱中的"倾斜工具"，在图形上方按住鼠标左键拖动进行倾斜，如图 15-359 所示。

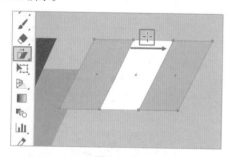

图 15-359

步骤 30 将图形组复制一份移动位置，然后将位于下方的图形填充为深蓝色，如图 15-360 所示。

步骤 31 选中蓝色图形，执行"效果>风格化>投影"命令，在弹出的"投影"窗口中设置"模式"为"正片叠底"，"不透明度"为50%，"X位移""Y位移""模糊"数值均为2.8px，"颜色"为黑色，如图 15-361 所示。设置完成后单击"确定"按钮。效果如图 15-362 所示。

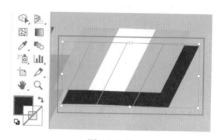

图 15-360

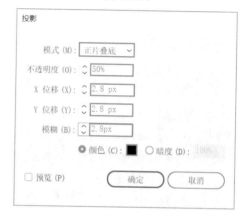

图 15-361

图 15-362

步骤 32 制作标题文字的底色。首先选择工具箱中的"钢笔工具"，设置"填充"为无，"描边"为深红色，"粗细"为3pt，然后在文字周围绘制轮廓，如图 15-363 所示。

图 15-363

中文版Illustrator 2022完全案例教程（微课视频版）

步骤 33 将图形填充为粉红色，然后多次执行"对象>排列>后移一层"命令，将图形移至文字下方，如图15-364所示。

图 15-364

步骤 34 选中文字底色图形，执行"效果>风格化>投影"命令，在弹出的"投影"窗口中设置"模式"为"正片叠底"，"不透明度"为40%，"X位移""Y位移""模糊"数值均为5.5px，"颜色"为黑色，如图15-365所示。设置完成后单击"确定"按钮。效果如图15-366所示。

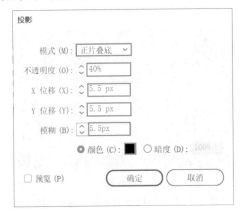

图 15-365

图 15-366

步骤 35 选中该图形，执行"对象>路径>偏移路径"命令，在弹出的"偏移路径"窗口中设置"位移"为15px，"连接"为"斜接"，"斜接限制"为4。设置完成后单击"确定"按钮，如图15-367所示。效果如图15-368所示。

图 15-367

图 15-368

步骤 36 选中位于后侧的图形，为其填充红色系的线性渐变。效果如图15-369所示。

图 15-369

步骤 37 设置"粗细"为5pt。效果如图15-370所示。

图 15-370

步骤 38 将制作好的文字移至画面中。此时画面效果如图15-371所示。

图 15-371

15.8.3 添加装饰元素

步骤 01 选择工具箱中的"星形工具",在画面中按住鼠标左键拖动绘制一个五角星,然后为图形填充橙色系渐变,如图 15-372 所示。

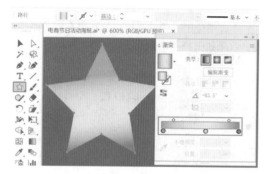

图 15-372

步骤 02 按住 Alt 键拖动将星形复制一份,然后将位于下方的图形填充为褐色。效果如图 15-373 所示。

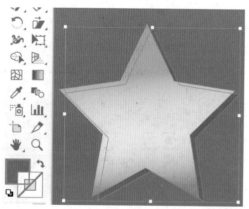

图 15-373

步骤 03 选中褐色星形,执行"效果>风格化>投影"命令,在弹出的"投影"窗口中设置"模式"为"正片叠

底","不透明度"为40%,"X位移""Y位移""模糊"数值均为2.8px,"颜色"为黑色,如图 15-374 所示。设置完成后单击"确定"按钮。效果如图 15-375 所示。

图 15-374   图 15-375

步骤 04 将两个星形加选后使用快捷键Ctrl+G进行编组,然后按住Alt键拖动进行移动并复制的操作,复制三份并移到相应位置,如图 15-376 所示。

图 15-376

步骤 05 使用"钢笔工具"绘制图形,设置"填充"为蓝色系渐变,"描边"为深红色,"粗细"为1pt,如图 15-377 所示。

图 15-377

步骤 06 选中该图形,执行"效果>应用上一个效果"命令,快速为该图形添加相同的"阴影"效果。然后多次执行"对象>排列>后移一层"命令,将该图形移至文字

中文版Illustrator 2022完全案例教程（微课视频版）

底色图形后方。效果如图15-378所示。

步骤 07 按住Alt键拖动蓝色图形将其复制一份，然后适当旋转。效果如图15-379所示。

图 15-378　　　　　　　图 15-379

步骤 08 再复制一份蓝色图形，然后使用相同的方法制作下方橘黄色图形，如图15-380所示。

图 15-380

步骤 09 将之前制作的红色和蓝色正圆复制一份，去除不透明度效果，然后复制多份并调整大小和位置，如图15-381所示。

图 15-381

步骤 10 将口红素材3置入文档，并进行嵌入，如图15-382所示。

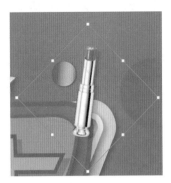

图 15-382

步骤 11 选中素材，选择工具箱中的"旋转工具"，按住Alt键在口红底部单击，如图15-383所示。随即在弹出的"旋转"窗口中设置"角度"为-25°，然后单击"复制"按钮，如图15-384所示。

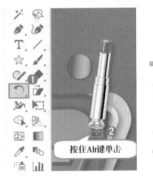

图 15-383　　　　　　　图 15-384

步骤 12 在选择复制得到的口红的状态下，按两次快捷键Ctrl+D进行重复变换并复制的操作，如图15-385所示。

图 15-385

步骤 13 加选口红素材，多次执行"对象>排列>后移一层"命令，将其移至文字底色图形后方。效果如图15-386所示。

图 15-386

步骤 14 继续添加其他素材，并移到相应位置。案例完成效果如图 15-387 所示。

图 15-387

15.9 电商美工：电商产品详情页设计

扫一扫，看视频

文件路径	第15章\电商产品详情页设计
技术掌握	"玻璃"效果、渐变工具、倾斜工具、"描边"面板、"外发光"效果、对齐与分布、封套扭曲

实例说明

本案例制作的是一款服务于电商平台的水果产品的详情页，整个页面以橙黄色为主色调，并以绿色为点缀。虽然整个页面篇幅较长，但实际使用的功能不多，难度也不大。在制作过程中读者需要多加注意版面的编排以及文字之间的主次关系。

案例效果

案例效果如图 15-388 所示。

图 15-388

15.9.1 制作页首海报

步骤 01 新建一个宽度为750px、高度为6655px的空白文档。选择工具箱中的"矩形工具"，设置"填充"为橘黄色。然后绘制一个与画板等大的矩形作为背景，如图15-389所示。

图 15-389

步骤 02 执行"文件>置入"命令，将背景素材1置入文档，并进行嵌入，如图15-390所示。

图 15-390

步骤 03 选中背景素材，执行"效果>扭曲>玻璃"命令，在弹出的"玻璃（100%）"窗口中设置"扭曲度"为5，"平滑度"为3，"纹理"为"磨砂"，"缩放"为100%。

设置完成后单击"确定"按钮，如图15-391所示。效果如图15-392所示。

步骤 04 使用"矩形工具"绘制一个与画板等宽、与背景图等高的矩形，如图15-393所示。

图 15-391

图 15-392   图 15-393

步骤 05 选中矩形，双击工具箱中的"渐变工具"，在打开的"渐变"面板中编辑一个由白色到黑色的线性渐变，如图15-394所示。填充效果如图15-395所示。

图 15-394   图 15-395

步骤 06 加选渐变矩形和后方的背景素材，执行"窗口>透明度"命令，在打开的"透明度"面板中单击"制作蒙版"按钮，创建不透明度蒙版，此时图像的下半部分产生渐隐的效果，如图15-396所示。

图 15-396

步骤 07 使用"矩形工具"绘制一个与背景素材等大的矩形。然后为其填充由透明到青蓝色的渐变，如图 15-397 所示。并使用"渐变工具"调整效果，如图 15-398 所示。

图 15-397

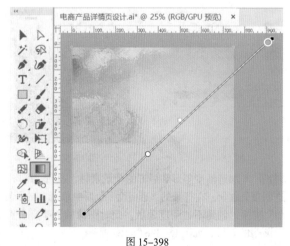

图 15-398

步骤 08 执行"文件>置入"命令，将果汁素材3置入文档，如图 15-399 所示。

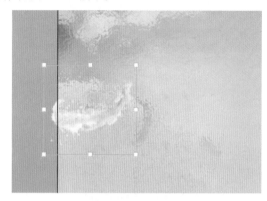

图 15-399

步骤 09 选中果汁素材，按住Alt键向画面右上角拖动进行移动并复制，然后适当地将其进行放大和旋转，如图 15-400 所示。

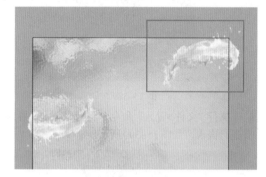

图 15-400

步骤 10 加选两个果汁素材，使用快捷键Ctrl+G进行编组。接着使用"矩形工具"绘制一个与画面等宽的矩形，如图 15-401 所示。

图 15-401

步骤 11 加选矩形和果汁素材，使用快捷键Ctrl+7

中文版Illustrator 2022完全案例教程（微课视频版）

创建剪切蒙版，隐藏画板以外的部分。效果如图15-402所示。

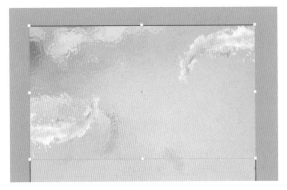

图 15-402

步骤 12 选择工具箱中的"矩形工具"，设置"填充"为无，"描边"为白色，"粗细"为10pt，然后按住鼠标左键拖动绘制矩形，如图15-403所示。

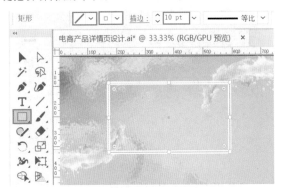

图 15-403

步骤 13 选中矩形，选择工具箱中的"路径橡皮擦工具"，在矩形的顶部和侧面涂抹，将路径局部进行擦除，如图15-404所示。

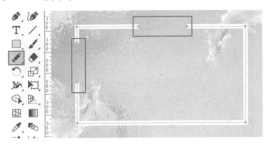

图 15-404

步骤 14 将人物素材和水果素材依次置入文档，并进行嵌入，如图15-405所示。

图 15-405

步骤 15 使用"文字工具"在矩形左侧位置添加文字。并设置"填充"为白色，"描边"为橘黄色，"粗细"为7pt，如图15-406所示。

图 15-406

步骤 16 选中文字，执行"效果>风格化>投影"命令，在弹出的"投影"窗口中设置"模式"为"正片叠底"，"不透明度"为50%，"X位移""Y位移"数值均为3px，"模糊"为5px，"颜色"为黄褐色，如图15-407所示。效果如图15-408所示。

图 15-407

图 15-408

步骤 17 选择工具箱中的"矩形工具"，在人像下方绘制一个矩形，设置"填充"为橘红色，如图 15-409 所示。

图 15-409

步骤 18 选中矩形，执行"效果>风格化>投影"命令，在弹出的"投影"窗口中设置"模式"为"正片叠底"，"不透明度"为75%，"X位移""Y位移"数值均为7px，"模糊"为5px，"颜色"为黄褐色，如图 15-410 所示。效果如图 15-411 所示。

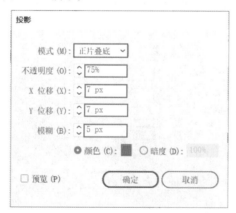

图 15-410

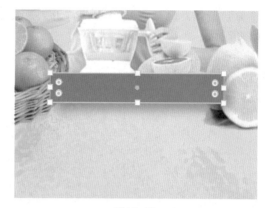

图 15-411

步骤 19 选中矩形，多次执行"对象>排列>后移一层"命令，将矩形移至水果素材后方，如图 15-412 所示。

图 15-412

步骤 20 使用"矩形工具"绘制矩形，设置"填充"为白色，并添加"投影"效果。接着使用"文字工具"在矩形上方添加文字，如图 15-413 所示。

图 15-413

15.9.2 制作产品信息模块

步骤 01 使用"文字工具"在下方添加文字，如图15-414所示。

图 15-414

步骤 02 选中文字，选择工具箱中的"倾斜工具"，然后在文字上方按住鼠标左键拖动进行倾斜变形。效果如图15-415所示。

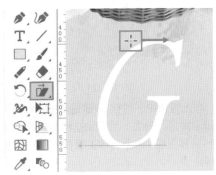

图 15-415

步骤 03 继续使用"文字工具"依次添加文字，如图15-416所示。

图 15-416

步骤 04 执行"文件>置入"命令，置入橙子素材7并进行嵌入，如图15-417所示。

图 15-417

步骤 05 使用"文字工具"在橙子的右侧绘制文本框，然后输入文字。选中文本框，在"属性"面板中设置合适的"行距"数值，然后设置段落对齐方式为"两端对齐，末行左对齐"，如图15-418所示。

图 15-418

步骤 06 选择工具箱中的"直线工具"，设置"描边"为白色，"粗细"为1pt，然后按住Shift键拖动绘制一段直线，如图15-419所示

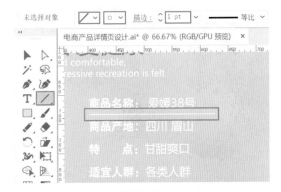

图 15-419

步骤 07 选中直线段，按住Alt键向下拖动，进行垂直方向的移动并复制的操作，如图15-420所示。

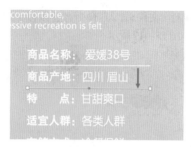

comfortable,
ssive recreation is felt

商品名称：	爱媛38号
商品产地：	四川 眉山
特　　点：	甘甜爽口
适宜人群：	各类人群

图 15-420

步骤 08 继续复制直线，并移到每行文字的下方。效果如图 15-421 所示。

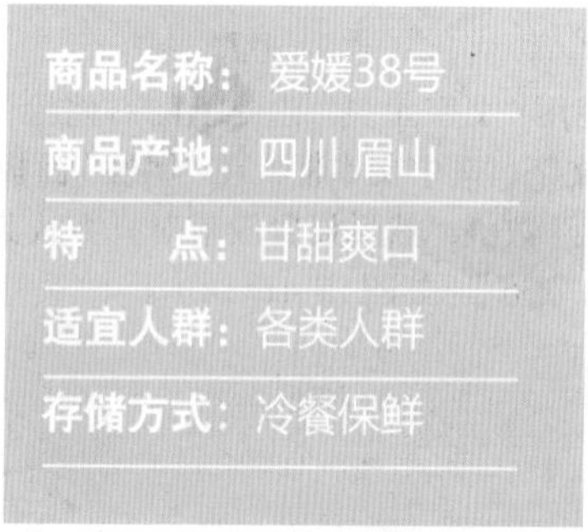

商品名称：	爱媛38号
商品产地：	四川 眉山
特　　点：	甘甜爽口
适宜人群：	各类人群
存储方式：	冷餐保鲜

图 15-421

15.9.3　制作营养功效模块

步骤 01 选择工具箱中的"矩形工具"，设置"填充"为白色，"描边"为无，然后按住鼠标左键拖动绘制一个矩形，如图 15-422 所示。

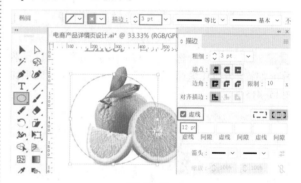

图 15-422

步骤 02 使用"文字工具"在相应的位置添加文字，如图 15-423 所示。

步骤 03 执行"文件>置入"命令，将橙子素材 8 置入文档并进行嵌入，如图 15-424 所示。

Nutritional Effect ——营养功效

图 15-423

图 15-424

步骤 04 选择工具箱中的"椭圆工具"，设置"填充"为无，"描边"为橙色，"粗细"为 3pt，然后按住 Shift 键绘制一个正圆。选中正圆，执行"窗口>描边"命令，在打开的"描边"面板中勾选"虚线"复选框，设置参数为 12pt，如图 15-425 所示。

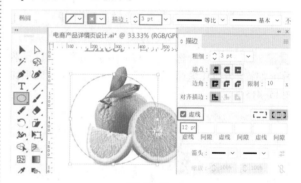

图 15-425

步骤 05 将正圆选中，按住 Alt 键拖动进行移动并复制，将复制的正圆适当放大。然后加选两个正圆，执行"对象>排列>后移一层"命令，将正圆移至橙子后方，如图 15-426 所示。

图 15-426

步骤 06 选择工具箱中的"椭圆工具"，设置"填充"为橘色，"描边"为无，然后按住 Shift 键并按住鼠标左键拖动绘制正圆，如图 15-427 所示。

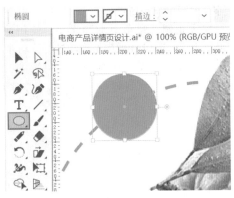

图 15-427

步骤 07 选中正圆，使用快捷键Ctrl+C进行复制，使用快捷键Ctrl+F将其粘贴到前方，然后按住快捷键Alt+Shift拖动控制点将正圆以中心等比例放大。设置"填充"为无，"描边"为橘色，"粗细"为1pt，如图15-428所示。

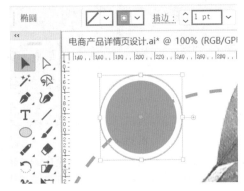

图 15-428

步骤 08 使用"文字工具"在正圆上方添加文字，如图15-429所示。

图 15-429

步骤 09 加选两个正圆和文字，按住Alt键向左下方拖动进行移动并复制，然后将其等比例放大，如图15-430所示。

步骤 10 使用"文字工具"将文字选中，然后更改位置内容，如图15-431所示。

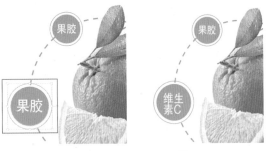

图 15-430   图 15-431

步骤 11 使用相同的方法制作其他相同的图形和文字。效果如图15-432所示。

步骤 12 执行"文件>置入"命令，将素材9置入文档，移到合适位置并进行嵌入，如图15-433所示。

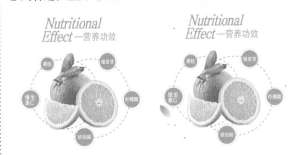

图 15-432   图 15-433

步骤 13 选择工具箱中的"矩形工具"，在下方绘制一个与画面等宽的矩形，并将其填充为黄色，如图15-434所示。

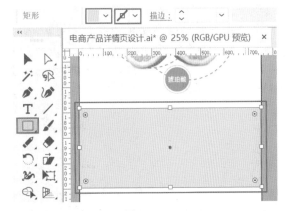

图 15-434

步骤 14 选择工具箱中的"圆角矩形工具"，在橘黄色矩形上方绘制一个圆角矩形，设置"填充"为无，"描边"

为白色，"粗细"为3pt，如图15-435所示。

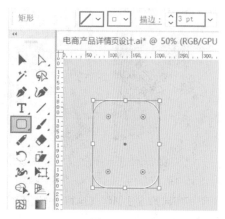

图 15-435

步骤 15 选择工具箱中的"椭圆工具"，设置"填充"为白色，"描边"为橘黄色，"粗细"为2pt，然后按住Shift键的同时按住鼠标左键拖动绘制一个正圆，如图15-436所示。

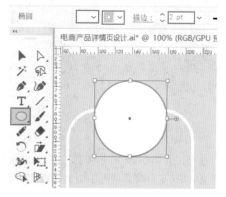

图 15-436

步骤 16 选中正圆，执行"效果>风格化>外发光"命令，在弹出的"外发光"窗口中设置"模式"为"正常"，"颜色"为黄褐色，"不透明度"为75%，"模糊"为9px，如图15-437所示。效果如图15-438所示。

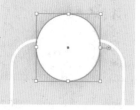

图 15-437　　　　　图 15-438

步骤 17 使用"文字工具"在正圆上方和圆角矩形内部

添加文字，如图15-439所示。

步骤 18 加选正圆、圆角矩形和文字，使用快捷键Ctrl+G进行编组。按住Alt键向右拖动进行移动并复制，然后更改文字内容，如图15-440所示。

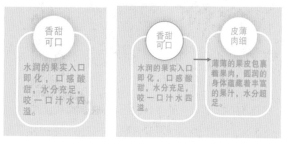

图 15-439　　　　　图 15-440

步骤 19 使用相同的方法制作另外两组文字。效果如图15-441所示。制作完成后分别进行编组。

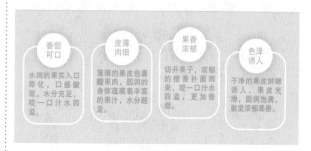

图 15-441

步骤 20 加选4组文字，然后单击控制栏中的"垂直居中对齐""水平居中分布"按钮，调整对齐方式和分布距离，如图15-442所示。

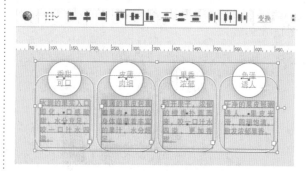

图 15-442

15.9.4　制作特点介绍模块

步骤 01 选择工具箱中的"矩形工具"，绘制一个矩形并填充为白色，如图15-443所示。

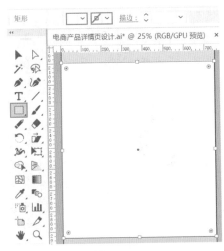

图 15-443

步骤 02 制作橘黄色矩形底部的"锯齿"效果。首先使用"钢笔工具",设置"填充"为橘黄色,"描边"为无,然后在矩形下方绘制三角形,如图15-444所示。

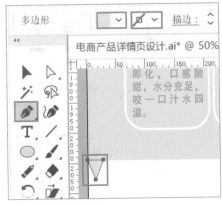

图 15-444

步骤 03 选中三角形,按住Alt键向右侧拖动进行平移并复制,如图15-445所示。

图 15-445

步骤 04 双击工具箱中的"混合工具",在弹出的"混合选项"窗口中设置"间距"为"指定的步数",步数为25,然后单击"确定"按钮,如图15-446所示。

图 15-446

步骤 05 使用"混合工具",分别在两个三角形上方单击,创建混合,得到一连串的三角形。效果如图15-447所示。

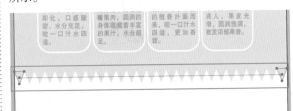

图 15-447

步骤 06 继续使用"文字工具",在锯齿图形下方依次添加文字,如图15-448所示。

步骤 07 执行"文件>置入"命令,将橙子素材10置入文档并进行嵌入,如图15-449所示。

图 15-448   图 15-449

步骤 08 使用"椭圆工具"在橙子图片上方绘制一个正圆,如图15-450所示。

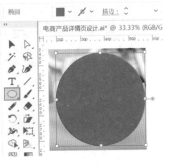

图 15-450

中文版Illustrator 2022完全案例教程（微课视频版）

步骤 09 加选正圆和下方的图片素材，使用快捷键 Ctrl+7创建剪切蒙版，如图15-451所示。

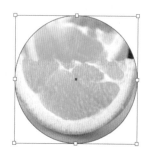

图 15-451

步骤 10 选中创建剪切蒙版的图片，执行"效果>风格化>外发光"命令，在弹出的"外发光"窗口中设置"模式"为"正常"，"颜色"为黄褐色，"不透明度"为75%，"模糊"为5px，如图15-452所示。效果如图15-453所示。

图 15-452　　　　　　图 15-453

步骤 11 选择工具箱中的"椭圆工具"，在橙子图片外侧绘制一个正圆，设置"填充"为无，"描边"为橘黄色，在"描边"面板中勾选"虚线"复选框，参数为12pt，如图15-454所示。

图 15-454

步骤 12 继续置入人像素材并创建剪切蒙版。效果如图15-455所示。

图 15-455

步骤 13 选中创建剪切蒙版的人像素材，将"描边"设置为橘黄色，设置"粗细"为2pt，如图15-456所示。

图 15-456

步骤 14 执行"效果>应用上一个效果"命令，为其快速添加"外发光"效果。效果如图15-457所示。

图 15-457

步骤 15 继续使用相同的方法置入素材，创建剪切蒙版，并添加描边和外发光。然后在下方依次添加文字。效果如图15-458所示。

图 15-458

步骤 16 使用"矩形工具"在下方版面绘制矩形并填充黄色，如图15-459所示。

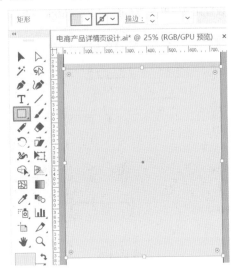

图 15-459

步骤 17 使用"文字工具"在黄色矩形上半部分添加文字，如图15-460所示。

来自北纬30° 的鲜甜
四川眉山
2014年从日本爱媛县引进，经过几年改良而成
柑橘皇后【爱媛38号】也因此得名

图 15-460

步骤 18 依次置入水果素材进行排版，然后加选4个图片素材，使用快捷键Ctrl+G进行编组，如图15-461所示。

图 15-461

步骤 19 选中图片组，执行"效果>风格化>投影"命令，在弹出的"投影"窗口中设置"模式"为"正片叠底"，"不透明度"为75%，"X位移""Y位移"数值均为3px，"模糊"为5px，"颜色"为黄褐色，如图15-462所示。效果如图15-463所示。

图 15-462

图 15-463

步骤 20 使用"矩形工具"在图片下方绘制矩形并将其填充为橘黄色，然后选中橘黄色矩形，执行"效果>应用上一个效果"命令，快速为矩形添加"阴影"效果，如图15-464所示。

步骤 21 使用"文字工具"在矩形上方添加文字，如图15-465所示。

图 15-464

图 15-465

步骤 22 将矩形和文字选中后复制，移到另外两张图片的下方，并更改文字，如图 15-466 所示。

图 15-466

15.9.5 制作产品展示和售后保障模块

步骤 01 选择工具箱中的"矩形工具"，设置"填充"为白色，然后绘制矩形作为背景，如图 15-467 所示。

图 15-467

步骤 02 使用"文字工具"在白色矩形顶部位置添加文字，如图 15-468 所示。

图 15-468

步骤 03 使用"矩形工具"绘制一个矩形，设置"填充"

为黄色，如图 15-469 所示。

图 15-469

步骤 04 选中黄色矩形，执行"对象>封套扭曲>用变形建立"命令，在弹出的"变形选项"窗口中设置"样式"为"旗形"，选中"水平"单选按钮，"弯曲"为 20%，如图 15-470 所示。设置完成后单击"确定"按钮，如图 15-471 所示。

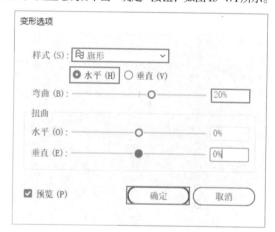

图 15-470

图 15-471

步骤 05 置入橙子素材，移到黄色图层的左侧，并进行嵌入，如图 15-472 所示。

中文版 Illustrator 2022完全案例教程（微课视频版）

图 15-472

步骤 06 使用"矩形工具"在橙子素材上方绘制矩形，如图 15-473 所示。

图 15-473

步骤 07 加选矩形和后方的橙子素材，使用快捷键 Ctrl+7 创建剪切蒙版，如图 15-474 所示。

图 15-474

步骤 08 使用"文字工具"在橙子右侧添加文字，如

图 15-475 所示。

图 15-475

步骤 09 将黄色底图复制两份并向下移动，然后置入水果素材，并添加文字，如图 15-476 所示。

图 15-476

步骤 10 将之前制作的锯齿图形复制一份移到白色矩形的底部，并进行翻转，如图 15-477 所示。

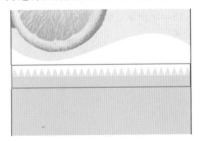

图 15-477

步骤 11 选中锯齿图形，选择工具箱中的"吸管工具"，在下方矩形上单击拾取颜色，使锯齿图形和矩形颜色统一。效果如图 15-478 所示。

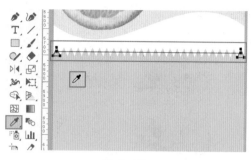

图 15-478

步骤 12 继续在最底部版面依次置入图片素材，然后添加文字进行排版，如图 15-479 所示。

图 15-479

步骤 13 选择工具箱中的"直线段工具"，在两组图形中间绘制一段直线，设置"描边"为橘色，"粗细"为2pt，在"描边"面板中勾选"虚线"复选框，设置参数为12pt，如图 15-480 所示。效果如图 15-481 所示。至此本案例制作完成。

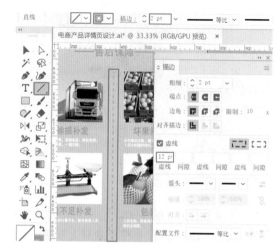

图 15-480

图 15-481

中文版Illustrator 2022完全案例教程（微课视频版）